心理传记与质性心理学

Psychobiography and Qualitative Psychology

中国心理学会心理学质性研究专业委员会
岭南师范学院心理传记学与生命叙事研究所
主办

2021
Vol.9

第九辑

郑剑虹
刘电芝
主编

燕良轼
舒跃育
执行主编

中央编译出版社
Central Compilation & Translation Press

图书在版编目（CIP）数据

心理传记与质性心理学. 第九辑 / 郑剑虹，刘电芝主编. —北京：中央编译出版社，2021.6

ISBN 978-7-5117-4128-8

Ⅰ. ①心… Ⅱ. ①郑… ②刘… Ⅲ. ①心理学-文集
Ⅳ. ①B84-53

中国版本图书馆 CIP 数据核字（2021）第 280912 号

心理传记与质性心理学. 第九辑

责任编辑 贾宇琰
执行编辑 周雪凝
责任印制 刘 慧
出版发行 中央编译出版社
地　　址 北京市海淀区北四环西路 69 号（100080）
电　　话 （010）55627391（总编室）　（010）55627311（编辑室）
（010）55627320（发行部）　（010）55627377（新技术部）
经　　销 全国新华书店
印　　刷 北京紫瑞利印刷有限公司
开　　本 710 毫米 ×1000 毫米 1/16
字　　数 268 千字
印　　张 19.75
版　　次 2021 年 6 月第 1 版
印　　次 2021 年 6 月第 1 次印刷
定　　价 98.00 元

新浪微博：@中央编译出版社　　**微　　信：**中央编译出版社(ID: cctphome)
淘宝店铺：中央编译出版社直销店(http://shop108367160.taobao.com)　(010)55627331

本社常年法律顾问：北京市吴栾赵阎律师事务所律师　闫军　梁勤
凡有印装质量问题，本社负责调换，电话：(010) 55626985

主办：中国心理学会心理学质性研究专业委员会
　　　岭南师范学院心理传记学与生命叙事研究所

编审委员会

本刊栏目增设说明

为了增强本刊的可读性和影响力，以及为中国心理学史保留有价值的史料，本刊在原有栏目的基础上增设了“名家自传”和“高端视点”两个栏目。本辑“名家自传”首先刊载了我国著名心理学家黄希庭教授的《我的心路历程》一文，该文在简要介绍黄先生童年和青少年时期经历的基础上，主要涉及黄希庭教授60多年来在心理学领域的科研和教学方面的探索及其心得体会，可为我国心理学史的发展留下一些宝贵的资料，同时也可为青年学生和年轻心理学工作者的成长提供指引、启迪与借鉴。在这里特别感谢黄先生无私的奉献以及长期以来对本刊的大力支持！本辑“高端视点”栏目刊登了中国心理学会前理事长韩布新教授的《基于文化的有传承叙事》和中国社会心理学会会长张建新教授的《质性心理学研究要形式与内容并重，中国心理学要科学与人文同行》。这两篇文章是两位心理学家在湖南怀化举行的中国心理学会心理学质性研究专业委员会2021年工作会议上作为特邀专家的报告内容的录音整理，后经本人校对修改而成。他们在文中提出的问题、观点、研究方法和视角对于我们做好心理学质性研究和坚定研究自信具有重要意义。在这里亦特别感谢韩布新教授和张建新教授对心理学质性研究和本刊的肯定、帮助和鼎力支持！

本刊在保持原有固定栏目的基础上，将会根据质性心理学的发展适当进行栏目的增设和调整。这里要感谢湖南师范大学的熊恋博士在本辑稿件的处理、编辑和校对中做了大量的工作，同时还要借此机会特别感谢中央编译出版社及其副总编辑贾宇琰和各位责任编辑长期以来对本刊的帮助和大力支持！

本刊编辑部

目录
contents

名家自传

我的心路历程
黄希庭　/ 1

高端视点

基于文化的有传承叙事
韩布新　/ 49

质性心理学研究要形式与内容并重，中国心理学要科学与人文同行
张建新　/ 57

研究方法

主体间的方法论：心理咨询与治疗情境下的话语分析
陈　斌　/ 67

心理传记

活在父亲的影子里：纳兰性德的自我放逐之路
汪李玲　舒跃育　/ 87

“扼住命运的咽喉”之贝多芬心理传记学浅析
王晓欣　李　智　杨舒其　/ 123
女性政治家朴槿惠、昂山素季的比较心理传记学研究
汤浩然　吴继霞　/ 149

生命叙事

突变下的觉醒——赴韩留学生阿寻的生命叙事
盛小桐　陈建文　/ 169
化文成信：研究生张新文化自信的叙事心理学分析
吴　良　毕重增　/ 211

现实回应

什么“阻碍”了学生写作业？——一项关于中学生学业拖延的质性研究
王雪婵　舒跃育　/ 235
城市社区空巢老人心理支持需求与心理服务可及性个案研究
张爱莲　臧妍雯　宫云静　/ 265

《心理传记与质性心理学》征稿启事　/ 299

目录
contents

Autobiography of Experts

The Journey of My Mind
Huang Xiting / 1

View from the Top

Poetry, Calligraphy and Artwork: Cultivate the Mind
Han Buxin / 49

Qualitative Psychology Research should Pay Equal Attention to Form and Content, and Chinese Psychology should be Scientific and Humanistic
Zhang Jianxin / 57

Research Method

Methodology Between Subjects: Discourse Analysis in Psychological Consultation and Treatment Situation
Chen Bin / 67

Psychobiography

Living in His Father's Shadow: Nalanxingde and His Path to Self-exile
Wang Liling Shu Yueyu / 87

Grabbed by the Throat—A Psychobiographical Study of Beethoven
Wang Xiaoxin Li Zhi Yang Shuqi / 123

Comparative Psychobiography of Female Politicians Park Geun-hye and Aung San Suu Kyi
Tang Haoran Wu Jixia / 149

Life Narrative

A Journey of Self-awakening under Emergencies—The Life Narrative of Miss Xun, A Chinese Girl Studying in Korea
Sheng Xiaotong Chen Jianwen / 169

What is Cultural Confidence? A Personlized Narrative Analysis
Wu Liang Bi Chongzeng / 211

Answer to Realistic

What "Gets in The Way" of Students Doing Their Homework? —A Qualitative Study on The Academic Procrastination of Middle School Students
Wang Xuechan Shu Yueyu / 235

A Case Study on Psychological Support Needs and Accessibility of Psychological Services for the Empty Nesters in Urban Communities
Zhang Ailian Zang Yanwen Gong Yunjing / 265

Call for Papers / 299

我的心路历程

黄希庭

（西南大学心理学部，重庆北碚，400715）

我的心路历程就是我从事心理学教学和研究的教师生涯。要谈及我从事心理学教学和研究的教师生涯，首先有必要谈谈我是怎样走上学习心理学道路的。

我出生于浙江省台州市温岭县下陈村，传说古时候这里是海湾，常有船只在此触礁沉没，故有“下沉”，其谐音为“下陈”。下陈村地处楼旗岭北麓，东接上山村，西连油屿村，南面是佛陇村，北边是许家渭村；下陈村的双夹墙黄家是我家祖居，祖父黄其宗，父亲黄恩富，母亲叶夏妹。下陈村的黄姓和潘郎镇的叶姓都是名门望族。据温岭地方志记载，下陈村黄家祖先来自洞山黄氏，传至希字辈已是 30 代了。小时候，我在祭祀祖宗的祠堂看到两侧墙壁上贴了许多考取秀才、举人的捷报，也有一两张得中进士的捷报，虽然颜色暗旧，但字迹清晰可辨。我的启蒙小学是下陈村鲸山脚下的鲸山小学，小学校有个魁星阁是督促学生学习的。我每次上学时都要经过几户戴姓人家门前，他们豢养的看门狗狂吠甚至追赶学生。我不喜欢狗之类的宠物，可能与我那时的童年记忆有关。

小学毕业后我要不要继续读书？父亲一时为难了，不读书就跟着他到田里干农活，或到附近的集市摆地摊学做生意，那时 12 岁的我又瘦又矮，还经常肚子疼，病怏怏的，干不了什么活；如果继续读书，就要在学校寄宿，不仅要交更多的学费，还要有一套寄宿的行李，家里一时也筹不出来，这样我便没有继续读书，跟着父亲在地里干活或去集市摆地摊。记得有一个特别闷热的夏天，我从田里干活回到家，肚子疼、很难受，说是中暑了，这可急坏了父母，他们请来本村会针刺的农民，用 5—6 公分长的针在我的肚子上刺了好几针，疼病就缓解了。自此之后，我要读书的愿望更加强烈了。有一天我跟着父亲去集市上摆地摊，在路上我把自己的强烈愿望向他说了，他说：“只要你肯努力读书，家里再穷也要供你去读书”。我当时的回答是：“我一定努力读书”。对于我向父亲的这个承诺，我矢志不渝。

大溪中学是离我家最近的一所初级中学，但还是要寄宿。初一我就读于大溪中学。中学比起小学有许多新鲜事，最新奇的也是我最喜欢的课程是英语。每天早晨我起床后第一件事是背英语单词。但是有一天我们的英语老师没有来教课，后来听同学们说他家是地主，农会找他回去开会，他害怕便跳河自尽了。我感到很惋惜。后来英语课时断时续，由代课老师接替。读完初一下学期后，我便转学到温岭中学。那时转学很容易，教导主任看了我的成绩单后，问了几个问题，便说：“你到初二丙班，请班主任安排你的座位。”到温岭中学读书，我最苦恼的是不会写作文，经常被语文老师批评，直到初二下学期的一次作文课，我仿照赵树理对人物内心的刻画，来描写自己写作文的苦闷心情。这篇作文后来竟然被语文老师看好，并作为范文在课堂上读给同学们听，鼓励同学们向我学习。这既是对我的鼓励，同时也让我悟出了写作文的窍门：用书面语言把自己的真情实感写出来，而要把温岭本地的土话转换成书面语言，关键是要多读书、多背一些好文章。

在温岭中学读书那些年，我差不多年年都在与疾病抗争，蛔虫病、黄疸型肝炎、肺结核、胸膜炎都患过，病恹恹的身体，又瘦又黄。面临高三毕业、填写报考大学的志愿时，我选择的第一志愿是学医（北京医学院），第二、三志愿是生物学（北京大学生物系）和心理学（北京大学心理专业）。我的班主任李子英老师看了后找我谈话，他认为这样的志愿填得不好，建议我把心理学作为第一志愿，并说："你应该向巴甫洛夫学习，巴甫洛夫是获得诺贝尔奖的心理学家。"那时我并不知道心理学研究什么，也不知道巴甫洛夫有什么贡献。但我听从了李老师的建议，把心理学填为第一志愿，而把其他两个填为第二和第三志愿。今天我从事心理学教学和研究工作是李老师指导的结果，我十分怀念他，感谢他。

1956 年我被北京大学录取为本科生。9 月初的一天上午，在北京大学哲学楼一层的一间小教室，哲学系心理学专业主任孙国华教授在迎新会上以不卑不亢为主题，给我们上了精彩的一课。他讲不卑不亢，说理透彻，深深地印刻在我的心里，成为我人生的一项基本原则。1964 年我被北京大学录取为研究生，师从沈迺璋教授，最大的收获是学会了自学，自己发现问题、自己解决问题；有了坚持终身学习、终身锻炼身体的理念。在 1961 年至 1964 年的三年里，我在西南师范学院担任张增杰先生的助教，耳濡目染其教学的态度和技能，为我当好教师打下较好的基础。

1977 年西南师范学院"文化大革命"结束，但心理学教学并未解禁。我被邀请担任自然辩证法授课教师，为地理系 77 级学生讲解怎样学习恩格斯的《自然辩证法》（人民出版社 1955 年版）。恩格斯的《自然辩证法》是一部尚未完成的著作，它由"计划草案""论文""札记和片段"以及"附录与索引"构成，由于时间仓促及知识的局限，我们编写的《学习恩格斯〈自然辩证法〉讲义课程》主要辅导该书的下列内容：导言；"反杜林论"旧序·论辩证法；精神世界中的自然科学；辩证法；劳动在从猿到人转变过程中的作用。

虽然我在大学时听过关于恩格斯这本书的讲座，也花一些时间学习过，但确实一时不知如何讲解这门课，因此，花了很多时间备课。虽然这门课不属于心理学的教学范畴，但它对于我后来的心理学教学和研究具有重要意义。

自 1978 年开始，我讲授普通心理学，此后讲授过公共课心理学、现代心理学流派、青年心理学、心理学教学法等本科课程，还讲授过人格心理学、认知心理学、教育心理学、心理学研究方法等专题课，同时，还主编（主译）、参编（参译）了一些教材和教学参考书，出版了一些专著，主持完成了 30 多项国家级和省部级研究课题。下面谈谈我在心理学四个领域里的教学和研究的一些心得体会。

一、我与普通心理学的结缘

1978 年我开始为西南师范学院教育系一年级的学生讲授普通心理学（普通心理学是他们的基础课）。“文革”后教材奇缺，为了教学我开始收集资料，编写讲义，我编写一章就印发给学生。一学年的教学任务完成后，我将讲义汇集起来，投寄到国内的出版社争取出版，当时只有甘肃人民出版社表示愿意出版，我就把我的讲义修改后交给了他们。1982 年 9 月我的《普通心理学》由甘肃人民出版社出版之后，读者反映相当好（因为当时教材稀缺），1984 年在北京的一次学术会议期间，人民教育出版社（以下简称“人教社”）资深编辑戚长福先生主动向我约稿：“你能否为我们社（人教社）写一本《普通心理学》呢?”我回答：“能！我很高兴能为人教社写一本类似《普通心理学》的书。”之所以说“类似”，是因为我已向甘肃人民出版社的主编承诺“这本《普通心理学》只在贵社出版，不在其他出版社出版”。返回学校后我打了个电话给戚长福先生，告诉他：我在人教社出版的书叫《心理学导论》，与甘肃人民出版社出版的那本书不同。这本《心理学导论》是根据国家教委 1985 年武汉文科教材会议的推荐，为高校心理学专业、教育系相关专业而编写的普通心理学课程的教材。这本教材具有以下特色：

第一，从系统分析的观点来看，生活中的个人心理和行为可以从不同的维度进行探讨，我从五个维度探讨了个人心理和行为的主要方面。第一部分即第一章，是心理学引言，阐述心理学的对象、任务、门类、作用、方法和简史。第二部分包括第二章至第六章，阐述心理和意识的基本特点。第二章从动物心理的起源讲起，论述了辩证唯物主义心理学的一个基本命题——心理是脑的机能，是客观现实的主观反映，分析意识的特征和结构以及自我意识的形成及其在个体心理生活中的作用。第三章和第四章讨论心理的生物基础和环境基础。过去的心理学教材仅讲心理的生物基础，这至少是片面的。人的心理不仅有其生物基础，而且受环境的制约，特别是受社会历史条件的制约。在第四章中着重讨论了环境心理学的一些基本原理和社会文化对人的心理和行为的制约作用。第五章讨论心理的动力机制。人是有主观能动性的。人不仅知道世界是什么，而且知道他要什么，什么是好的，什么是不好的，应该做什么和不应该做什么。俗话说，不知好歹不称其为人。因此，人的心理和行为的动力机制中不仅有需要和动机，还应包括价值观。在第五章中讨论了需要、动机及价值观在心理动力机制中的作用和地位。第六章讨论注意。注意既可以看成是认识活动中的一种状态，也可以看成是心理的一种动力背景。把注意放在这里，意在进一步说明它是意识的一种基本特征，同时又具有承上启下的作用。第三部分包括第七章至第十二章，阐述认知过程，讨论感觉、知觉、记忆、心象、思维和言语。这一部分是心理学中研究成果最丰富的领域。这本书的特点是广泛地介绍了认知心理学的主要研究成果，这一部分更新了教材内容，突出介绍了感觉信息的神经加工、知觉的信息加工、原理、记忆系统的特点、心象、概念形成、推理、问题解决、创造思维、言语的产生以及言语的识别和理解等内容。第四部分包括第十三章至第十五章，阐述情绪和意志行动，讨论情绪、意志和运动技能。从意志总是与行动紧密相联系的角度来看，作者把运动技能归入了这一部分。在这一部分中作者对情绪的定义重新做了考察，第十三章着重讨论情绪体验、情绪行为、情绪唤醒和对情绪刺激的认知等成分以及情绪的几个主要理论。意志是心理学研究最薄弱的一个领域，在第十四章中补充了意志实验研究的一些材料，讨论了意志的结构、意志的控制和失控。在第十五章中补充了运动技能的结构、运动技能的测定法和运动技能形成的理论等内容，这些内容是以往教材所没有的。第五部分包括第十六章至第十八章，阐述个性心理差异，讨论能力、气质和性格，这一部分内容比较稳定，其中心理测验的基本特性，认知取向对能力的解释，气质与活动，气质和性格的一些测定法等是新增加的内容。《心理学导论》各章在讨论某种心理现象时，第一节大致都按照这种心理现象的定义、功能、种类、生理机制以及与其他心理现象的相互关系来进行论述的。这种安排的目的是使学生对将要学习到的这种心理现象有一个概貌的了解，以利于对教材下面各节内容的学习；同时也有助于学生树立起人的心理的整体观，避免把某种心理现象孤立起来理解。

第二，我在普通心理学教学中特别重视培养学生辩证唯物主义心理观。在这方面我主要做了以下两方面工作。一是以实证事实来论证辩证唯物主义的心理观，即用事实来论证心理是脑的机能，是客观现实的反映；我既反对把复杂的心理和行为简化为脑的生化和电的活动，即企图以化约的方式来解释复杂的心理和行为的还原论；也反对把心理活动视为与大脑活动毫不相干的副现象论。心理是客观现实的反映，我既反对把复杂的心理和行为视为对客观现实的机械反映，也反对把心理和行为看作与客观现实毫不相干的唯心论。二是力求用当代心理学的七种取向的整合角度来论证辩证唯物主义的心理观。自威廉·冯特（Wilhelm Wundt，1832—1920）创立科学心理学以后，许多心理学家以不同的取向对心理和行为进行了探讨，主要有七种研究取向。西格蒙德·弗洛伊德（Sigmund Freud，1856—1939）创立的心理动力学取向（psychodynamic perspective），是根据精神病人的行为所提出的理论，认为人的心理是由意识、前意识和潜意识（或译为无意识）构成的动力系统；人性并不都是理性的，人的大多数行为都是无意识动机驱使的。弗洛伊德的一些思想已被演绎实证主义心理学所证实。行为主义取向（behaviorist perspective）为约翰·华生（John Watson，1878—1958）创立，认为心理学研究是探寻控制不同物种的可观察行为的规律；B. F. 斯金纳（B. F. Skinner，1904—1990）紧随其后，以操作条件作用的研究进一步扩大了行为主义的影响。他们都主张对研究对象的精确定义和严格标准的证据，并认为在动物身上得出的研究结果同样适用于人类。认知取向（cognitive perspective）一方面继承了行为主义对实验的严格控制和对变量的明确界定，同时强调要探究个体内部的信息加工；并探讨了不同水平的认知加工：知觉、记忆、问题解决、语言应用和决策等。认知取向已成为当今科学心理学的一个主流。人本主义取向（humanistic perspective）认为人既不是像弗洛伊德所说的由本能所驱使，也不是如行为主义所说的由环境所操纵；相反，人是具有能动性的生物；人性是善良的，并具有选择能力。卡尔·罗杰斯（Carl Rogers，1902—1987）强调，每个人都有朝着心理成长和健康的自然趋向；亚伯拉罕·马斯洛（Abraham Maslow，1908—1970）则创造了“自我实现”的术语，以表达人人都有追求潜能充分发挥的愿望。人本主义取向不主张采用演绎实证研究，但他们的设想也被心理学教科书所引用。生物学取向（biological perspective）引导着心理学家在基因、大脑、神经系统及内分泌系统中探寻心理的原因；特别是近年来发展起来的认知神经科学（cognitive neuroscience），就是以最新的生物学手段来探究心理的生物学原因。在当代心理学导论的教科书中，每一种心理现象差不多都有生物学取向的研究成果来论证其生理机制。持进化论取向（evolutionary perspective）的心理学家寻找把当代心理学与达尔文关于自然选择的进化论联系起来的证据。他们试图把男性和女性所承担的不同性别角色理解为进化的产物，然而用实验证据来支持这一条主要的解释原则——漫长的进化过程是相当困难的，但是不少社会心理学教科书是信奉这种观点的。持社会文化取向（social cultural perspective）的心理学家，研究心理世界的原因和结果中的跨文化差异，他们对忽视文化的差异性和事实性的心理学研究提出了严肃的挑战。当今心理学教科书大多都以这七种不同取向的研究成果或设想对个人的心理和行为系统进行论述，但我至今未看到将它们整合起来进行阐述的教科书。

第三，我在普通心理学教学中特别重视学生基础知识的掌握，但也注意他们思维能力的培养，希望学生对书本上的内容提出问题，而他们绝大多数提的问题在教科书上都有答案，只有个别学生提的问题书本上是没有答案的。在教学中我遇到两件事至今记忆深刻。在讲完“需要与动机”这一章之后，78 级一位学生问我：“你为什么不讲价值观，我觉得价值观更像需要与动机，因为价值观是人们评价事物的价值，选择的偏好。”我曾思考过这个问题，但没有想到学生会提出这个问题。我鼓励他继续关心当时我国哲学界对价值观的讨论，如果他感兴趣还可以阅读心理学界有关价值观的研究。我开始思考这个问题时觉得文献资料太少，后来通过对有关文献的学习，于 1985 年申请国家教委博士点基金项目“体制改革与当代中国青年价值观”并获批准，经过较长时间的学习和研究，在人民教育出版社 1991 年出版的《心理学导论》第五章，我把它修改为“需要、动机与价值观”，从此价值观成了我国普通心理学教材中的一个新主题。这个项目的最终研究成果《当代中国青年价值观与教育》于 1998 年获得教育部普通高等学校第二届人文社会科学研究成果一等奖。另一件事是，当我讲完“记忆”这一章后，有一位学生向我提出这样一个问题：第九章讲的感觉记忆、短时记忆都是从视听感觉道获得的信息，其他感觉道如嗅觉、味觉、皮肤觉获得的信息也符合短时记忆的规律吗？这个问题提得好，很有水平。我建议他找有关英文资料看看，国外是否有相关的研究；如果他感兴趣也可以找嗅觉、味觉来研究。许多学生认为教科书说的都是真理，这位学生却不这样看，他对教科书提出了质疑，这是很可贵的思维独立性的表现，也是发散式思维的表现。我当时确实很高兴，希望他能进一步深造，可惜他以后没有读研究生便参加工作了。上述例子也使我更加明确了教学相长的道理。为了使学生切实地掌握普通心理学的基本概念、基本原理和基本理论，除了在讲课中经常提问外，我每章讲完之后都要有一次考试，并运用表扬和批评的方式，要求学生牢固地掌握基础知识。

第四，我在普通心理学教学中还竭力引导学生学以致用，把学到的知识应用到自己的生活实际中去。心理学是探寻心迹的。在普通心理学教学中我们探讨了感知觉、记忆、思维、认知和决策以及情绪、意志等心理过程；探讨了注意、睡眠、催眠、情调、心境、热情、兴趣等心理状态；还探讨了个人的毕生发展过程。在教学中，我尽量联系学生的生活实际讲解心理学知识的实际应用。例如，我在讲解“注意”一章时提出以下一些问题，目的在于引导学生学以致用。我问道：

（1）课前预习，勾出教材中的重点难点，为什么记笔记和听课的效率会大幅度提高？（注意指向重点难点，对教材的理解深刻了）

（2）全神贯注，目标管理，为什么有些人能够做到认认真真学习，痛痛快快玩耍？（注意力集中，学习效率提高了）

（3）为什么专心学习觉得时间过得快，无所事事觉得时间过得慢？（注意指向的对象不同所导致）

（4）为什么注重体育锻炼、睡眠充足的人比不锻炼、经常失眠的人学习效率要高？（学习需要认知资源的付出，前者有足够的认知资源，后者可能缺少足够的认知资源）

（5）在寝室里读书与在教室和图书馆里读书，效果为什么大不相同？（环境与氛围不同，注意力受干扰的程度也不同）

（6）读书要眼到、嘴到、手到、耳到、心到，效率会显著提高，为什么？

（多种感官协同活动更有助于全神贯注）

其实普通心理学的许多章节都可以提出类似的问题，促进学生学以致用，健康成长。

第五，普通心理学是心理学专业学生和教育系学生的专业基础课，我在教学中除了对学生为人为学的引导外，还要求学生树立终身学习的理念，因为他们毕业后有可能继续深造，或在高校从事心理学或教育学的教学和研究工作。因此我在这门课的教学之外，还叮嘱他们下列四门课程务必要努力学习：

（1）马克思主义哲学，它有助于学生正确的世界观、人生观和价值观的形成；

（2）中华文化导论，它有助于学生从中国的实际出发，理解人性的本质，开展对中国人心理和行为的研究；

（3）高等数学，它有助于学生从学习数学过程中掌握认知和思维方法，有助于对心理和行为进行研究；

（4）英语，它有助于学生开展国际学术交流。

二、我与时间心理学的结缘

算起来，我与时间心理学研究结缘迄今已经有 65 个年头了。记得 1957 年上半年，程乃颐先生给我们班讲授普通心理学，他讲到人们对时间往往会产生错觉：一段充满要紧、有趣事情的时间好像很快就过去了，觉得时间短些，而一段充满不要紧、无聊事情的时间好像过得很慢，觉得时间长些；一段快乐、开心的时光好像很快过去了，而一段忧愁、苦闷、厌倦、无聊或期待的时间好像过得很长。他还用巴甫洛夫高级神经活动理论来解释这种现象，认为时间之所以被低估是大脑皮层中兴奋过程比抑制过程占优势的结果，从而导致在神经细胞中发生着的那些同物质代谢相联系的过程加快；而单调或忧愁刺激是由于抑制过程占优势的结果。当时我觉得很新奇，心想能不能设计一个实验来研究一下。到了工作岗位，我仍在经常思考这样一些问题：

· 什么是时间？我们能从心理学的角度进行研究吗？

· 为什么有的时间过得很快？有的时间过得很慢？

· 所有心理活动都有时间参与，时间无始无终我们怎么加以研究呢？

· 我们没有专门的时间感受器，但我们为什么能觉知到时间呢？

· 为什么人们对待时间的态度是如此的不同？

……

我和我的学生们曾做过许多时间心理学方面的研究，例如：时间的无意识加工（unconscious processing of time）或时间的内隐加工（implicit processing of time）是人类大脑对环境的一种自动的、直接的时间加工模式。我们的研究表明，内隐时间表征具有方向性、顺序性、连续性和认知不可渗透性；时间修饰词和汉字字组顺序所蕴含的时间信息在记忆中的内隐表征形式，对时间修饰词的概念加工会自动激活相关的内隐时间属性表征，内隐时间顺序表征受知觉表征系统的支配、具有自动加工和提取的特点；还探讨过时序知觉中意识和无意识的贡献，不同动态条件下的内隐时间特征以及时间信息自动加工与控制加工的电生理学指标。

时间知觉（time perception）是指个体对时间的“直接”反映；但时间瞬息即逝，时间知觉依赖于同质刺激的自发组织，即在大约3秒左右的限度内把一些相继事件知觉为相对同时的一个单元，即知觉到的现在（perceived present），包括对时间持续性和顺序性的知觉，我们研究过刺激的性质（包括拓扑性质的变化）、复杂度、强度、呈现时间以及人格因素、刺激的空间特征等对时间知觉的影响，得到了不少有趣的结果；探讨过时序知觉的重复启动效应，时序知觉的中枢计时与分布计时，以及多感觉整合的时间再校准；还用事件相关电位初步探讨了时间知觉的神经加工进程和相关脑区的激活状况。

时间估计（time estimation）也称时间判断（time judgment）是指个体依据主观经验对客观时间的持续性和顺序性的认知，可以用多种方法进行时间估计（包括时距或时序估计）实验：比较法——主试呈现两个或几个时距，要求被试估计哪个较长或较短或相等；产生法——要求被试产生出一个或几个主试预先设定的时距以便对此做出估计；估计法——要求被试用某种物理时距单位的言语报告形式来估计目标时距的长短；再现法——要求被试用某种操作方式来估计目标时距；等级评定法——要求被试以等级量表的形式来估计目标时距。所有这些时间估计方法都会产生误差，即使是短时距估计也是如此。我们研究过时距估计中的锚定效应、重复刺激效应、标量效应、注意效应、视听通道效应以及回溯式时距估计的一些特点。我们的研究发现不同年龄段儿童时间估计准确性与是否利用时间标尺有关，儿童越幼小，越倾向利用空间关系来估计时间，Kappa 效应越明显。

把长于 5 秒的刺激序列的时间认知称为时间记忆（time memory）。时间记忆包括对时距、时点和时序这三种时间信息的记忆。时间记忆可以以钟点、日期等确切的线索为参照，但大多时间记忆实验是以某个事件的时间线索而实现的，没有任何明确的言语编码形式，仅依靠有关事件对时间信息进行编码、保持和提取。个体对时间的记忆与计时工具测量出来的时间通常是不一致的。我们曾探究过回溯式时间记忆、预期式时间记忆以及时间性前瞻记忆的某些特点：用新闻片段和公众性新闻事件为实验材料，考察了回溯式时间记忆表征的特点，发现老年人回溯式时间记忆能力下降可能是由于大脑中的海马功能衰退导致信息加工速度减慢和情节记忆加工能力衰减之故。还对预期式的时点、时距和时序信息在长时记忆中的表征特点做过研究，结果发现时间记忆既有层次网络的特征，也有线性结构的特征；还探讨过时间性前瞻记忆与事件性前瞻记忆具有不同的认知机制问题。此外，我们还对时间记忆的层次网络模型和变化分割模型做过实验检验。

我们在整合国内外一系列研究成果的基础上，于1999年的一篇论文中提出一个理论构想——时间认知的分段综合模型（range-synthetic model of temporal cognition）。时间无始无终而又瞬息即逝，时间与人类的生活形影不离且时间就是生命，我们是怎样来把握时间的呢？一个合理的答案是人类采用分段性来把握时间。最有力的证据是人不仅发明了各种时间标尺（如毫秒、秒、分、小时、日、周、月、年、期、纪等）并用它来标记时间。个体心理世界的各种心理成分是普遍联系、相互作用的，虽然时间与人生形影不离但人却没有专门的时间感受器，人类总是凭借经验综合地认知时间。人类对不同时距具有不同的表征，我们的许多研究都表明，无论对哪一种时距的认知均受多种因素（例如事件的数量与结构、通道性质和特点、时距时序和时点的性质、注意资源、编码方式、提取策略、实验指标，以及个体的时间信念、人格特征、疾病等）的影响；不仅如此，还受心理的其他成分如情绪、动机、兴趣、爱好、价值观等影响。人类时间认知的分段综合模型能很好地解释爱因斯坦的时间相对性问题，他说："把你的手放在很热的炉子上一分钟，感觉起来好像一小时；而坐在一位漂亮姑娘身边整整一小时，感觉起来却像一分钟。"用心理学家的话来说，这就是给感受打上了不同的时间标尺之故。我和我的团队做了许多实验来论证时间认知的分段综合模型，结果表明人类的时间认知确实具有分段性和综合性的特点。这是我们研究时间心理学的主要收获。

我们既关注人们在时间认知上的共同性，也关注人们在时间人格上的差异性。时间给每个人以相同的机会，但每个人对于时间的感受、把握、管理、使用和爱惜却是不同的，人们在时间上的这些稳定的个体差异，我们称之为时间人格上的差异。时间人格（time personality）就是个人对待时间的生活方式。人们对待时间的生活方式有许多差异。时间最公平，它给勤奋的人留下智慧和力量，而给懒惰的人留下空虚和懊恼；时间瞬息即逝，有的人总是在检查自己对时间抓得不紧，而有的人总是白白消耗时光，还埋怨时间过得太慢；平庸者坐失良机，智慧者能抓住良机；准时是一种礼貌和美德，拖延就是无所作为。凡此种种实例，到处可见。

从 1997 年开始我们对时间人格的研究主要集中在下面三个方面。（1）时间管理倾向研究。在深入实际调查的基础上，我们编制了由时间价值感、时间监控观及时间效能感三个指标构成的《青少年时间管理倾向量表》，该量表的信效度均符合心理测量学的要求，还探讨过青少年的时间管理倾向与学业成绩、个人能力、自我观念、工作成就的关系。（2）时间洞察力研究。时间洞察力是指个体对于时间的认知、体验和行动的一种人格特质；它既是一种能力特质（由认知加工、时间管理和决策等构成），也是一种动力特质（由价值观、责任感、义务感、荣誉感、事业心等构成）；人生从过去、经现在、向未来，时间洞察力包含过去时间洞察力、现在时间洞察力与未来时间洞察力三个维度，这三个维度均包含有认知、情感和行动或行动倾向成分，但其具体内容可能是不同的；其中有些属于状态时间洞察力，有些则属于特质时间洞察力，后者才是时间维度上的人格特质。我们从中国的实际出发探讨时间洞察力的结构成分，编制过两个（过去、未来）时间洞察力量表。（3）不同自我同一性状态下的时间洞察力研究。我们考察了不同自我同一性状态下的被试对其过去、现在和未来的时间体验上的差异；还讨论了时间自我评价的理论意义和实践意义。

我们在时间人格领域的研究并不深入，还有许多问题需要进一步深入探讨：

1. 一些基本概念需要澄清

时间人格有十分复杂多样的含义，笼统地使用时间人格这个术语会使问题更加模糊不清。时间管理倾向与时间洞察力是时间人格中的两个不同概念；时间管理倾向的指标包含时间价值感、时间监控观、时间效能感；而时间洞察力的指标则包含时间认知能力（如判断、决策等）、时间情绪体验（如愉快、悲伤、悲喜交集等）及时间行动倾向（如执行、不执行、犹豫不决等）；这里的指标（indication）是指我们选定的观察，反映了我们所要探讨的概念；而维度（dimension）则是指概念的一个或几个方面，例如过去时间、现在时间、未来时间，或青少年期、成年期、老年期等。人们在过去、现在所经历的时间事件很多，对未来所希望的时间事件也很多。有些时间事件可能是情境性的，属于状态时间洞察力（state time perspective），而另一些时间事件可能是相对持久的，属于特质时间洞察力（trait time perspective）；后者是个体的人格特质，属于时间维度上的人格差异。怎样区分状态时间洞察力与特质时间洞察力是我们急需解决的问题。

2. 时间洞察力是先天的还是后天的？

津巴多（Philip Zimbardo，2010）认为时间洞察力是后天学习的结果，是可以改变的。早在 1961 至 1963 年，我们对 5 至 8 岁儿童做时间估计的研究时就发现："有的儿童不论对哪种时距绝大多数均作提前反应，如 5 岁被试刘某和 8 岁被试林某，在 32 次再现中均有 29 次是提前；而另一些儿童恰好相反，不论对哪种时距绝大多数均作错后反应，如 5 岁被试石某在 32 次再现中有 29 次是错后，8 岁被试易某则有 25 次错后"。看来遗传和早期经验在时间人格形成中是起作用的；时间洞察力也许是先天与后天、遗传与环境交互作用的结果。这个问题也需要我们进一步的研究。

三、我与人格心理学的结缘

（一）人生格调理论假设的提出

我曾经给大学生做过几次《人格心理学》（当时称个性心理学）的专题讲

座。1985 年在北京开会期间，赵璧如先生约我，希望我能为他主持的书系写一本《人格心理学》的书，当时我正在阅读英文的心理学资料，准备撰写《心理学导论》，便如实告知说："可以关注这方面的资料，愿意尝试一下"，但后来因教务繁忙便把这件事放到一边去了。1995 年的一天，我收到了张春兴先生的来信，邀我参加他主持的《世纪心理学丛书》撰写，承担《人格心理学》的撰写工作，我答应了。自那时起历时近三年，我总算完成了《人格心理学》的书稿，其间张春兴先生对书稿提了不少好的意见，令我受益匪浅。现在回想起来，虽然当时夜以继日十分辛劳，但确实收获颇多。

首先，要了解西方人格心理学的状况。当时西方的人格心理学教科书无论是早期霍尔和林赛（Hall & Lindzey，1957，1970）的《人格理论》，还是赫根汉（Hergenhahn，1980）的《人格心理学导论》都是以当代心理学的理论取向（或范型）组织起来的知识。所谓理论取向（或范型）其实是对人格现象或人的心理现象所提出的一套解释系统，它可以是依实证的普遍法则所构成的一套解释系统，也可以是研究者通过想象而构成的解释系统。根据以往的研究大致有 4 种不同形式的理论取向：（1）隐喻式理论（metaphorical theory），指用某些概念或符号系统进行比喻所给出的解释，例如卡特尔（Cattell，1965）采用系列符号来表示人的行为反应：R = f（P · S）。其中，R = 个人的反应，P = 个人的人格，S = 情境。或更加复杂的"说明程式"：$P_j = S_{jA}^{A} \cdots\cdots + S_{jT}^{T} \cdots\cdots + S_{jE}^{E} \cdots\cdots + S_{jM}^{M} \cdots\cdots + S_{jR}^{R} \cdots\cdots + S_{jS}^{S}$。其中，$P_j$ = 情境 j 中的个人行为，A = 能力特质，T = 气质特质，E = 能的驱动，M = 动力特质，R = 在该情境中的角色，S = 暂时的心境和身体状态，S_j = 情境 j 的重要性加权。这类理论看起来形式吓人，其实是比较肤浅的。（2）类化式理论（analogical theory），指用人们熟悉的现象进行类比所给出的解释。例如用计算机的操作系统类比人的认知加工所形成的信息加工系统。（3）化约式理论（reductionistic theory），指用比较简化的现象来解释较复杂的现象，例如阿德勒（Alfred Adler，1870—1937）用童年的社会兴趣来解释成人的复杂人格类型，而费孝通则用差序格局来解释中国人的人际关系。（4）抽象式理论（abstract theory），指用抽象的概念或符号来解释人格，例如弗洛伊德用力比多（libido）来解释人的行为动力。看来人格心理学中的理论，对于人的认知就像瞎子摸象那样带有片面性、表面性的猜测。怎么办？

有两条路：第一条是继续沿着西方人格心理学历来的框架，即按理论取向撰写教材；第二条是另起炉灶撰写中国特色的人格心理学教科书。因为人格心理学的核心问题是人的本质问题，也就是人的生存状态问题。关于人的生存状态或人应该怎样生活的问题，我国古代思想家确实有许多论述。例如：

孔子说："富与贵，是人之所欲也，不以其道得之，不处也。贫与贱，是人之所恶也，不以其道得之，不去也。"（《论语·里仁》）又说："君子谋道不谋食"，"君子忧道不忧贫"。（《论语·卫灵公》）

早在孔子前，鲁国大夫叔孙豹就提出过"立德、立功、立言"的三不朽思想："太上有立德，其次有立功，其次有立言，虽久不废，此谓三不朽。"（《左传·襄公二十四年》）

墨子说："天下之大利，在于人之兼爱；天下之大害，在于人之互争，故吾人应非攻。"（《非攻中》）又说："染于苍则苍，染于黄则黄；所入者变，其色亦变；五入而以为五色矣；故染不可不慎也。"（《墨子·卷一》）

孟子说："恻隐之心，人皆有之；羞恶之心，人皆有之；恭敬之心，人皆有之；是非之心，人皆有之。恻隐之心，仁也；羞恶之心，义也；恭敬之心，礼也；是非之心，智也。仁义礼智，非由外铄我也，我固有之也，弗思耳矣。故曰：求则得之，舍则失之。或相倍蓰而无算者，不能尽其才者也。"（《孟子·告子上》）又说："居天下之广居，立天下之正位，行天下之大道；得志，与民由之；不得志，独行其道。富贵不能淫，贫贱不能移，威武不能屈，此之谓大丈夫。"（《孟子·滕文公下》）

老子说："人法地，地法天，天法道，道法自然。"（《老子·二十五章》）又说："道常无名。"（《老子·三十二章》）"道常无为而无不为。"（《老子·三十七章》）

荀子说："人性之恶，其善者伪也。"（《荀子·卷十七》）"不可学，不可事，而在人者谓之性；可学而能，可事而成之在人者，谓之伪。是性伪之分也。"（《荀子·卷十七》）

韩非子说："凡治天下，必因人情。人情者有好恶，故赏罚可用，故禁令可立，而治道具矣。君执柄以处势，故令行禁止。柄者，杀生之制也；势者，胜众之资也。"（《韩非子·卷十八》）

《大学》说："大学之道，在明明德，在亲民，在止于至善。知止而后有定，定而后能静，静而后能安，安而后能虑，虑而后能得。物有本末，事有终始。知所先后，则近道矣。古之欲明明德于天下者，先治其国；欲治其国者，先齐其家；欲齐其家者，先修其身；欲修其身者，先正其心；欲正其心者，先诚其意；欲诚其意者，先致其知。致知在格物。物格而后知至，知至而后意诚，意诚而后心正，心正而后身修，身修而后家齐，家齐而后国治，国治而后天下平。"（《礼记·卷十九》）

虽然先哲们的论述比较清楚，但我一时无法形成一个新的人格心理学的理论框架。鉴于递交书稿也有时间限制，我便采用了"范式＋专题"的框架于1998年在台北市东华书局出版了《人格心理学》（繁体字版）教材。

其次，从《论语》中寻找灵感，提出人生格调的理论假设。虽然我撰写的《人格心理学》这本教材已经出版，但是我对《人格心理学》新的理论框架的探究并未停止，先后通读了两遍《论语》，希望能从《论语》中获得新的灵感。我从《论语》中孔子推崇的君子人格中找到了答案，因为君子人格就包含了人生追求、人生态度、人生智慧和人生修养。这就是我花了多年时间寻找到的人生格调的理论假设。今后如果我要撰写或修订《人格心理学》教材，我将以这个假设为基础，按这四个部分来组织，下面是我以这个假设对君子人格的理解。

1. 君子的人生追求

人生追求（life purpose）也称人生目标、人生抱负，是个人内心的动力坐标，指引着个人的行为朝着这个特定目标去努力，因而具有方向性和持久性。君子追求的人生是仁、义、忠、恕。

（1）仁、义

孔子认为，君子的人生追求是仁、义，特别是仁。子曰："君子道者三……仁者不忧，知者不惑，勇者不惧。"（《宪问》）子曰："君子去仁，恶乎成名？君子无终食之间违仁，造次必于是，颠沛必于是。"（《里仁》）子路愠见曰："君子亦有穷乎？"子曰："君子固穷，小人穷斯滥矣。"（《卫灵公》）"樊迟问仁。子曰：'爱人'"（《颜渊》）。爱人有各种表现：爱护、同情、怜悯、体谅、厚道、亲情、忍让、慈爱、友善、善良、报恩等。仁是对人的态度。

孔子认为，义的本质是实行仁，而仁的本质是"爱人"，真正爱人的人一定是能够履行社会义务，担当社会责任的人。子曰："君子喻于义，小人喻于利。"（《里仁》）子曰："君子义以为上，君子有勇无义为乱，小人有勇而无义为盗。"（《阳货》）子曰："君子之于天下也，无适也，无莫也，义之与比。"（《里仁》）子曰："君子义以为质，礼以行之，孙以出之，信以成之。君子哉！"（《卫灵公》）。义是对原则的态度。

（2）忠、恕

《论语·颜渊》篇记载："仲弓问仁。子曰：'……己所不欲，勿施于人。'"又说："己欲立而立人，己欲达而达人。"推己及人的肯定方面是"尽己为人"，孔子称之为"忠"。而推己及人的否定方面是"己所不欲，勿施于人"，孔子称之为"恕"。推己及人这两个方面的结合，称为忠恕之道，就是

"仁之方"，即实行仁的方法。

"忠"的对象有多种含义，除了忠于君，如"君使臣以礼，臣事君以忠"（《八佾》）之外，"忠"还有忠于人，如"居处恭，执事敬，与人忠。"（《子路》）；忠于长上，如"孝慈则忠"（《为政》）；忠于朋友，如"子贡问友，子曰：'忠告而善道之……'"（《颜渊》）；忠于职守，如"子贡问曰：'令尹子文三世为令尹，无喜色；三已矣，无愠色，旧令尹之政，必以告新令尹。何如？'子曰：'忠矣！'"（《公冶长》）。

忠恕之道就是行仁道。所以曾子说"夫子之道，忠恕而已矣。"（《里仁》）忠恕之道是以个人内心为依据的行为。因而孔子说："仁远乎哉？我欲仁，斯仁至矣。"（《述而》）"巧言令色，鲜矣仁。"（《学而》）

2. 君子的人生态度

人生态度（life attitude）是指对人生所持的一种具有持久性和一致性的倾向，这种倾向是与对人生目的的理解相联系的。一般认为，人生态度包含认知、情感和行为三种成分。君子的人生态度如下：

（1）知命而行

子曰："不知命，无以为君子也"（《尧曰》）孔子说的"命"是内心的使命感。子曰："君子有三畏，畏天命，畏大人，畏圣人之言。小人不知天命而不畏也，狎大人，侮圣人之言。"（《季氏》）孔子的人生态度坚定不移，具有"知其不可而为之"的献身精神。

（2）言行一致

言行一致既是君子的人生态度，也是君子的人生修养。子曰："君子耻其言而过其行。"（《宪问》）又曰："……故君子名之必可言也，言之必可行也。君子于其言，无所苟而已矣！"（《子路》）子曰："君子欲讷于言而敏于行。"（《里仁》）

(3) 心怀宽广

子曰:“君子坦荡荡,小人长戚戚”(《述而》)子曰:“富与贵,是人之所欲也;不以其道得之,不处也。贫与贱,是人之所恶也;不以其道得之,不去也。君子去仁,恶乎成名?君子无终食之间违仁,造次必于是,颠沛必于是。”(《里仁》)讲求安贫乐道,心安神泰。

3. 君子的人生智慧

人生智慧(life wisdom)是对人生的独特的理性思考,也是对人生持久的创造性的智力活动。君子的人生智慧有哪些特点呢?

(1) 行中庸

子曰:“中庸之为德,其至矣乎!民鲜久矣。”(《雍也》)在《中庸》中仲尼曰:“君子中庸,小人反中庸。君子之中庸也,君子而时中;小人之中庸也,小人而无忌惮也。”(《中庸·第二章》)

(2) 尊理性

儒家主张理性在人生智慧中的重要作用。“樊迟问知(智)。子曰:‘务民之义,敬鬼神而远之,可谓知(智)矣。’”(《雍也》)《论语》中谈仁很多,谈智较少。但“知”与“智”的含义有相似之处。子曰:“知者不惑”(《宪问》),“择不处仁,焉得知”(《里仁》),这里的知都有明智、智慧、理性的意思。《中庸》列出的三达德,“智”甚至排在首位,说明孔学是十分重视智慧、理性的,但孔学的智慧既不是技术思维,也不是聪明计算,更谈不上是探求科学的手段,而是一种修德从善的理性思考。

4. 君子的人生修养

人生修养(moral upbringing of life)是指养成正确对待自己人生的行为方式,人生修养即修身。在《论语》中孔子关于君子修身的论述很多,下面择其要者而述之。

（1）好学

好学是想成为君子的第一条重要途径。子曰："君子食无求饱，居无求安，敏于事而慎于言，就有道而正焉，可谓好学也已。"（《学而》）哀公问："弟子孰为好学？"子曰："有颜回者好学，不迁怒，不贰过。不幸短命死矣，今也则亡，未闻好学者也。"（《雍也》）

君子的学习，首先是学习品德。子曰："由也！女闻六言六蔽矣乎？"对曰："未也。""居！吾语女。好仁不好学，其弊也愚；好知不好学，其蔽也荡；好信不好学，其蔽也贼；好直不好学，其蔽也绞；好勇不好学，其蔽也乱；好刚不好学，其蔽也狂。"（《阳货》）除了学习品德，孔子还要求学生在文的方面下功夫。子曰："小子何莫学夫诗？诗，可以兴，可以观，可以群，可以怨。迩之事父，远之事君；多识于鸟兽草木之名。"（《阳货》）孔子还强调，学习的目的是为了追求内在修养的提高，而不是炫耀自己。"君子病无能焉，不病人之不己知也。"（《卫灵公》）

（2）自省

自省是想成为君子的第二条重要途径。无论是崇礼、尊礼，或是中庸、守信等修身内容都离不开自觉、自省。子曰："见贤思齐焉，见不贤而内自省也。"（《里仁》）孔子曰："君子有九思：视思明，听思聪，色思温，貌思恭，言思忠，事思敬，疑思问，忿思难，见得思义。"（《季氏》）又说："君子有三戒：少之时，血气未定，戒之在色；及其壮也，血气方刚，戒之在斗；及其老也，血气既衰，戒之在得。"（《季氏》）因此，曾子曰："吾日三省吾身——为人谋而不忠乎？与朋友交而不信乎？传不习乎？"（《学而》）自省就是自我反思，自我修身，不断提高的过程。

（3）谨言敏行

谨言敏行是想成为君子的第三条重要途径。子曰："巧言令色，鲜矣仁。"

(《学而》) 又曰:“巧言、令色、足恭,左丘明耻之,丘亦耻之。”(《公冶长》) 子曰:“君子耻其言而过其行。”(《宪问》)

孔子认为君子是言行一致的。子贡问君子,子曰:“先行其言,而后从之。”(《为政》) 又曰:“古者言之不出,耻躬之不逮也。”(《里仁》) 孔子一再强调,君子“敏于事而慎于言”(《学而》),“君子欲讷于言而敏于行”(《里仁》)。子曰:“能行五者于天下为仁也”,“恭、宽、信、敏、惠。恭则不侮、宽则得众、信则人任焉、惠则足以使人”。(《阳货》)

孔子虽然没有在《论语》中提出“修身”的概念,但却提过与之相类似的,如“克己”“修己”“正身”“求诸己”“自身”“自讼”等概念,十分重视人生修养。

(二) 健全人格理论的提出

从教以来,我一直重视青年心理和教育问题。1982 年我协助张增杰教授与徐凤姝副研究员一起主持中国社会科学院“六五”科研项目“大学生心理研究”;在完成该项目时我阅读了许多关于青年心理的资料,较深刻地认识到价值观对于青少年成长的重要意义。出于对青年教育问题的关切,1985 年我申报了国家教委博士点基金项目“体制改革与当代中国青年价值观”并获得批准。从接受此项任务起,我便为课题研究确立了三项原则:一是以马克思主义、毛泽东思想为指导,考察有关价值观的已有文献,从理论上探究价值观在人的心理和行为中的作用和地位,即把价值观纳入心理学的概念体系。二是紧密联系改革开放的实际,反映时代脉搏,用实证材料来阐述当代我国青年价值观的特点。三是根据当代中国青年价值观的特点和社会主义现代化事业发展趋势,提出有关青年价值观教育的某些合理建议。按照上述三原则,我们课题组对我国青年价值观的各个方面,包括人生价值观、政治价值观、道德价值观、人际价值观、职业价值观、审美价值观、宗教价值观以及自我观、婚恋观和幸福观进行了较深入系统的研究。但限于时间和经费，我们的研究对象主要是大学生，包括理、工、农、医、师范等近30所不同类型高校的大学生，他们分布于全国东、西、南、北、中各个地区。课题组成员完成了大量调查研究，与此同时还完成了20多篇论文，从而为形成《当代中国青年价值观与教育》这本专著打下了基础。

值得回忆的是，1988年1月在国家教委的领导下，来自不同地区、不同学科被列入全国高校哲学社会科学"七五"科研计划的6所高校课题组负责人组成的"当代青年价值观变化调查组"到广州、深圳、东莞、珠海4座城市进行实地调查。在12天的调研中，我们从高校到工厂、农村，从机关到街头，同大学生、青年工人、青年企业家、个体户、农民工、青年教师和党政工作人员进行座谈。这次调研时间虽短、走马观花，但却给我留下了深刻的印象：在改革开放的新时代，社会生活方式和青年人的价值观都发生了深刻的变化；我们的心理学研究必须紧密联系实际反映时代呼声。与此同时，我开始察觉到，"由于中国人的价值观与西方人的价值观在本质上有很大差异，探讨中国青年价值观的特点是不能搬用西方测量工具的。因为西方价值观的测试题所包含的是西方价值观内容。用西方价值观的测量工具，只能测出中国青年对西方价值观中所包含内容的'反应'，而不能测出中国青年价值观中真正包含了哪些内容。"但限于时间和条件，我们只有很少部分的研究采用了投射法，主要资料的收集都是采用修订后的罗克齐（Rokeach，1971）编制的"价值观调查表"（Values Survey）而获得的。这项研究的最终成果《当代中国青年价值观与教育》（黄希庭、张进辅和李红等著，四川教育出版社1994年版）虽然在1998年荣获教育部普通高等学校第二届人文社会科学研究成果一等奖，但我一直对自己不满意：自己的学术思想与行动是脱节的，怎样才能做到言行一致呢？

2000年底我在大学生中做过一个开放式问卷调查："你认为什么样的行为

是心理健康者的特征性行为？依据你的看法，请写出5至10条。”共收回问卷49份，提出的特征性行为共计393条，经内容分析可分为12类，按百分比多少依次排列如下：爱学习，乐于工作，积极上进，对生活充满希望（20.5%）；尊重他人，帮助他人，人际关系好（15.7%）；能正确认识自己，有自信心，不自卑（11.8%）；能客观地看待事物，能适应新环境（11.5%）；能调整自己的心态，情绪较稳定（11.4%）；意志坚定，遇困难不退缩（10.2%）；行为举止合乎情理（9.7%）；有忠心、良心、爱憎分明（2.8%）；无人格障碍、无精神病（2.6%）；有理想、有抱负和责任心（1.4%）；尊敬师长、团结同学、帮助弱小（1.4%）；身体健康无疾病（1.0%）。

可以看出，大学生们所说的心理健康的特征性行为已经超出了心理是否有疾病的标准。他们所追求的心理健康标准更高，其中有相当多的大学生所追求的心理健康标准是个人潜能的充分发挥。可以将大学生的心理健康期盼概括为：对世界抱开放态度，乐于学习和工作，不断吸取新经验；以正面的眼光看待他人，有良好的人际关系和团队精神；以正面的态度看待自己，能自知、自尊、自我悦纳；以正面的态度看待现在和未来，追求实现高尚的生活目标；以正面的态度对待挫折，能调控情绪，心境良好。

总之，在他们看来，心理健康者能够以正面的态度对待世界、他人、自己、过去、现在和未来、顺境与逆境，是一个自立、自信、自尊、自强、幸福的进取者。

幼时我曾读过《三字经》《百家姓》《千字文》《幼学琼林》，但没有完整地读过一本我国古代典籍。从2002年开始我下定决心自学《道德经》和《论语》。孔子在《论语》中的君子人格深深地吸引了我。我经过反复思考，力求把孔子关于君子人格的理论、西方心理学家关于健康人格的理论以及当代大学生对最佳心理健康者的期盼结合起来，从而提出了健全人格理论（perfect personality theory)，即理想人格或优秀人格理论。在我看来，心理健康是一个连续体，连续体的一端是最差的心理健康状态，即心理疾病或心理障碍，而它的另一端是最佳的心理和行为状态，即健全人格。健全人格是个人最佳的心理和行为的有机结合。

健全人格是一个动态系统，它是由许多心理成分组成的复杂组织，其中最主要的是三个独立功能的成分。这三个成分可以用三个同心圆来表示（如图 1 所示）。其中，最核心的是正确的价值观。价值观是每个人区分好坏、美丑、对错的信念系统，它通常是充满情感的，不仅引导人们追求自己的理想，而且还决定着人生中的种种选择。健全人格的第二层次是积极的自我观，即个人积极主动地面对自己的人生，包含自爱、自立、自信、自省、自强、理想身体自我等。自爱就是个人悦纳自己，珍爱自己，对自己所具有的特征持积极的态度；自立就是个人从自己过去依赖的事物那里独立出来，自己行动、自己做主、自己判断，对自己的言行负责，可分为身体自立、行动自立、心理自立、经济自立和社会自立；自信就是个人在认识自己的基础上充分信任自己，包括对自己的品德、知识、才能和前途等的信任；自省就是自我反省，自我提升，不断进取；自强就是个体面对挑战具有的积极向上、奋斗不止、永不言败的精

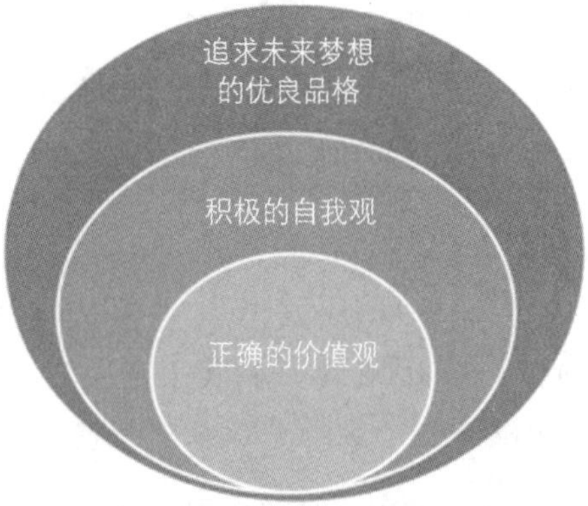

图 1　健全人格的三层次模型

神；理想身体自我是个体对自己最想拥有的身体状态（即身体美）的认知和评价。健全人格的第三层次是追求未来梦想的优良品格，属于相对表层的要素，如好学、有责任心、肯实干、慈爱、同理心、互助合作、心境平和以及勇气、节俭等品格。上述这三类心理成分就是健全人格的三个子系统，它们是相互关联、相互影响的。

健全人格的养成不是客观现实的简单拷贝，也不是被动接受信息的积累。即使是新生儿，在接受周围环境刺激时也会主动地根据自己的需要，运用已有技能进行选择和接纳。浙东沿海一带有一个习俗：新生儿出生在喂奶之前都要喂黄连熬的苦水，据说有清热解毒的功效。我观察过被喂苦水孩子的反应，喂第一口会顺利吞下，喂第二口便有一些抗拒反应，继续喂下去，反抗会更激烈。这种反抗行为是有其遗传根源的。儿童不仅是物理知识的积极探索者，也是社会知识的积极探索者。他们与周围的人在交往过程中发生交互作用，母亲和看护者会把他们看重的社会知识及其意义告诉儿童并帮助他们去掌握。对于社会知识和社会规范，内化于心是很复杂的过程，皮亚杰的同化（assimilation）和顺应（accommodation）是难以解释的。很可能是，儿童开始时认知上接受，然后是情感上认同，再内化为自己的信念。因此，健全人格养成教育要从小抓起，谨守“勿以恶小而为之，勿以善小而不为”。在健全人格养成教育中，言行一致的示范作用非常重要。如果父母、教师（甚至某些社会上的人）说大话、假话，言行不一，儿童也会养成言行不一的不良品行。健全人格的养成要靠个人自律。“曾子曰：‘吾日三省吾身：为人谋而不忠乎？与朋友交而不信乎？传不习乎？’”（《论语·学而》）但是对于那些缺乏自律的人还是需要他律才行。这就是说，健全人格养成的心理机制至今仍有许多值得深入研究的问题。例如：发展心理学的研究表明，到了11—15岁青少年的思维能力、情绪和社会性的发展变化都呈现出许多新的特点，他们的自我（自我评价、自我体验、自我控制）、价值观和品德都开始逐渐形成；这时健全人格的养成具有怎样的特点？三个子系统的诸成分之间是如何相互影响的？某一成分的改变也会影响其他系统的其他心理成分吗？它们是如何发生改变的呢？

健全人格系统会受外界的影响，可能会产生两种情况：一种情况是外力作用能促进正确价值观的内化，使系统更加稳固。另一种情况是外力会导致正确价值观的瓦解、错误价值观的萌发，即开始时健全人格系统会抵抗外力，保持自身的稳定性，但如果这种抵抗无效时，它会做出部分改变，甚至会发生根本性的改变。上述这两种具体条件是什么？发生改变的心理机制是什么？健全人格的三个子系统都是一个个完整的整体，它们是否还可以分解为若干个等级？各个等级的心理成分又有哪些特点？它们整合起来会是三个完整的系统吗？这些都很值得我们去探究。

总之，健全人格是个理论构想，今后还需要更多的质性研究和量化研究加以论证。

四、我与应用心理学的结缘

虽然我主要从事基础心理学教学与研究，但对心理学的应用也一直十分重视。因为我认为一门学科是否有生命力，它的影响力大小，在很大程度上取决于该学科对社会的贡献。中国心理学研究，不仅应当对学科的理论建设有更大的贡献，还应该更多地参与解决构建和谐社会中的各种实际问题。无论是基础理论研究抑或是对社会实用问题的考察与分析，我们都应该努力进行探究。

（一）我对大学生心理健康与咨询的研究

我对大学生心理的研究是从 1982 年协助张增杰先生时开始的，以后张先生病重，就由我和中国社会科学院社会学研究所徐凤姝先生一起主持中国社会科学院“六五”研究项目“大学生心理研究”。1985年我们这项工作被国家教委列为高等学校文科编选计划教材。上海人民出版社1988年出版的《大学生心理学》，是由11所高校的老师和科研院所人员一起完成的。完成这项工作之后，我和同志们又一起完成了《人生心理咨询手册》（河北教育出版社1991年出版），以后还完成了：《当代中国青年价值观与教育》（黄希庭、张进辅、李红等著，四川教育出版社1994年出版，1998年获教育部普通高等学校第二届人文社会科学研究成果一等奖）、《当代中国大学生心理特点与教育》（黄希庭、郑涌等著，上海教育出版社1999年出版，2003年7月3日获教育部第三届中国高校人文社会科学研究优秀成果心理学二等奖）、《大学生心理健康与咨询》（黄希庭、郑涌主编，高等教育出版社2000年出版）。由于我们的前期研究基础较好，2002年这本《大学生心理健康与咨询》获得全国普通高等学校优秀教材一等奖。这本书主要介绍了大学生的需要、动机、情绪、体魄与心理健康，自我观念、人际关系、人格与心理健康，角色改变、爱情、性与心理健康等内容。对大学生可能面临的各种心理冲突和心理问题加以引导，以促进大学生的心理健康。接着我和郑涌对这本书进行压缩，于2007年出版了《大学生心理健康与咨询（第二版）》。2020年由我和汤永隆任正副主编完成了第三版《大学生心理健康与咨询》的修订工作，修订后的《大学生心理健康与咨询》包括大学生成长过程中常见的动机、价值观、情绪、体格、自我、人际关系、人格、角色改变、爱情、性、就业创业等有关活动中的心理健康问题及其化解的对策建议。例如第二章需要、动机与心理健康：第一节概述动机、价值观的特点及其与心理健康的关系；第二节阐述大学生价值观对心理健康的促进作用，第三节大学生动机问题与化解。第三章情绪与心理健康：第一节概述情绪与情绪体验，第二节大学生的积极情绪与心理健康的促进作用，第三节大学生常见的情绪困扰与化解。第五章大学生的自我与心理健康：第一节概述自我的系统分析，第二节大学生自我发展的特点与心理健康的促进，第三节大学生自我的心理问题与化解。总之，我认为大学生是国家的栋梁之才，有着更高的智力和文化水平、更高的抱负和追求。大学生在我们社会中属于精英群体，他们中的心理问题绝大多数是轻微的、偶发的、容易疏导的，只有极少数是严重的心理障碍。除了极少数心理疾病（心理障碍）需要治疗外，广大青年大学生的心理问题宜采用预防性及发展性教育或咨询、辅导。对大学生的心理健康教育我们要提出更高的要求，不仅使学生懂得预防和化解心理问题的方法，更要促进大学生树立正确的价值观、积极的自我观以及追求理想的优秀品格的养成，使他们成为自爱、自立、自信、自省、自强的幸福进取者。

在大学生心理健康教育中要重视对学生的人生观、幸福观、价值观的引导。我们不同意西方的心理咨询中所谓的“价值中立”原则，即在心理咨询中不判断、不指导、不引导。在我国大学心理健康教育中是要坚持价值导向的。大学心理健康教育提倡学生的潜能发挥应根据自身的兴趣爱好自由发展，但是这种自由发展是有方向性的，即是在社会主义核心价值观前提下的自由发展，而绝不允许反社会倾向的自由泛滥。在大学生心理健康教育工作中要坚持有助于立德树人，修身、“做人”（learning to be a person），传承中华优秀传统文化。

大学生心理健康教育不仅可以在课堂进行系统的教学，还可以在日常心理咨询活动、团体训练、定期的心理健康宣传周（月）或一对一、一对二、一对三的个别（和小组）辅导中进行；既可以通过专家指导、教师辅导、学生自助相结合的方式开展教育，也可以通过提供心理健康阅读书籍、建立心理健康网站、播放心理健康录像、实施行为训练等开展教育。此外，还可以在大学的军训、社会实践、社团活动中开展心理健康教育活动。

大学生的心理健康教育不仅仅是心理学教师的职责，也是思想政治课、专业课教师的职责，要创设条件把心理健康教育与思想政治教育结合起来、与专业知识的传授结合起来，把学生的知行教育结合起来，以形式多样的方式开展心理健康教育，使心理健康教育的内容深入大学生的心灵。同时我们还要积极引导学生去实践，不断完善自己，提高自己。

大学生的健康发展也是全校教职员工的职责，开展大学生发展性心理健康教育应当把全校教职员工动员起来，让他们有可能去承担心理健康教育工作。例如现在很多学校组织有一支由思想政治教育教学部门、学生工作部、教师工作部、团委、专业院系教师、医务人员等组成的校心理健康教育工作队伍，承担全校性的心理健康教育工作，怎样使他们熟练地掌握心理健康教育的知识和技能呢？为了便于教职员工自学心理健康的读本，我向大家介绍分三步走的思考方法：第一步，分析思考有关的概念，例如挫折容忍力，什么是挫折容忍力？造成挫折的原因是什么？挫折与挑战是什么关系？这有助于正确认识挫折容忍力。第二步，进行创造性思考，要努力去发现大学生活的压力源有哪些，并设计出应对大学生活压力的策略。第三步，要学会在日常生活中用挫折容忍力的概念去应对大学生活的挑战和机遇。用这三步来思考问题，将会有助于大家熟练地掌握心理健康教育的知识和技能。它不仅有助于做好心理健康教育工作，而且能促进教职员工自己的心理保健；身心健康才能享受工作和生活的乐趣。

(二) 我对心理健康服务体系的研究

多年来，我的一个心愿就是让心理学走向大众，走进家庭，走进社区，走进学校，走进机关，走进军营，走进企业。机遇不期而至，2005 年 12 月 20 日，我领衔申报的教育部哲学社会科学重大研究课题攻关项目“中国心理健康服务体系现状及对策研究”被批准。2006 年 4 月 8 日，我们在西南大学举行开题报告会。教育部社科司、重庆市社科规划办、市委宣传部理论处、市教委宣教处和西南大学等领导出席会议。开题报告会由学校社科处处长徐辉教授主持。在开题会上，我就研究现状，研究目的与内容，研究方法，拟突破的重点、难点和创新点，以及研究时限、经费分配和成果等向大会作了报告。与会领导及来自国内其他高校的相关专家、课题组成员和相关专业的研究生共100余人就课题展开了激烈的讨论。

我的开题报告着重讲了以下五个问题。

1. 研究现状

（1）我国心理健康服务体系的界定及服务对象的现状

首先，我对心理健康服务体系（Mental Health Service System）作了这样一个界定：指由专业机构和人员遵循心理健康规律向社会成员所提供的心理促进工作，以及围绕此工作的投资、教育培训、管理监督所组成的系统。它的建立和完善是社会和谐发展和社会成员小康生活必不可少的重要支持和保障。接着我阐述了我国大中小学生的心理健康现状；教师的心理健康问题现状；其他社会群体的心理健康现状；外国人心理健康现状。

（2）我国心理健康服务体系的现状

我国的心理健康服务模式主要分为医学模式、教育与发展模式两种，其中，心理咨询和心理治疗是现阶段我国心理服务的主要形式。

服务目标：简单地说，医学模式心理治疗主要目的是使患者恢复心理健康；教育与发展性心理咨询以健康人群为对象，根本目的是促进他们健康成长和增强应对能力，更好地开发心理潜能。但目前我国对发展性目标的重视不够。

服务理论：基本上是引进和模仿西方理论，缺乏原创性的中国化理论。西方的理论主要是：精神分析理论、行为主义理论、人本主义理论、认知心理学理论、系统家庭治疗理论。中国化理论的缺乏显然不利于我国心理健康服务的理论和实践的进一步发展。

服务方法：主要有认知领悟疗法、意象对话技术、系统脱敏法、冲击疗法(满灌疗法)、厌恶疗法、格式塔疗法、森田疗法、生物反馈法、认知行为疗法、家庭疗法、心理剧疗法、生物医学治疗等。钟友彬创立的认知领悟疗法、朱建军创立的意象对话可能是中国人原创的技术。

服务内容：心理测量，帮助人们了解自我；提供心理学知识，帮助人们增强社会适应能力、提高心理素质；正常人成长发展中遇到的学习问题、人际关系、情绪情感问题、工作压力、社会适应不良、婚姻家庭关系、亲子教育等心理问题的咨询；各类心理障碍如癔症、恐怖症、抑郁性神经症、疑病症以及各类异常心理的治疗；企业员工援助计划以及针对特殊群体的特殊心理问题提供的各种恢复和促进人们的心理健康的心理服务。

目前针对特殊群体的心理健康服务也开始越来越得到重视，但这些针对特殊群体的心理服务大多没有形成专业化的服务体系。

(3) 我国心理健康服务体系主体的现状

目前我国从事心理健康服务的机构有综合医院的心理科、精神科、神经科、康复科；专科医院如一些精神卫生中心；高等院校、中学的心理辅导中心；社区服务机构的心理健康咨询中心，私立心理服务机构；其他组织和单位自己组建的心理服务机构等。有关的调查表明，大多数心理健康服务机构是非营利性的，大多数在医疗卫生单位和教育系统；许多机构没有登记注册，硬件设施较差。

(4) 我国心理健康服务体系的教育与培训现状

专业学历教育方面：目前有很多高校开办了心理学专业，但是有正规的临床心理学与心理治疗专业的学校很少，少数院校已设精神卫生系，但心理治疗的内容偏少，高校心理系的心理咨询课也仅有一个学期的学时，心理学科教育体系建设滞后。我国高校各心理学系（院）的培养目标主要是面向学校心理辅导与教学。只有少数高校心理学系为企业或医院的心理咨询室培养人才，由于培养目标和方向的局限性，心理专业人士远远不能满足社会对心理服务的需求。

非学历培训方面：2001 年 8 月，国家劳动和社会保障部制定颁布了《心理咨询师国家职业标准（试行）》，正式公布确定心理咨询职业分三个等级，规定今后从事心理咨询业的人员将持证上岗，负责在全国开展统一的职业培训和职业资格鉴定工作。2002 年，卫生部根据本系统的情况提出“心理治疗师”这一卫生专业技术称号，并委托有关人员编写了心理治疗学专业的考试指南，这些举措无疑为心理咨询工作的专业化和职业化奠定了必要基础。

非学历培训存在一些明显的问题，如主管部门对培训机构的资质鉴定这一环节相当薄弱，既没有明确的标准和评审程序，也没有合适的评审机构，造成商业化倾向突出、培训机构混杂、培训教师素质参差不齐、整体专业水准不高，等等。

（5）我国心理健康服务体系的管理评估和投入现状

心理健康服务的规范体系：在法律法规方面，我国精神卫生立法小组成立于 1985 年，国家相关部门如当时的卫生部、教育部、民政部、公安部也出台了一些政策法规和规章制度。但我国目前还没有出台任何国家性的专门的心理健康法律，而目前全球已有超过 100 个国家实施了精神卫生法。在职业伦理规范方面，当时的卫生部颁布了一些医德规范，各省市结合本省实际也颁布有相应的医德规范，但全国尚无统一的心理咨询与治疗者道德规范要求，未成立相应的自律或仲裁委员会。在专门审议仲裁机构方面，我国部分医院成立有专门的医院伦理委员会，卫生部门也有精神卫生管理协调机构，对心理治疗中出现的医患纠纷和医疗事故进行处理，但目前尚缺乏专门的全国性的心理健康服务审议仲裁机构。

心理健康服务的行政管理体制：从精神卫生服务的管理体制看，我国是“四驾马车”的体制：国家卫生健康委员会、公安部、民政部、中国残疾人联合会，分别服务于不同的群体。但精神卫生行政管理机构的部门所有和条块分割弱化了精神卫生服务体系的服务能力，影响了现有的精神卫生资源的有效利用和整合。

行业学会建设：目前，我国的心理健康服务行业相关的组织积极开展学术科研与交流以及科普活动，并进行相关培训与指导监督工作。然而，它们无权对培训机构和从业人员进行资格认证和监督管理。而且，各个行业学会之间不能有效沟通和整合，缺乏行业的统一领导，也缺乏行业职业伦理规范的制定和监管。

培训和资格认证与督导制度：这方面存在着严重问题。首先，缺乏对培训机构的资质认定和培训工作的有效监管，导致获得资格证书的人员素质良莠不齐。其次，资格认证制度没有时间限制，缺乏更新机制。最后，国内还没有完善的督导体制和规范。

以政府投资为主体的多渠道、多方位、多层次投入体系：目前我国心理服务工作实施的是以政府投资为主体的多渠道、多方位、多层次投入体系，但投入体系仍存在一些问题：首先，投入不足；其次，由于实行“分灶吃饭”的财政体制，省、市、县、乡级精神病医院财政补助占总收入比重逐级下降，其结果是越需要财政补贴的低收入患者获得的补贴越少，凸显了这种财政补助制度缺乏针对性的缺陷。

总之，目前人们在面临前所未有的机遇的同时，也承受着前所未有的挑战与压力，心理障碍的发生率呈现大幅增加的趋势。这一点虽与国外差别不大，但是我国心理健康服务体系严重滞后，在服务目标、理论基础、方法学原则及教育培训、监督管理诸方面都难以适应当今社会对心理健康服务的需求。

2. 研究目的和内容

总的目的拟解决两大基本问题：（1）系统探索当前我国心理健康和心理健康服务体系的现状；（2）使我国心理健康服务体系适应和谐社会发展需要，提供系统的理论指导和可操作化对策。这两个目标是有机联系的，前者是基础，后者是前者的应用和深化。

子课题一　中国心理健康服务的目标研究

研究目的：探索并建立科学的、中国化的、促进社会和谐发展的心理健康服务目标内容体系和目标战略，为心理健康服务的诊断、监管和教育培训提供科学基础。

研究内容：（1）心理健康服务目标内涵探析；（2）心理健康服务目标体系研究（包括治疗性目标体系研究和发展性目标体系研究）；（3）心理健康服务目标的作用机制。

子课题二　中国心理健康服务的理论架构研究

研究目的：探索我国传统文化下的心理健康和心理健康服务体系的思想，并创立适合我国文化背景的、以健全人格理论为核心的心理健康服务开放性理论架构，为指导中国心理健康服务实践提供理论根基。

研究内容：（1）对西方心理健康服务的传统理论和现代理论进行剖析，考察其在国内心理健康研究和心理健康服务实践中的影响；（2）考察中国传统文化中的心理健康理论，并结合对当前中国心理健康领域的理论、方法和技术的分析，探讨心理健康服务问题；（3）从生理、心理、社会交互作用的取向探讨心理健康服务的理论基础，结合本研究其他子课题的成果，发展出一个符合中国国情的开放式的现代心理健康服务的理论框架。

子课题三　中国心理健康服务的方法学研究

研究目的：探讨心理健康服务的方法学，提出适合中国不同人群的心理健康服务方法与原则。其意义在于，发展基于中国文化的、适合不同人群心理健康需求的服务方法和原则，以指导实践。

研究内容：（1）中国心理健康服务的方法学；（2）保持心理健康的具体方法和原则；（3）恢复心理健康的具体方法和原则。

子课题四　中国心理健康服务的教育培训研究

研究目的：拟构建有中国特色的心理健康服务从业人员的多层次、系列化、终身化、专业化的学历教育与非学历培训相结合的教育培训体系。

研究内容：（1）中国心理健康服务的专业学历教育研究；（2）对目前的从业人员的学历、知识结构的调查，探讨如何组织和规范无学历从业人员的教育培训问题；（3）从业人员知识更新的继续教育培训机制研究，探讨从业人员继续学习的长效机制。

子课题五　中国心理健康服务体系的管理监督研究

研究目的：探讨如何逐步完善适合我国国情的心理健康服务的管理监督和评价机制，促进此项事业的可持续的健康发展。

研究内容：（1）心理健康服务机构与人员的评估机制研究；（2）心理健康服务机构与人员的管理研究；（3）心理健康服务机构与人员的监督机制研究，包括监督内容、监督途径、监督方式等的研究。

子课题六　中国基层单位心理健康服务的现状研究（拟吸收基层单位参加）

3. 研究方法

（1）研究取样

在全国范围内选取调研对象，个人水平取样在65000左右，机构水平取样为300左右。遵循分层定比原则，兼顾地区、服务领域、知识背景等因素，保证取样能够代表当前我国心理健康服务体系各个子系统的主要方面。

（2）具体方法

主要采用问卷调查法、个案法、文献分析法、实验法、建立试验点等具体研究方法。

（3）技术路线

本课题研究的技术路线贯彻四个相结合，即吸收国外经验与本国国情相结合，理论研究与应用研究相结合，质性研究与量化研究相结合，全国性的分层取样与个案剖析相结合。

4. 本课题的重点、难点及创新点

（1）拟突破的重点

①提出切合实际的对策，建设起科学的、中国化的心理健康服务体系。②随着我国小康社会的发展和人们的物质与精神需求的不断提高而发展，我国的心理健康服务体系如何具有长效的发展机制。

（2）拟突破的难点

①适合我国文化的人格理论尚未启动，与心理健康服务体系建立难以适应。②中国心理健康服务体系建设必须从我国国情出发而不能完全照搬国外的经验。既要吸收国外心理健康服务的有益经验，又要发掘并发展符合我国文化的心理健康服务内容，使两者有机地结合起来。这无疑是投入大、耗时、费力的难点。

（3）主要创新点

①中国心理健康服务的目标体系、人格理论基础和方法体系的提出，是我国心理健康服务领域中的重要理论创新和方法创新。②将理论研究与应用研究相结合、质的研究与量的研究相结合，全国性分层取样与个案剖析相结合、吸收国外经验与本国国情相结合以及开展综合性研究，这是心理学研究方法论上的创新。③将我国社会发展急需解决的一个宏观问题转化为几个具体的可操作的研究问题，以积累心理学为我国社会发展服务的新经验，这是研究

取向的创新。

5. 成果和不足

事实上，我们在研究过程中所遇到的困难远远超出了开题报告的预期。因此在研究时限、经费分配及成果形式上都与预期有相当大的不同。

历时 5 年多的时间，我们学术团队（西南大学、北京大学、华中师范大学等全国数十所高校的科研人员及医疗、教育、社区各部门的人员）在全国取样 6 万多个样本，对中国国民心理健康服务需求、心理健康服务人员服务现状以及提高心理服务效果的途径等方面进行了调研。其最终成果《中国心理健康服务体系建构研究》一书共分 5 篇 17 章约 50 万字，基本内容如下：

第一篇理论基础，系统阐述了心理健康与心理健康服务的性质，以及我国心理健康服务的理论基础。内容包括心理健康的概念、评判标准以及影响心理健康的遗传观、生物观、心理观、社会文化观等多种观点；心理健康服务的发展性服务、预防性服务以及治疗性服务及其发展历程和最新进展等；在介绍国外的心理健康服务理论及其在各国使用情况的基础上，通过文献计量学方法对国内心理健康理论的使用现状进行了调查，结果显示，我国心理健康服务从业者所使用的理论以国外来源占绝大多数（频次高达 93.7%，其中使用最多的是认知理论），且以整合的理论取向为主，中国化理论很少。

第二篇需求方分析。随着改革开放的深入，人们对身心健康日益重视，我们对国民，特别是城市社区、农村人口和学生群体的心理健康服务需求做了较系统的调查分析。对覆盖我国大陆 31 个省市自治区的 9570 位被调查者的数据分析表明：妇女和老人对心理健康服务的态度较为积极（认为“很有必要”和“有必要”者约占 60%—70%），但中年职业人群相对偏低（30%—60%）；被调查者较青睐于医院、社区心理健康服务以及私立心理健康服务机构，最关注家人的健康、子女的教育和成长、自己的心理健康以及压力相关等问题；被调查者认为能够得到心理健康服务的百分比都很低（最高不到30%）。其中城市社区居民的心理健康服务需求较强，最喜欢医院和社区心理健康服务机构，也有相当数量被调查者选择寺庙、教堂等机构；其心理健康服务的内容主要是家人健康、子女教育与亲子关系、自身的身心等问题。而农民工的心理健康服务需求属于中等水平；两代农民工对心理健康服务的需求差异不大；他们首选的心理健康服务的机构是医院，其次是政府部门的机构，最后是民间机构。大学生有较强的心理健康服务需求，偏爱的服务机构是学校心理咨询中心、社区心理中心以及单位心理服务中心；他们求助的服务人员首选同学或朋友，其次是学校心理专家、父母家人。

第三篇服务方分析。对我国大陆31个省市自治区2253名心理健康服务人员的素质调查结果显示：我国的心理健康服务人员大多是35岁以下，且女性居多；专业水平学历不高（本科和硕士居多，分别占50.6%和37.3%），虽大多持有专业证书（医院从业者持有证书占64%，学校从业者持有证书占64.8%及其他机构从业者持有证书占82.7%），但在督导和自我分析等自我成长方面的培训普遍缺乏。对3796名从业人员的调查数据分析显示：我国经济发达地区从业人员的工作年限较长，每周工作的时间也较多；他们的收入、工作专业化方面程度较高，在专业服务和管理规范化也都好于经济欠发达地区。国内心理咨询业存在的主要问题是：无统一的准入标准；从业人员专业水平普遍较低且参差不齐；无专业行会支持；资源配备也不够合理。

第四篇心理健康服务的影响因素。从总的文化背景看，不同的社会阶层、社会群体以及社会变迁等因素都会影响个体心理健康水平；但中国传统文化中的责任先于自由、义务先于权利、社群先于个人、和谐先于冲突的价值取向，自省慎独的自我观念，贵和尚中的思维方式，修己安人的道德观念，勇毅力行的行为准则以及命定思想等都会对中国国民的心理健康、心理健康求助行为产生影响。从当前心理健康服务从业人员的培养情况看，国内目前较多的是短期培训和咨询师资格培训，而连续培训项目以及自我分析和自我体验都相当缺乏；在学历教育上，则存在培养模式模糊、缺乏实习培训等问题。从互联网与心理健康服务的关系来看，互联网的特点使得它在心理健康信息传播、心理健康网络教育平台建设以及开展网络心理咨询与治疗等方面有无可比拟的优势；尽管网络心理治疗有着共在感缺失、非言语信息缺乏、延时性等不及面谈咨询等缺点，但它也因其方便快捷、匿名性所带来的去抑制、易接纳、超文本化、多媒体化等特点而在心理健康服务领域发挥重要作用。

第五篇心理健康服务的效果与对策，着重对当前我国门诊心理治疗、社区心理咨询和学校心理辅导的效果做了评价研究，并从心理健康理论与服务的中国化、需求方的需求满足、服务方的质量提高、心理健康服务效果的提高、心理健康服务与和谐社会等五个方面提出了建议。

我们的这个研究紧扣时代的特点，首次完成了对中国国民心理健康服务需求、心理健康服务人员服务现状以及如何提高心理服务效果等方面的系统全面的实证研究。在技术路线上，我们坚持从我国实际出发与吸收国外先进经验相结合、理论研究与应用研究相结合、质性研究与量化研究相结合、全国性随机分层取样普查与个案剖析相结合。在具体的研究方法上，我们以问卷调查为主，综合运用了文献分析法、个案法和实验法等方法。

这是国内一项全新的课题，考察了中国人的社会、文化、历史和其他相关背景因素的作用，创造性地进行了概念分析、方法设计和理论构建，而不是盲目套用其他国家的现成概念、方法和理论，一些研究成果，如良好会谈效果模型、学校心理辅导中的快速反应效应等，在学界尚属首次。虽然该项目的最终成果被鉴定专家组评为“优秀”，但我觉得此项成果仍有缺点，最大的缺点是心理健康服务基础理论的中国化研究尚未启动。

从传统心理学的观点看来，心理健康服务大致包含心理治疗、心理辅导和心理咨询。心理治疗（psychotherapy）指训练有素的专业人员依据心理学中人性可变原理，针对不同程度心理适应困难或不同程度心理障碍者给予帮助，使其因相助而能自行改变与自我成长，从而恢复健康生活的过程。心理辅导（psychological guidance）和心理咨询（psychological counseling）是与心理治疗术语相近但意涵却有区别的另外两个术语，心理辅导的对象大多是一般人及心理适应困难者，其功能是教育性的，即辅其自主，导其自立；心理咨询介于辅导与心理治疗之间，接近辅导时其对象是一般人与心理适应困难者，接近心理治疗时则以心理障碍者为对象。因而心理咨询有时也被认为与心理治疗同义。国外心理健康服务的基础理论主要是行为认知观、精神分析观和人本主义观。这些根植于西方文化的心理健康服务理论显然是不能贴切解释中国人的心理和行为的。

中医学蕴含五大学说——阴阳五行学说、脏象学说、经络学说、形神学说和天人学说，它以完整的理论体系、卓越的医疗技术和丰富的从医典籍著称于世。早在春秋战国时期成书的《黄帝内经》就已全面奠定了中医的理论基础，它也是心理治疗的经典。

例如，《黄帝内经·素问·阴阳应象大论篇·五运行大论篇》指出："怒伤肝，悲伤怒""喜伤心，恐胜喜""思伤脾，恐胜思""忧伤肺，喜胜忧""恐伤肾，思胜恐"，说明"情志相胜"的基本原理，即有意识地采用一种情志活动，去控制、调节因另外一种情志而引起的疾病，从而达到治疗心身疾病的治疗方法。王冰在注《素问·五运行大论》时说"怒则不思，忿而忘祸，则胜可知矣。思甚不解，以怒刺之，调性之道也"。中医学正是正确地理解了心理因素与形体内脏、生理因素与心理因素之间交互作用的辩证关系，才创立"情志相胜"的独到的治疗手段。

在春秋战国时，中医学便认识到情志既可以致病，也可以治病。这是中医学对医学心理学的卓越贡献。脏象五行学说把人的情志分为怒、喜、思、悲、恐五类，并用五行学说来表示它们的联系，但也不能以五行相克机械地照搬，因为一种情志之偏而致病，也可能是多种原因造成的。例如情绪表达要适度，不可过度，“悲哀动中者，竭绝而失生。喜乐者，神惮散而不藏。愁忧者，气闭塞而不行。盛怒者，迷惑而不治。恐惧者，神荡惮而不收”（《灵枢·本神》）。对于过度的情绪，医家则设法加以制止。例如，一般而言，喜对身体有益，但喜乐过度，就会导致喜极气散不能收藏。《素问·举痛论》提出“恐则精却”“恐则气下”，以治疗喜乐过度而导致的精神疾患。

又如，中医学十分重视言语开导的心理疗法。《素问·移情变气论》说：“闭户塞牖，系之病者，数问其情，以从其意。得神者昌，失神者亡。”即是说，关好门窗，向病人详细询问病情，使他愿意如实地说出病情。经过问诊并参考色脉之后，便可做出判断：如果病人面色光华，脉息和平，这叫“得神”，预后良好；如果病人面色无华，脉不应时，这叫“失神”，预后不佳。也就是说，言语开导是否有效，医生必须取得患者的信任，在安静无干扰的环境下以严肃、热情、同理心的态度对待患者，这既是让患者诉说病痛具有心理疏导之功效，同时医生的开导也能使患者提升战胜疾病的信心。

《灵枢·师传》中说：“岐伯曰：人之情，莫不恶死而乐生。告之以其败，语之以其善，导之以所便，开之以所苦。虽有无道之人，恶有不听者乎？”岐伯说，人之常情，没有不怕死而喜爱活着的。告诉他哪些对人有害处，哪些对人有好处，用适宜方法指导他，解开他心中的苦痛。即使是不懂道理的人，怎么会不听劝告呢？这正是心理疏导的精髓。医生通过解释、鼓励、安慰、保证、暗示等方法晓之以理、动之以情、喻之以例的开导式心理治疗对患者是很有帮助的。

以上是我学习《黄帝内经》的一点收获。如果我们的课题组当时能吸收从事中医的学者（特别是老中医）参加，我们这个成果也许有更多的中国特色内容。

（二）我对社区心理学的探索

从 2013 年起，我和陈红教授开始筹划和推进社区心理学专业委员会的建立。2014 年 10 月 10 日，中国心理学会常务理事会批准筹建社区心理学专业委员会。2015 年 9 月，中国心理学会社区心理学专业委员会（筹）首届学术年会在苏州大学召开。同年 10 月，在中国心理学会十一届八次常务理事会上，与会的常委们以全票通过社区心理学专业委员会（筹）的转正申请。社区心理学专业委员会挂靠西南大学心理学部，第一届主任是陈红，副主任包括马建青、王振宏、赵俊峰、刘电芝、夏凌翔（兼任秘书长，2016 年底改为吕厚超），标志着我国制度化的社区心理学正式建立。至今，中国心理学会社区心理学专业委员会已成功举办六届学术年会。社区心理学正在我国蓬勃兴起，重庆、江苏、北京、上海、天津、湖南等地先后建立了研究机构，并开展了大量关于社区心理学的研究和实践工作。2017 年 11 月 2 日，中国社区心理学服务与研究中心（China Community Psychology Service and Research Center，SWU）在西南大学举行揭牌仪式，首个中国社区心理学服务与研究中心正式成立。

为了扩大学术影响力，促进社区心理学的研究和交流，2014 年 12 月社区心理学专业委员会（筹）决定主办《社区心理学研究》集刊，并成立了以我为主编，陈红、韩世辉（后由苏彦捷担任）、马建青、毕重增为副主编的首届编委会，至今已出版 10 卷；2021 年 4 月该刊被南京大学中国社会科学评价中心认定为 CSSCI（2021—2022）收录集刊。在中国心理学会社区心理学专委会成立初期，以我为顾问，陈红教授为主任，联合 20 余位心理学家翻译出版了《社区心理学译丛》（共 10 本）。

我们倡导成立中国心理学会社区心理学专业委员会，号召志同道合的学界同仁汇集古今中外的智慧，立足中国社区的实际，开展有关实践和研究，建设满足服务实践与研究需要的中国社区心理学。这其中，撰写教材是一项基础性工作。我们希望撰写的教材能够突破现有心理学研究的局限，为有志了解中国社区、服务中国社区的学子提供思考的理论框架、概念工具和实践策略。我们决心把心理学的成果写在社区千家万户的心坎里，努力构建中国特色社区心理学的话语体系。

对于教材的架构，我想到了几种方式：一是沿用西方的教材体系，而后在其中指出我国社区特异或不同的地方；二是立足实践，以当前社区实践中的主题为框架展开内容的组织与叙述；三是根据社区心理学在中国发展的学术理路和实践，将自上而下的理论思考和自下而上的实践对话形成复合互补框架。这三种方式各有利弊：第一种方式，有丰富的西方心理学研究和实践成果作为基础，素材易得，撰写容易，其不足是无法展示中国社区的真实面貌，最终还是以西方价值体系来衡量中国的社区建设；第二种方式，扎根实践，一切从实际出发，但难以确定教材的理论架构，教材建设容易失去重心，资料收集容易陷入碎片化；第三种方式，从建设中国社区心理学的实际需要出发，敢于面对兼顾理论创新和发展实践的需要，做开路先锋，试图建立中国特色社区心理学的话语体系，但这条路必定充满艰辛。我们认为，第三种方式值得尝试。

我用了几年的时间来思考教材架构与中国社区心理学的发展问题，权衡各种方案的利弊以及实践的可能性。在中国心理学会社区心理学专业委员会2016年学术年会召开期间，我召集了本书的作者就写作框架进行专题研讨，正式启动了教材的撰写工作。2018年5—11月，我们分别到贵阳、遵义、重庆、绍兴等地对17位社区工作者进行了专门访谈，征求他们对社区心理学教材的构建思路和相关主题的意见，取得了一定的收获。2019年初，我们在海南省博鳌召开了为期三天的教材初稿研讨会。研讨会期间，大家对各章撰写的思路、内容，困难及其解决办法进行了充分讨论；我们提出的教材体系和内容得到了特邀专家的肯定，国际心理科学联盟原副主席张厚粲先生，中国心理学会几位前任理事长：游旭群教授、傅小兰研究员、韩布新研究员以及海南师范大学副校长李森教授等与会专家，或从中国心理学发展的角度，或从中国当前社会治理、社会建设的角度，或从中国文化的角度，对本教材建设提出了殷切的期望和切实的建议，给予了我们巨大的支持。

结合心理学同行的建议以及对中国社区心理学发展的判断，我最终确定了《社区心理学导论》这部教材的理论框架。全书体系结构的安排如下：首先通过社区心理学观点与方法的阐述，明确学科的性质与取向；接下来以阐述社区氛围及中华传统文化和社会主义核心价值观中的仁爱、正义、文明、和谐、诚信等为引导，框定社区心理学理论建设的主体内容；而后专门论证社区中的干部、社区中的家庭、社区的民族心理和谐及网络虚拟社区等亚群体心理与行为，讨论社区心理咨询实践纲要、社区冲突及其治理、社区老年人的健康促进与失能预防、社区矫正与社区戒毒康复以及社区突发事件及其应对等主题，将社区心理学实践或行动落实到具体的领域；最后对社区心理学的发展给出了展望。教材每章的内容由案例引入，围绕主题展开系统的论述，各章还有推荐阅读书目以及鼓励思考和深入社区行动的专栏及课后思考题。这个框架体现了本教材的导引性质，兼顾了我国社区多元而深厚的人文传统、丰富的现实实践和学科可持续发展的需求，总体上能够回应架构创新与有关实践及研究相对困乏的矛盾，有助于学生形成对中国特色社区心理学的观点，有助于推进社区心理学教学与研究实践的思考，有助于中国社区心理学的发展及人才培养。2021年6月，由我担任主编，毕重增、苏彦捷、陈红担任副主编的《社区心理学导论》教材在人民教育出版社付梓出版。

实事求是是中国特色社区心理学生存和发展的命脉。我们要到社区中去研究，把仁爱、正义、文明、和谐、诚信作为中国特色社区心理学的理论基础。这五项价值原则不仅符合新时代的社区建设的要求，而且它源自中华传统文化的核心价值观（仁、义、礼、智、信），已经根植在中国人的内心，潜移默化地影响着我们的思维模式、情感倾向和行事风格，有助于中华优秀传统文化在我国社区的传承和弘扬。社区五价值理论（five-values theory of community peychology）弘扬了人性的真善美，鞭挞了假恶丑，为居民健全人格的养成及和谐幸福社区的建设提供理论支撑。心怀服务国家富强、民族复兴、人民幸福的愿望，我相信中国特色社区心理学必定有大发展，在理论建设和践行服务等方面取得辉煌成绩。

心理学是一门探寻心迹、理解人生、点燃心灵真善美的学问。我热爱心理学，心理学成了我生命的一部分；它给了我欢乐和满足，也使我迷茫和焦虑。我从事心理学教学和研究 61 年的心得体会对于后来者少走些弯路可能是有益的。

基于文化的有传承叙事

韩布新

（中国科学院心理研究所，中国科学院大学，北京，100101）

中国心理学深受西方科学心理学影响。其面临的危机和发展问题既有我国新时代发展的必然，更挑战我国质性心理学研究的根基与文化适应性。《汉书·贾谊传》云："臣窃惟事势，可为痛哭者一，可为流涕者二，可为长太息者六。"类似地，中国心理学可为痛哭者一（非人），可为流涕者二（无梦、乱语甚至失语），可为长叹者六（身份认同危机、有脑无心、评估、科学至上的霸凌、工具化、习得性无助）。其根源在于各类主动性意义偏移甚至放弃意义，实堪痛哭、流涕、太息；应对之道正是质性心理学用武之地。概述如下。

首先一哭。

全世界心理科学研究都把人当动物甚至机器，这叫"非人"。为何如此？冯特当年开创性地嫁接哲学思想和生理学技术，开创了科学心理学科，其前提假设是人人一样、人与动物乃至机器等同。这种基于科学规律的前设，自是不得已而为之，却舍本逐末地忽视个人生命意义所系的心理（知情意性行）、精神（神魂魄意志）的根本差异。这种牺牲个体差异的科学心理学路线，又叫陌生人心理学。

另外一条路线关注个体差异，就是应用心理学或自我心理学。这条路线强调个体差异的同时，既关切个体差异的原因、正常和异常，还涉及群体影响如荣格提出的集体潜意识。集体潜意识断了联结、家风失去传承，就会出问题。这是根基，由此推及文化。相对来说，应用心理学领域主流认同人精神性的积极作用，包括分析心理学、人本主义、超个人心理学、存在心理学乃至积极心理学。因此，西方心理学有两条线在斗争，科学心理学和应用心理学；而应用心理学又有人精神性的积极作用和消极作用之争。可惜，后者从未成为现代心理学主流。

其次二涕。

一涕无梦。

“无梦”缘于中国人和犹太人的巨大反差。仅占全球人口千分之三的犹太人拿走了四分之一的诺贝尔奖，全世界华人只有 14 人，其中中国大陆只有 2 人。20 世纪百强心理学家中，犹太人占 39 个，却没一个中国心理学家。这就是无梦的后果。

犹太人从家庭教育到学校教育到社会教育，数千年如一日在人类层面、聚焦众生苦及其有效解决方案，我们中国心理学家却以科学的名义将儒家“拿得起”、佛家“放得下”、道家“想得开”这些有益思考、有效实践技术置之度外，淡化“为天地立心、为生民立命、为往圣继绝学、为万世开太平”情怀。这种“无梦”甚至无魂的巨人，令人流涕！

“中国梦”百年前有梁启超先生的《少年中国说》，今天有任正非“做最好的豆腐给亲人吃”。梁先生说中国少年成熟的时候，中国就有希望称霸宇内、主盟地球。任总则决心为亲人服务，宁愿不做亿万富翁。心理学家应该向他们学习，用质性心理学研究恢复中华民族个人、群体的身份认同，重新界定神州大地之上的生命意义。

二涕乱语甚至失语。

质性研究要关注语言表达的艺术性，强调“信”“达”“雅”标准及其背后的意义内涵。现在很多中国心理学研究者不会好好地说汉语，文章更是千奇百怪。笔者作为八个核心期刊编委，每年审阅国内外稿件、学位论文数十篇，发现多胡言乱语。这么讲真肯定得罪很多人，但是我相信所有的研究生导师都与我有同感。九成以上论文口语化特征（随意断句导致不完整句子、乱用标点符号、滥用虚词、冗余用词）、英式汉语（表语句式、被动进行时语态、动词后置、从句式表述、半角/全角标点符号混用）特征比比皆是，严重者每句话都可以调整（精炼），每段话都有硬伤。令我涕泪交流的是正规出版物同样如此！

心理学虽已成为显学，号称七大枢纽学科之一；但在科学之林话语权有限。作为行业，我们仍未摆脱江湖派、学院派之争，从业人员因尚未立法、没有法律保障，合法岗位尚需确认。中国心理学的可持续发展尚未建立可靠的根基。

再次六叹。

一叹身份认同危机。

为何中国人都喜欢在居家或办公场所悬挂汉语艺术（诗书画印）作品？这些既有艺术（字法/篆法、笔法/刀法、章法）形式美、更有内容正能量的作品，看一次就启动一次心流（mind flow），让人形成内在积极的精神世界，久而久之，这片“心中自有天地”就成为兴盛（flurishing）之源。中国优秀传统文化就是中华民族的集体潜意识，与每个人心身健康息息相关。可惜，这些数千年中国文人日常心理健康维护与促进实践成为专业化艺术门类；从学生到老师、从心理学到其他学科从业人员，精熟者甚少。

二叹有脑无心。

中国传统教育观的核心是儒家的八条目。但是，无论是家庭教育还是学校教育都过度专注格物致知（知识获取），却严重忽视诚意正心！何况多少家长（事务策划、任务执行、责任担当）三重边界不清，过度满足孩子物质需求的同时，剥夺了孩子延迟满足/诚意正心的全人成长机会！被扼杀在萌芽状态的自我实现愿景无从担当，修身、齐家、治国、平天下夫复何求？

三叹数钱式年度考核。

尽管“破五唯”使SCI/SSCI/EI文章行情下降，但是单位绩效考核、人才评估、申报项目、评职称仍需要量化指标。在此刚性需求市场中，多少依靠数量形成的单位学霸、项目评霸驱逐了有天赋、有兴趣、有思想、有愿景、有担当的心理学工作者！多少权力或话语权形成了项目经费、研究生指标、评聘提升资格三重滥用？年轻人看到向钱看、向名看的物质实惠，却越来越漠视数代学术前贤的身正为范！对高校与科研院所的年轻心理学人来说，“板凳甘坐十年冷”式厚积薄发早已成为奢望！

四叹科学至上的霸凌。

科技发展促进社会进步、提高人类生活便利，却忽略了精神世界、异化人性，乃至科学主义的霸凌无处不在。为何科学与信仰500年前并行不悖，而今势不两立？因为有人误导。有兴趣的同仁不妨参看《科学的灵魂》。科学霸凌，尤其是对人性的霸凌很严重。心理科学发展也难免科学漠视人精神性的影响。冯特创立的科学心理学强调科学规律，假设人与人一样、跟动物类似，下行。国家花了多少钱？培养了多少人才？却惯得认知神经（心理）科学家走自己的路，让其他心理学家无路可走！

从人观到健康观、疾病观、诊疗观等，中国人和西方心理学对人的认识小同大异。中国人的身心灵三个层面整合，而非知、情、意、性、行分裂。所以，我们说三魂七魄、奇经八脉、十二经络和五脏六腑关联，影响躯体健康和心理健康。这些现代（心理）科学无能为力的概念因过于古老、先进被斥为落后，多少人不加思考地盲目接受？

真正的疗愈只能在社区情境中实现，因为人从小到大的成长都在家庭及其所在社区的日常互动中完成；婚葬嫁娶、年节庆典等习俗塑造了我们的喜怒哀乐、是非观念。疗愈包括日常生活调整，都需要回到这种情境；而现代科学心理学无此假设，觉得这些成长情境都不重要。

五叹工具化。

心理学研究者定位要高，要活得像个人，而非机器，更不是工具。科技时代人人都可能是工具。我们从小就要拿高分、要乖，成人以后要有用而且拒绝软弱，这违反人性。其实（尤其是质性）心理学在这方面可以做很多事情，比如自我、生命意义等。过去都是宗教解决这个问题，可随着时代发展，宗教的用武之地越来越被忽视或跨界侵占。因此，对人来讲，我们立定脚跟十分重要，但恰恰这点越来越难。

六叹习得性无助。

中国心理学家的习得性无助令人扼腕。心理学在中国发展一百多年，由于意识形态、战乱和社会发展等因素影响，至今实验心理学，尤其是近20年的认知神经科学占主导地位。这条路线引领百余年，常回避应用心理学涉及人、人的本质议题，包括根基性人观、健康观、疾病观、治疗观等。我们在最稳妥处开展研究，不愿意探索“气”“阴阳”“虚实”“寒热”等中国数千年中医观念上的“全人”的健康维护与促进，却因过于先进被现代科学斥为落后；花了很多民脂民膏拿了西方现代科学的芝麻，却丢了我们中国优秀传统文化的西瓜！认知神经科学培养很多“百人计划”“长江学者”“杰青”“万人”“千人”，但多拿来主义、跟着别人走；本非引领，自难成国际主流。现在中国心理学家谁敢漠视影响因子？多少心理学同仁被拒稿的理由是“中国特色、无普世适用性”？

我审阅美国《认知心理学》（*Cognitive Psychology*）教材第四版译稿，十分失望。数百页的巨著只引用了5篇中国心理学家文章，居然用“亚洲病”作为教学案例！为什么？中国的研究多跟踪、重复、验证，因此别人完全可以不引用。西方心理科学这样，中国心理科学也一样。这就是现状，很可惜！我们已经习惯了拿来主义，“理所当然的习得性无助”才是最大困境，细思极恐。

我太息，恭请质性心理学同仁探索上述现象的叙事意义内涵！并在哀哭之后提三条建议，与质性心理学同仁共勉。

首先，古今中外，成大事者的职业生涯均立意较高，关切社会现实与众生苦，或者是自己有很痛苦的人生经历。比如马斯洛，他很不幸，妈妈有些歇斯底里，但是学习心理学后他知道这个悲惨境遇可以超越。他关注人的发展，于是提出人本主义。心理学可以助人，可以让我们走出郁郁终日的困境。苦心志、劳筋骨、空乏身的经历必不可少——人生本就是得、失二字，无非主动、被动而已。

中国（质性）心理学要关爱人，而非把人当动物来研究。人的本相是什么？关于这个问题，中国有太多传承，可以说是富矿。虽然过去一百年我们忘记了，但是现在我们完全可以而且必须捡起来。中国心理学家要“立足莫随时俗走，置身宜与西人争”。

其次，要结合时代特点构建中国（质性）心理学研究的自主、融合性话语体系，提升中国心理学在世界心理学界的话语权，完善心理学质性研究理论和技术。2011—2013年，台湾大学黄光国老师跟瑞典哥德堡大学卡尔·马丁·奥尔伍德（Carl Martin Allwood）教授在“社会认识论”（Social Epistemology）的“查看和回复”（Review and Reply）栏目来回辩论六次，畅谈现代心理科学的哲学基础，令人钦佩！这样的华人学者不多。近年基础理论研究方向、议题变了，但黄老师构建的基础话题仍然非常重要。

我们必须建立自主理论框架，像弗洛伊德当年那样提出、界定关键概念的内涵和外延；还要建成我们自己的话语平台，吸引国际同仁在此框架下竞技。科学心理学假设人都一样，众生就是这种本相。几千年来，中国人无论是强调精神超越、宗教意义思考，还是儒家主流教导，其实对生命本相观察、人生困境思考以及自由探索，都有很多结论。现在，教我们研究的还是外国人，本土心理学尚未建起自己的话语体系。质性研究首先是要在这方面下功夫，从概念、理论到技术都建立起来。基于中国的研究分析数据，理论能不能建立起来？说容易，做起来难。这个体系要根据汉语词汇，重新建构人观、健康观、疾病观、治疗观。比如，人是身心灵一体，五脏六腑通过经络联接起作用。这听起来好像很落后，其实不是落后；在21世纪的今天仍然过于先进。中医上的“全人”健康的核心观念就在于中医所谓精气神。中国人看体质就是这种基本描述，谁都能听懂；但外国同仁很难理解。比如“心疼”，一个内脏器官怎么会跟外周感觉关联？就是说我们对人的认识更先进——整合而非分解。中医就是2500年的医疗理论、技术积累，中国人已有文字记载超过4000年。我们在个人层面、关系层面、自然层面、宇宙层面对世道人心意义的思考，对正常、异常的界定，从古至今都融入婚丧嫁娶、逢年过节仪式之中，塑造每一位中国人的身份认同。

最后，要扎根中国本土文化，讲好中国故事。用中国调查数据核算其意义。特定议题调查，要做我们自己的。比如新冠肺炎疫情影响每个人，尽管其危害性并没有想象的那么大，疫苗也需要开发周期，要保证它的安全性，这是常识。中国文化重共赢，强调人类命运共同体。中国故事从概念到建立平台，需要努力传承优秀传统文化。从弗洛依德的精神分析到人本主义、超个人心理学、存在主义，再到积极心理学，这些层面上我们中国文化有太多的话语、沟通故事可以讲。

总的来说，简单的类似于说话、用词造句等问题，背后都有很深刻的内涵。因为语言（书面文本）讲不清楚，其背后反映的是思维，还有文化。不会说话者讲不好中国故事，更重要的是（从愿景到担当的）意义叙事缺失。所以，我们要回到文化根本，因为文化意义才是所谓意义、灵魂所在处。否则，我们就变成了没有意义、灵魂的人。恢复、重建身份认同相关的意义，是21世纪中国（质性）心理学家义不容辞的责任。

质性心理学研究要形式与内容并重，中国心理学要科学与人文同行

张建新

（中国科学院心理研究所，北京，100101）

感谢质性研究专委会和燕良轼老师邀请我来参加“中国心理学会心理学质性研究专业委员会 2021 工作会议”的研讨，使我有机会向各位老师学习。刚刚韩布新老师提到，我们要特别从中国文化这个角度来去思考和引领心理学，这样心理学才能在某些方面突破西方的藩篱，建立起我们自己的框架，并去争得全世界的认可，这样的话，我们就可以搭一个心理学擂台，请世界各国心理学家来 PK，而由我们做裁判。这个理想非常好，但我个人认为，实现这么一个宏大的理想目标，恐怕还是一个比较遥远的事情，不是我们这一代人能够看到的，它需要在座的年轻学者或学生们经过十分的努力，才有可能实现。

关于质性心理学研究，我认为，它正面临着这样一个问题，即判断什么是好的质性研究，究竟取决于它采用了

复杂的研究方法，还是取决于它所揭示的心理学内容？这应该是一个很重要的区分。现在人们一讲到质性研究，首先想到的是采用了哪种统计软件。现在的质性分析软件程序可以根据统计方法，把输入的话语、议题文字等自动加以分类和条块化，最后输出一个文字或者图示的质性分析结果。大量语言文字输入软件之后，软件就会为你呈现出一个语义结构，这样的统计归纳方法可能会发现曾经被研究者忽略或者没有意识到的结构，这当然是方法学不断进步所带来的好处。我想，可能很多年轻学生都会以为，质性研究就应遵循这样的路径，因此要学会各种各样类似的软件。但对质性研究的如此理解，恐怕是一种比较狭窄的理解。我以为，对质性研究的理解和视野一定要更为宽阔，质性研究更为关注其研究的内容，而不是研究的方法。远远早于各种通用质性分析方法出现之前，人类学家们所做的文化类型分析，都是不依赖于方法，而注重内容和理论的传世经典。因此，在质性分析中，内容要重于方法，内容理论和分析方法是不可分的，没有独立于内容和理论的方法，方法内生于特定的内容和理论。

扩而论之，心理学研究方法中还包括了成本极高的核磁共振设备。凡是搞认知神经科学研究的单位，必定要购买和运行一台标准化的核磁仪器。研究者把被试推进去，让他们完成某种心理操作（或什么都不做），然后就扫描出大脑神经反应的特殊时间和空间模式，再之后研究者就信心满满地投稿了。但千万不要忘了，核磁设备制造的背后存在着一系列的科学原理，而科学原理就是某个领域中的科学理论，因此，仪器设备的使用者需要遵循标准化程序，这意味他正按照某种科学理论去操作；使用不当者，自然就违反了该科学理论，你的研究结果就不会被认可。所以，使用某种研究方法所得出的基本结论，一定要符合设计该方法背后的理论框架，你无法跳出方法所依存的理论。而质性研究本可以让研究者不拘泥于某种方法，从而给心理学研究者一个较大的自由探索空间；能否发挥质性研究这一优势，就在于我们是否可以把方法放在其次的地位，而首要的是去关注研究的内容及其理论建构。

当然，质性心理学的内容或许可以分为两种理解：一个是在做质性研究时，希望得到肯定的一种心理学的实体，比如人的“自我”。做质性研究时，可以找很多大学生，去面谈、去采访、去做文本分析，然后慢慢得出一些当今大学生的“自我”具有怎样的结构等。这是传统哲学里实体论的思路，你需要通过质性研究得出一个东西，然后对这个东西加以定义、描述、拓展，将来在解释人的本性时，再用这样的实体概念去加以解释。

还有一种西方后现代主义的建构论思路，它认为所谓的实体并不存在，因此，质性研究的访谈和文本分析等无非是访谈者和被访谈者之间的对话，结果是在对话过程中形成的一个东西，至于形成什么结果事先是不知道的，也难以预测。按照这一思路，质性研究大概是要在对话的过程中去寻找到一些能够解决问题的有效途径。我想，质性研究如果按照这种方式，倒是可能摆脱分析软件的束缚，借助对话治疗和建构论等一些原则，去设想和设计新的研究，或许能为心理学带来一些新的启发和引领。

让我们回到中国文化与心理学的问题。实际上，中国文化非常庞杂、悠远、深奥。春秋战国时期已经形成诸子百家之说，而隋唐之后的历史又见证了儒释道的发展，虽然汉王朝强力推行独尊儒术的治国方略，但中国文化中存在这样一个问题，即阅读浩如烟海的中国古典书籍时，你会看到两千年来历朝历代的文人墨客对孔子思想有无数的注解和诠释，但究竟哪个是孔子的本意？在“公说公有理、婆说婆有理”的繁杂声音中，最后只能让权力说了算。但对这样的结果，知识分子会觉得多少有一点不满足，有一点悲伤，有一点沮丧。因为理的确认不在理之内（即对理的辩论与共识），而在理之外，有些“秀才遇到兵、有理讲不清”的境遇。

同样，西方文化也存在着许多自身的不足，但世人普遍都承认的一点是，从希腊文明开始形成的辩论逻辑，构成了对人们理性知识进行判断的理内标准。也就是说不管你有什么样的理论，有什么想法和观念，要想说服别人，让他人信服你的理论，你就要遵循辩论逻辑去讲理，让参与争辩的人都共同认可你讲的道理。所以，逻辑构成了争辩向内寻求的基础，而不是向外攀附权力。无论何种辩论情景，大家都共同遵从的辩论逻辑，在相互尊重的基础上，允许每个人充分表达自己的观点，并允许每个人辩驳他人的想法。理性就是讲道理，中西文化都是理性文化，但西方多走了一步，将讲道理和以理服人的规则揭示了出来，因此就有了文艺复兴中人文与科学的大爆发。在人类理性背后不断探索着形式逻辑和数学规范，是西方文化对人类文明做出的一大贡献，它使人类的理性不再拘泥于具象的世界。但中国文化中缺少了这样一环，大家都进行着具象思维，讲述着各自经验的故事，故事中也蕴含着某种道理。但由于没有一套形式逻辑进行比较，故事中的道理或许会感动一些人，但在另一些人眼里或许就根本不成立。当下社会中存在着很多天花乱坠的鸡汤故事，很多老百姓觉得很有道理，但它缺乏普遍性，经不起辩论和批评。一旦有人尝试挑战它，它只能靠水军口水淹没你，却从不敢与你讲道理。我们如今尚缺乏“尽管我不同意你的观点，但我尊重你表达自己观点的权利”的精神。

再来提及我们的心理学。现在的心理学被认为是科学心理学，既然是科学，那就必须遵循科学的标准。科学包括了一系列诸如对研究对象可操作化、可量化；对研究环境可严格控制；研究要具有可重复性等标准。如果说你不遵从这样的标准，你的研究投稿到 SCI 杂志，毫无疑问就要被退回，不可能会发表。因为所有评审专家都是遵从这样的标准去审稿评判的，而科学的标准其实就是从古希腊开始形成的形式逻辑慢慢发展出来的一套对物质世界和对人类自身进行研究的证实或者证伪的判断标准。

自冯特建立生理心理学实验室，使心理学独立于哲学的 140 多年间，主流心理学一直努力严格遵循科学的那套原理和逻辑，用实验的方法来去探究人的心理，尝试找到一些规律，然后用它去解释、预测人的行为。科学心理学在历史上最早有元素主义和结构主义，他们尝试使用生理学的概念、方法和理念，把心理现象按照某些元素联想、构成，最后形成完整的心理学体系。当然，我们知道它其实并不成功。这条路上影响比较大的是行为主义心理学。行为主义认为人们头脑里的东西没办法被观察和操作化，所以它不可能成为科学心理学研究的对象，心理学可加以观察、操作、并进行实验研究的唯一变量就只有人的行为。行为主义在历史上确实建构了很多（如强化、消退）原理，形成了一个独特的、可以应用、并行之有效的心理学方法。

实际上，中国在1949年后也曾经尝试往这个方向发展，当时的心理学家大多都学习和研究苏联的巴甫洛夫条件反射的生理模式，其原理与美国的行为主义操作强化原理有很多共通之处。中科院心理所在“文革”以前，给教育部和劳动部提供的一些应用心理学政策建议，多建立在行为主义原理之上，如按照强化原理探索出的小学数学教材，曾经取得过很好的效果。也就是说，行为主义这套科学原理在实际应用时是有作用的。

但历史中也存在着另外一个方向的心理学。非主流心理学家们并不严格遵循科学范式，他们走着一条被称为人文思考的路，如弗洛伊德等。为什么主流科学心理学通常会把弗洛伊德排除在外，因为他没有遵循所谓的科学范式，他提出的心理学概念没办法操作化，难以量化，当然也就更难以将被试推到核磁共振设备之中加以研究。比如，在科学领域之外，本我、自我和超我的概念很受欢迎，很多人认为弗洛伊德把人性中的生物性、社会性和道德性揭示得非常好；但在科学心理学看来，这些概念都是无法证实或证伪的，因此，它不构成科学心理学的研究现象。后来的人本主义和存在主义等很多心理学家，走的依然是人文的道路。

在心理学发展过程中，始终存在着人文和科学两条道路。当下大家最为熟悉的科学心理学便是认知神经科学。认知神经科学把几乎所有心理现象都置于脑结构、脑功能和脑网络之上，所有的心理学实验结果都要依照核磁共振、脑电指标结果来加以解释。比如，一个人感觉抑郁了，认知神经科学就一定会到大脑的某个部分或者部分之间连接处去寻求答案，其结果自然是，大脑的电化学过程出现了问题，导致了抑郁情绪。那么如何解决抑郁问题，自然又只能寻找物理化学的介入方法。在科学心理学范式之下，心理咨询的谈话法、行为矫正法等都是低效的，是很不科学的方法。最好的方法当然就是吃药，干预抑郁患者大脑中的电化学反应过程，物质造成的心理问题自然要用物质的手段加以干预，才能获得心理康复的实效。科学心理学对心理治疗、心理咨询会存在着某种偏见和歧视的。

这是心理学发展中存在着的两条有明显规则差异的路径，因此心理学也必然存在着人文与科学的争论和竞争：两派心理学家老打架，互相批判，互相看不起。如上面提到的科学心理学常常因为人文心理学理论不“科学”，从而认为这些理论都无效。同样，人文心理学家也批评科学心理学把人片面化、割裂了，它所看到的只是人造实验情景中片段的人，并非整个人，并没有看到人的本质。因此，人文心理学家便尝试去对人的本质进行全面的描述，但他的描述当然是无法满足和符合科学的逻辑的，或许因为人的本性就不能完全用逻辑和数学加以规定。所以，人文心理学和科学心理学将会长期并存。

2008 年和 2020 年在我国大地上分别发生了汶川大地震和新冠肺炎疫情，此时的国家和民众在这样的大灾难和危机之中，都迫切地需要心理学。我们大家都能观察到，真正能够发挥心理学安抚、缓解和康复作用的心理学工作者，大多是那些掌握了一点助人技能的人文心理学或应用心理学工作者，而不是那些埋头做实验、操作核磁共振设备的研究者，因为后者的知识结构和技能训练无法支持他们冲到一线，去处理民众遭遇到的心理危机。

其实心理学在处理危机面前正处于一种两难境地。人文心理学家虽然冲了上去了，但很多人在为老百姓讲授如何自我摆脱心理困境的方法，采用的却是传统中医的方法或者身体运动疗法，而不是心理学特有的方法。那么，心理学自己所能提供的手段又在哪里呢？因此，人文心理学又会反过头来，期盼科学心理学能够提供这样的手段，因为他们每次下沉到基层时，基层干部和民众都会向他们质疑，不要只是总是给我们描述一个很大的框架，那么要切实地告诉我们，心理学具体能够做什么，如何落地帮助那些饱受困惑的员工和社区民众，使他们真实地提升安全感、满足感和幸福感。

另外，人文心理学提供的很多引自西方的心理咨询理论和技能等，一旦用到中国的大爷大妈身上，很多时候或许就没有那么有效了。但受到各种培训的心理咨询师和指导师等，他们的头脑中没有其他的东西，只好把被反复编来编去的西方教材和课程中的东西加以应用，他们自己觉得利用这些西方概念似乎便能够对求助者有所了解，但等到他们真正到了基层社区那里，便会觉得这些学来的手段效果有限。所以，这又对冲到一线的人文心理学工作者提出了一个挑战，你们在受到老百姓和政府欢迎的时候，你手头真正属于心理学的方法有多少？而其中又有多少真正符合了中国文化和国情的有效手段？虽然人文心理学现在得到了很大的地位提升，逐渐地被科学心理学接受和认可，但若只能照搬照抄西方的东西来解决中国民众的心理问题，那它的地位仍将是岌岌可危的。

两难困境中的科学心理学面临的问题也不容小觑。经常申请国家自然科学基金、社会科学基金项目的心理学研究者，都会亲身感受问题的严重性。第一，心理学曾经作为独立学科，在自然科学基金申请中与神经科学分开了。但经过 5 年的运行，心理学实际的申请与批复分类又跟神经科学合在一起了。认知心理学以脑神经为其还原机制存在的基础，而脑神经科学只是借用部分心理学实验任务模型作为脑功能的表征，两相比较，后者显然更占优势一些。再看社会科学基金这一块，社会心理学一直与社会学分在一个类别，而评审专家又多出自社会学领域。我们自己总说，心理学现在很重要，社会心理服务体系的建设、健康中国和平安中国的国家战略以及民众面对大灾大难时，不都是需要心理学的服务吗？但自然科学基金和社会科学基金评审项目申请时，专家所依据的主要是本学科的科学标准，而不是人文心理学的理论，也不是对心理学理应扮演角色的同情。总体而言，这些对于心理学获得更多的经费支持当然是不利的，问题也是严重的。

为什么科学心理学会遭遇这样尴尬境遇？当下心理学研究如果不做核磁、脑电、基因检测等，似乎就不算是真正的科学心理学研究。因此，就要把心理问题化解和还原为物质的东西，如脑神经结构、脑神经网络、甚至蛋白和基因等运作机制，而用独立的心理学现象解释另一个独立的心理学现象，似乎也难以成为一种科学的解释。所以心理学家就不得不去依附于各种生物学、生理学和神经科学指标。但这样走下去的前景，似乎不是心理学去同化神经科学，而是被神经科学所同化。心理学与人工智能领域的关系就是一个先例。人工智能研究曾经非心理学莫属，但现在的人工智能研究却很少先去请来一位心理学家，让他讲讲人的认知模型是怎样的。计算机技术突飞猛进，其计算模型反而常常成为认知心理学研究的参考。认知心理学中所讲到基本概念，如表征、计算、加工等，不都是心理学借用计算机科学的词汇吗？

由此可以看到，无论是人文心理学还是科学心理学，都应该心存小小的危机感。社会对心理学的需求大幅增加了，但这并不一定意味着心理学就会成为显学了。人文心理学可能会认为，心理咨询和心理治疗难以被人工智能和神经科学所攻占，因此而颇有些得意。然而，且无论心理咨询智能机器人服务离我们有多近，只谈社会心理服务能够符合中国传统文化，能否充分体现当代中国的“四个自信”，就已经被经济学、政治学和社会学等人文学科所抛离，光凭弗洛伊德的自我结构能与现实中国百姓心理对接得上吗？我们确实应该好好地思考一下，未来的路应该怎么走。

质性心理学在回答上述问题时，应该具有很强的优势，因为，它有较少的约束。质性心理学研究要为人文心理学，甚至科学心理学提供新的概念和思路。我相信，通过质性研究（甚至包括田野研究和行动研究等），心理学会找到很多具有中国特色的、也令国际学界感兴趣的现实问题，然后，再将这些问题提炼成为科学问题，送给科学心理学家进行实验研究，并最终转变为服务全人类的普遍科学原理。因此，质性研究会促进人文心理学的发展，并进而支持和推动科学心理学在中国的发展。中国心理学一定要以科学和人文两条腿走路。

最后有一点小建议。我知道，目前质性研究有一本以书代刊的杂志，这是一个非常好的平台。应该把办刊思路打得更开一点，不要仅按照以方法为中心的一套思路去框定我们的刊物内容，如果以是否采用质性分析的软件为接受标准，那就可能会把很多人挡在外面。要容许凡与质性分析、内容分析等有关的心理学研究，都放到这个平台上发表。这样的话，质性研究就会吸引更多的同道者，比如像心理咨询和治疗中出现的一些案例分析研究报告等。如果思路更开阔一些的话，这本杂志慢慢就可能成为在中国开展人文心理学的一个重要阵地。人文心理学的研究者发文章非常困难，因为国内、国外主要杂志都是科学范式，如果没有神经指标、不做中介/调节等的统计模型分析，就不可能发表。现在有这样好的一个平台，应该好好去发挥它的作用，不仅要瞄准质性研究本身，还要把人文心理学的好文章都纳进来，那样专委会的影响力、吸引力都会不断扩大。

谢谢大家！

主体间的方法论：心理咨询与治疗情境下的话语分析

陈　斌*

（台湾辅仁大学，新北市，24205）

／摘　要／

心理咨询与治疗的过程是咨询师和来访者两个主体在一定社会和文化规范框架下的互动，语言则是互动的最主要的工具和媒介。话语分析（discourse analysis）以社会建构论为立足点，聚焦于对话语背后社会、历史和文化所主宰的情景脉络的解读。在研究咨询现场中话语互动“当下时刻”的体验性时，实证主义研究方法能力不足，而话语分析则为此困境提供了可能性。本文以咨询师的一句话为例，从社会建构的视角，运用话语分析的方法，剖析语言背后的心理建构和意义生成。来访者发生转变的契机在于语言所建构的主体位置的挪移和互为主体性对话的开启。话语分析，为深层理解语言建构的个体独特性及

* 作者邮箱：yuanjunchen999@126. com。

另致谢台湾清华大学荣誉退休教授、辅仁大学兼任教授宋文里老师对论文的悉心指导。

心理咨询与治疗探索一条语言实践的路。

／关键词／
心理咨询与治疗，语言，话语分析，意义，主体位置

一、引言

德国教育改革者、语言学家洪堡特（Humboldt）认为："语言产生自人类本质的深底"（引自洪堡特，2018：71）。他将语言视为某种特殊的"精神活动"，而非一种僵死的生产品，也就是说语言乃是永远自身复现着的精神活动，它能够使分音节的声音成为思想的表达，是个体真正的世界。另一位德国哲学家海德格尔则从"存在"的角度阐述了语言的本质，他认为语言是"存在"之家，而"词语破碎处，无物可存有"（引自海德格尔，2020：152）。人用语言"命名"万物，我们理解了万物，于是物"存在"。但这种人们认识某物，并且用语言命名某物，从而表述某物的"存在"，是完全不同于某物本身的。某物被命名以后，它的存在与人类之间的关系就发生了质变，人们把它纳入了自己的生存空间里。如果没有纳入人的语言系统，它就是混沌未明的，是人认知的深渊乃至黑洞。因此语言是存在的寓所，人的心思意念也仅能被已有的语言结构再现，个体通过语言而存在，在语言中开启关于世界的言说。

20 世纪 80 年代中后期，包括布鲁纳（Bruner）在内的一批心理学家，出于对心理学研究现状的不满——对"实证主义"高扬的科学主义旗帜下牺牲掉的是人的能动性、社会性和日常性的不满，掀起了第二次认知革命（邵迎生，2000）。"话语心理学"被认为是一门体现了话语转向的"新"的认知心理学。话语心理学将语言作为研究对象，从人们说出来的话语中梳理出其情

感、决定、态度、意识形态等。换句话说，心理学研究的不再是看不见的人们的心理活动，而是可以直接在人们说出的话语中研究的心理议题。

(一) 心理咨询与治疗情境中的语言

在心理咨询与治疗的情景下，语言是贯穿整个心理咨询与治疗进程的工具和媒介。从某种意义上来说，心理咨询与治疗是“以言治病”的实践活动。心理治疗话语作为职业话语，在心理治疗中具有举足轻重的作用（廖美珍，2014：1）。而语言构成了一个场域，一条道路，存在于个体建构世界的力量发生之处。因此，理解咨访双方的对谈在各自的认知和“生活世界”框架内建构了怎样的意义，是心理咨询首先要解决的问题。

然而，现今流行的主流心理学以实证主义为认识论基础，仿效自然科学模式，认为只有这样才能创造真实、客观的知识。科学主义的方法论是一定社会历史、文化及经济发展的产物，但并不代表心理学本质面貌就非如此不可，尤其是在心理咨询与治疗的临床情境中，实证主义的研究方法，无法处理最简单的主体间关系：交谈对话。例如对话：

咨询师：可以告诉我，你有什么问题吗？

来访者：我感觉我快不行了，要死了！

开场的一问一答中，传递给我们什么样的信息？将可能开辟出什么样的对话空间？伴随话语的无意识的身体动作、面部表情、语音语调又可能意味着什么？哪种主流的心理学研究法可以捕捉此时此刻交谈对话中的意义（语义内涵）？问卷调查、实验研究或者心理测验是否能担当此任？

显然，问卷调查、心理测验是一种平面化的信息调查，而实验研究的外部效度也极其有限。因此，它们对于捕捉此时此刻心理咨询与治疗现场中咨询师与来访者对话的意义，几乎是失能的。此外，心理咨询与治疗的效能是在信任的关系中产生的，而上述主流心理学的研究方法对于关系的建立也无能为力。而注重对社会、历史和文化主宰的情景脉络进行解读的话语分析也许为心理咨询与治疗研究方法的困境提供了可能性。

（二）话语分析与主体间方法论

“话语”（discourse），作为一个跨学科的（哲学、心理学、诠释学等）概念，没有一个统一的定义。杨莉萍（2007）将其分为描述性定义和功能性定义。描述性定义，即认为“话语是建构某个对象的陈述系统”，这种“陈述系统”是某种文化的体现，而这个社会的“主流话语”即可理解为该社会的文化共识；另一种则是后结构主义取向对“话语”作的动态的功能性定义——话语即做事、话语即行动、话语即实践。波特（Potter）与韦瑟雷尔（Wetherell）的观点解释为：人们利用语言，去做一些事情以及达成既定的目的，就此观点来看，文字并不只是一种用于描述事情的工具而已，更甚者它们会被使用，来建构自我世界以及让事情得以发生（引自 Crossley，2014：50）。所以，人们可以用语言来执行证明、辩解、说服等功能，来达到自己的目的，这就是说语言是功能性的。

话语分析，是对语言在文本和情景中使用情形的研究，涉及说话者与听者在特定情景下，在一定社会和文化规范框架下的互动（杨帆，陈向明，2015：381）。杨莉萍（2007）认为：话语分析不是一种单纯的研究方法或技术手段，而是一种迥异于实证主义的研究立场，只有站在话语分析的研究立场上，才能理解和掌握话语分析的研究方法。在心理咨询与治疗的现场，咨询师与来访者的对谈是在双方生活的特定社会、文化脉络下的产物。对咨询师和来访者双方的对话意义的研究，在实证主义的研究方法无法有效进展的情况下，话语分析可以成为主体间的方法论。

为什么说是“主体间的方法论”呢？在心理咨询与治疗的情境中，涉及的是咨询师和来访者两个主体在一定社会和文化规范框架下的互动。如果咨询师和来访者在各自生活脉络的视角下“各自为政”“各说各话”“两张皮”，显然咨询是失败的。而心理咨询与治疗要有效，一定是一系列主体（咨询师）与主体（来访者）之间交互作用下所产生的体验性结果。话语分析则搭建起了咨询师与来访者相互理解，直至相互感受的桥梁，此为“交互主体性”，或“互为主体性”（inter-subjectivity）。因此，话语分析成为了主体间的方法论。

下面试论在心理咨询与治疗情景下，深层理解来访者语言建构的两个方面。

二、社会建构：话语分析的情景脉络

（一）社会建构论是话语分析的立足点

20 世纪 70 年代，社会建构论成为西方心理学中一种新的哲学思潮。它反对经验实证主义在解释心理现象时所持有的反映论观点，即认为心理是对客观现实的反映；也强烈反对本质主义，以为用自然或人性可以解释一切，而且认为自然和人性是不会改变的。社会建构论者认为心理活动现象是社会建构的产物，主张知识是建构的，是处于特定文化历史中人们互动和协商的结果。此外，心理现象并不存在于人的内部，而是存在于人与人之间，是人际互动的结果，是社会建构的产物。

因此，在社会建构论的影响下，语言不再仅仅是信息交换的工具，也逐渐被视为理解复杂的社会与组织真实建构的途径（Heracleous & Barrett，2001）。语言具有了行动及影响力，当人们透过语言来理解与叙述其内心及外在世界时，便会自然产生建构的真实（Potter & Wetherell，1987：34），语言成为人们用来建构心理状态及外在真实的重要工具（Wood & Kroger，2000：114）。

话语分析研究，是注重研究在特定时间和地点所形成的情景网络以及情景网络所赋予语言的意义（Gee，1999：92）。着重于对社会真实如何在人的生活世界中被建构的历程作描述性与诠释性的探究。我们透过语言的建构来处理世界真实（reality），即真实的意义是在社会过程中籍由人类互动所生产出来的，而人们对于事情理解上的差异，主要源自于特定的时空背景脉络的因素。

以社会建构论为立足点的话语分析，为我们建立了主客统一的后现代心理学思想与方法体系。它从语言措辞的独特视角出发，通过对社会互动中的文本或话语的分析，试图揭示和彰显隐含于其中的人的存在方式。在此方法论取径下，人们使用他们的话语来建构对自己、对他人、对社会世界的不同版本，同时在话语中我们试图重新理解人类存在的特有方式。这种非常不同的方法论取径，通过结合历史学、人类学和语言学的见解，将带来心理学研究的剧烈变化。

（二）情境脉络是话语分析的核心要素

胡塞尔承认，“我们”及“为我们而存在的世界”，都是历史的产物，是一个不能再被还原的“文化构成物”，是不可超越的先验前提，是理解我们周围世界的基础（赵敦华，2014：160）。乔治·米德指出，心的领域是从语言中浮现出来的，仅仅从人类个体有机体的观点出发来观察心是荒谬的，因为心虽然存在于个体，但从本质上说，却是一种社会现象，一种在社会过程内部和社会互动的经验性机制内部不断产生和发展的过程，因此，我们必须从社会活动的角度，将零散的个体经验纳入个体进行互动的社会语境之中，以此来理解个体的内在经验（米德，1999：144）。

话语作为“生活世界”的一个再现系统，人说的话——语言，人做的事——实践，都是社会、历史和文化主宰的情景脉络的产物。话语并不发生在社会真空的状态中，而是居于其中的行动者持续趋向诠释情景，从中发现并建构自身论述，去符合这个情景的过程。葛芬柯和萧特提出一个强有力的观点：在任何对话中，参与者只能依据现场脉络，由直接对话交流所协商出来的意义规则，用以理解现场说出来的话，而拒绝任何其他的理解方式（引自宋文里译，2017：88－89）。因此，情景脉络在论述分析中是一个核心要素，生活世界、社会互动、现场脉络是理解和意义规则产生的实践场。

三、促动心理咨询与治疗发生转变的关键性话语的话语分析

在语言学的框架下，心理疾病可定义为：一种语言表达障碍；患者受早年病理性的语言环境影响，适应性地形成自己的内在语言内容和结构（潜意识即语言－拉康）①，并将它投射到情感、认知和行为（统称外在语言）上（曾奇峰，2014：7）。那么在语言学框架下，心理咨询与治疗的语言学目标是什么呢？曾奇峰认为，心理咨询更有价值的角度是被内在语言改变的知情意，反过来又会固化原本的内在语言，所以通过改变外在语言就可以改变内心。也就是说心理咨询和治疗，可以看作是通过改变外在语言（包括知情意）来改变内在语言的过程。接下来的问题是如何改变外在语言？改变外在语言的第一步是理解外在语言，而如何理解外在语言对于心理咨询与治疗具有重要意义，因为它是改变外在语言的第一步。

下面以一个心理咨询案例中咨询师的一句话作为话语分析的对象，用以揭示语言论述背后的心理意义。

---

① 拉康的说法是：无意识之结构正如语言然。

一位母亲向笔者描述了她正在上初中的儿子在学校里与老师发生的剧烈冲突，并抱怨儿子不听话、不懂事、不服管。目前孩子出现了强烈的对抗情绪和暴力倾向，她请我和孩子谈一谈。笔者听完孩子的讲述后，说了一句："你受委屈了"，孩子紧攥的拳头松开了……之后，学生的父母亲听从了我的建议，转换视角开始重新理解孩子的处境，体验孩子的感受。因学生的父亲常年在外地工作，父子俩的对话并不多，而这一次父亲回家对孩子的第一句话是："我娃受苦了"，孩子闻言，泪流满面，这次的人际危机最终化解。

（一）语言的现实是什么？内在真实还是外在真实？

在以上案例中，你所看到的和来访者本身体验到的事情，哪个是真实呢？我们要遵从哪个真实呢？我们惯常于纵观全局的论"是非"，在以"学习"为全家重中之重的理念支配下，尊重孩子本身的内在体验被抛之脑后。我们站在所谓的高度理性的基础上评价整个事件，而抹杀了作为个体的个人化体验。

在听完来访者的叙述后，我们来比较咨询师两种不同的回应方式：

第一种：你觉得你很委屈吗？传递给这名学生的信息是：你就是不对，感觉到委屈就更不对了；你的想法是需要矫正的，你的感受是"错误的"。注意，在这里将"感受"和"错误"连接在了一起，这是以道德评价抹杀了感受的真实性，而感受本身是无所谓对错的。对于这样的反问，这名学生的反应首先是情绪产生对立和抗拒，认知落回到他先前对父母的想法和反应之中，很可能他又会感到被误解及异化——父母不会理解我的；没有人在乎我的感受；我在他们眼中什么都不是。这时他能说什么呢？再次抗辩他的主张吗？显然误解及异化只会关闭，而不是打开对话。

第二种：你受委屈了。这句话，首先承认了来访者语言的现实，即他认为他没有得到老师的尊重，而父母也不理解他并和老师站在一起压制他。咨询师带着这种对现实的敏感，尊重这名来访者的想法，并试图去理解他，逐渐开启了对话的可能性。在连续的对话过程中，咨询师同理他的内在真实，打开了来访者内在被压抑的诉说热情，咨询师也始终将他的好奇停留在来访者的真实体验上，而并不企图去挑战他的现实感。在诉说中，他不再是孤立无援而有了新的介入因素——咨询师，这个他者与他共在。在共在的空间中，被压制的情绪在得到纾解的同时，原来狭小的寓于自我的关注视野反而被扩展开来，他开始可以挪动自己的视角，有了可以远观自己的可能性。

在心理咨询与治疗中，打开并维持一个可持续的会话空间是非常重要的。咨询师到底要以怎样的姿态来开启对话？在冯·迪（Van Dijk）看来，脉络根本不是社会情境，而是主观的心灵模型（a context is not a social situation but a subjective mental model），它不追问社会情境中有哪些成分会影响论述的生产与理解，而是追问在社会向度中如何进行主观的诠释与建构（Van Dijk，2003）。对于案例中的这名来访者来说，他的内在真实是他没有被尊重，他感觉到愤怒，他的注意力聚焦在这愤怒的情绪上，攥紧的拳头想要随时挥舞出去，但他还在努力地克制着不要做出什么过分的事来。这一切，使得他分不出精力来关注其他的现实状况（他的确没有完成作业，而且随着情绪的积累，情况越来越糟）。当咨询师不能认同他的内在真实时，他无法发展出一种叙事的身份认同，他没有立足点与咨询师展开对话，心理能量也无法从当前聚焦的问题上转移开来。当咨询师说：你受委屈了。语言即现实，承认和尊重的感觉，卸除了来访者情绪上的对抗，内在的真实得以展演，反而开启了转机，心理能量开始流动，有了可能实现内在真实与外在真实统一的可能性。

（二）咨询师的论述位置

心理咨询与治疗的会谈，是在一定关系中，以语言交流为主要手段的活动，是一种职业场景中的职业话语。特定的语言环境和角色身份的限定，使得会话双方的角色性权利、社会性权利以及历史性权利并不对等，甚至存在较大悬殊。希尔沃曼（Silverman，1997）曾经指出，在机构会话过程中，存在着两种不同类型的角色：一种是特定的职能性角色；另一种是会话交流中的话语角色。职能角色和话语角色，在一定程度上决定着会话人拥有的话语权的大小和话语权的性质（晏小萍，2008）。咨询师和来访者的职业角色定位和话语角色，使得他们在某种程度上事先被赋予了不同的话语权。处于主导地位的咨询师对处于弱势地位的来访者具有更大的支配力和控制力。

问话所固有的形式和功能特征，使问话本身隐含着一定的支配力和控制力。在心理咨询中，拥有更多"知识"的心理咨询师，处于问话的优势地位，从而使问话成为咨询中是最常用的引导控制干预手段之一。问话具有启动谈话的功能，同时可以建立一个人在谈话中的位置，也就是说语言决定人的位置，即论述创造主体位置（subject positions）（Wetherell，2001）。上面案例中，第一种问话方式，"你觉得你很委屈吗?"创造了咨询师和来访者的论述位置，隐含了会话双方的话语支配权和控制权。这种支配和控制，主要体现在三个方面：话语内容，社会关系，主体地位（Fairclough，1989：46）。以上文提供的案例来说，不同的问话方式凸显了不同的主体位置。

第一种问话：你觉得你很委屈吗？强势的问话者——咨询师，对弱势的答话者——来访者一方的话语实行了支配和限制。首先摆明了他的立场——你就是不对的，想法不对，情绪也不对。咨询师的这种反问方式，彰显了突出的主体地位，而且这种反问方式，其实并不期待对方的回答，而是强有力地表达了自己的立场。此时，来访者如果辩驳：我怎么不对了？或我哪里不对。话语内容显得苍白无力，其与咨询师的关系，无法产生交织与渗入。来访者如果要争取他的主体地位，要么服从这种问话的压制，要么面临着谈话的破裂。

第二种说法：你受委屈了。来访者脸上有点出乎意料的表情，经过短暂的停顿之后，又开始诉说。来访者为什么会有点出乎意料的表情呢？“停顿”是什么意思？在这段停顿的时间里，他想到了什么？他的内心独白是什么？在话语分析里，非常关注对话双方的停顿、沉默、表情、语气词，甚至是语音的高低和延长。这名来访者用非语言的方式——出乎意料的表情和停顿展现了他的内部思维语言。他经历了太多的孤独，没有人站在他这边，同学冷眼看着他，父母不相信他，没有人了解他的感受。“你受委屈了”这一论述建构了一种平等对话的关系，会话双方的“眼睛”可以对视，也就是说，双方的主体性达到了一个平衡。这句话的内容意义已经退居其次，它实际上更大的作用在于开辟了一个可以对话的空间。咨询师将自己支配性的话语权及主体性让渡出来交给对方，拥有自我主体性的来访者，才有可能开始发生真正的转变。

在福柯的眼中，“主体”乃是论述的产物，论述本身建构了主体位置（Hall，2001）。因此，在心理咨询与治疗的情景下，主体位置是通过话语实践来建构的，对于不同的来访者，在理解来访者现实需求的基础上，建构适当的主体位置是开启心理咨询与治疗转机的契机。

（三）语言的建构和意义生成

个人是由语言所建构的，语言为个体提供了一个划分经验的范畴和意义系统，并因此生成和建构了个体经验。语言具有“生成性”“建构性”而不是“反映性”。因此社会建构论将传统的现实与语言的关系加以倒置，视语言为第一性的存在。在它看来，语言不是对现实的表征，而是以其自身“构成”（constitute）现实（杨莉萍，2004）。个人是社会实践中的人，深深根植于一定的社会、历史、文化、政治权力和人际互动中。因此，个人是语言的，是社会的，也是由语言与社会包裹下的自我经验所形塑的独特个体。所以，所谓的个体“私语言”既存在，也不存在。“存在”是指个体语言建构和意义生成的个体独特性；“不存在”是指个体语言建构和意义的生成离不开个体所处社会的语言共同体。

人的行动发生于对现实理解，而理解是透过社会建构以及对话而创造出来的。意义以及理解是社会建构的，是透过对话中的人，以及他们彼此之间所使用的语言，于是，人的经验，因为这些被社会建构的叙事型现实，而有了意义及组织（Anderson & Goolishion，1988）。在心理咨询与治疗的情景下，从某种意义上来说，来访者对于自身的论述和意义的诠释，具有绝对的权力，而咨询师基于自身知识背景及意识形态的所谓“主流诠释”要加以摒弃。本案例中的学生认为自己没有得到尊重，受到了不公平的待遇。这一基于自身经历、内心欲求和现实困境的心理建构，对于他自己来说是具有意义的，这个意义在于“承认他是一个有尊严的人，他需要被像人一样尊重”。在他的生活处境中，这种尊重是他能够有能力开始生活的起点。事实也是如此，当他被理解、尊重以后，他回过头来开始调整自己的学习行为，与老师的矛盾冲突不再成为他全心关注的事情。他可以挪动自己的位置，站在老师的角度来思考问题。

从此案例也可以看到，仅仅是理解来访者自己建构的内在真实——他没有得到老师的尊重，而父母也不理解他，和老师站在一起压制他。咨询师用话语给予合适的反馈——“你受委屈了”，话语本身就携带着被同理的力量，开启了改变之路。反之，如果咨询师依循的是外在真实——他没有按时完成作业，从而赞成老师以不恰当的方式对待来访者，支持来访者的父母惯有的批评，同时咨询师也试图规劝来访者服从老师，其结果只能是来访者“口服心不服”的敷衍，或者就是拒绝沟通，继续压抑情绪，直到不能忍受。案例中的咨询师和来访者通过语言互动的实践创生了意义和理解。

四、讨论

论述实践通过人与人之间的互动建构了世界与我们自身。它不是一种抽象物，而是存在于人对生活的理解和对日常事物的处理方式之中。语言所建构的意义在人与人之间的互动中、交流中、关系中被生产出来。下面，对于“你受委屈了”的话语心理分析，进一步探讨两个方面。

（一）自我——语言、叙事身份认定

社会建构论认为自我的存在完全取决于我们日常用于理解自己和他人的语言（the language）及语言表达（linguistic practice）。语言在形成自我与认定的建构过程中扮演着核心角色。个人透过使用语言（叙事和论述）的过程，而不断的投入与创造自我、建构自我（Crossley，2014：14－15）。

叙事（narrative）是人类思考和组织知识的基本方法（黄素菲，2018：194），人们藉由叙说故事将碎片化的生活日常及片段串联起来，通过主导性的诠释，建立自我与身份的认定，同时赋予生活事件以秩序和意义。个人透过自传的选择历程，在叙说自己的生活故事时，就会对生活产生一种责任感，这种责任感正是利科（Ricoeur）所谓“叙事的身份认定”的焦点，他指出只有在叙说生活故事的过程中自我才会存在（Ricoeur，1986）。责任感使得个体成为一个有德行的人。

上述案例中，来访者未被咨询师引发自我叙事之前，愤怒笼罩了他的整个身心，完全无法注意到整个事情的全貌，更谈不上自我反思。而咨询师的一句“你受委屈了”，来访者在这句话中找到了自我的存在——“我是被理解的”。同时，这句话也给予他叙说的空间，随着叙说的展开，原来耿耿于怀的问题也不再变得那么重要，开始能够释放心理能量到其他的地方，终于回归到来访者本身的责任问题。他开始为自己的学生生活负责，着手调整状态，赶上学习进度。也就是说，来访者在随后的叙说中，找到了他的“叙事的身份认定”。

（二）主体位置的改变与互为主体性会话的开启

案例中的来访者发生转变的关键在于，咨询师的话语建构了主体位置的挪移，从而开启了“互为主体性”对话的空间。“互为主体”，强调双方各自的主体性以及主体与主体之间的共鸣和共振。“互为主体”是人本主义取向下的咨询模式，也是现代越来越多咨询流派及咨询师采用的基本态度。它摒弃了一方对另一方的主观臆断，愿意站在对方的视角来看待问题和理解对方，让心理咨询与治疗越来越贴近人存在的本质，而不是以意识形态来规范人的存在。这样的心理咨询和治疗才能够脱离早期的教育宣导、思想政治的形态，回归本位。

传统上的长幼尊卑、知识多寡、权威崇拜，天然地将优势的主体位置给予了地位高的那一方，这造成了对弱势一方的不自主的忽视和支配。就像本案例中的父母或咨询师，如果站在天然的优势地位上，从自我的框架看待事情，将无法了解孩子内在的真实体验，而咨询师则失去了作为这个职业的本质内涵，成为了道德判断的代言人。在上述案例中，咨询师把话语权和主体性通过一定的方式（包括言语的和非言语的）交给对方，使得来访者有更多的话语权力（包括时间和语言空间）来彰显自己的主体性，这种转让是通过咨询师对来访者内在真实情感的承接来实现的。双方主体位置的挪移，是治疗中权力关系的动态变化，这种变化促成了互为主体性对话的开启。

五、结语

本文意欲引发临床心理工作者在关注理论和技术学习的同时，能够同时关注到语言本身，对语言所建构的心理意义有充分的认知，才不至于被先入为主的自我视框下的诠释误导心理咨询与治疗的方向。同时，咨询师要关注叙事理解下的现实，把个人的言语行为，放置到人际互动丰富复杂流动的自然情景中进行考察，敏感地意识到现实，把握现实，透过语言传递对语言现实的知觉，从而创设可以持续对话的空间。通过话语分析，深层理解语言建构的个体独特性，是心理咨询与治疗的一条语言实践的路。

参考文献

安德森·贺琳，谷力显·哈洛（2017）．案主是专家："不/知" 的疗法．见席拉·迈可纳米，肯尼斯·格根编．翻转与重建：心理治疗与社会建构（宋文里译）．台北：心灵工坊文化与茵特森创意对话中心联合出版．(英文版 1992 年)．

海德格尔（2020）．在通向语言的途中（孙周兴译）．北京：商务印书馆出版．(德文版 1986 年)．

黄素菲（2018）．叙事治疗的精神与实践．台北：心灵工坊文化出版．

威廉·冯·洪堡特（2018）．论人类语言结构的差异及其对人类精神发展的影响（姚小平译）．北京：商务印书馆．

廖美珍（2014）．序．见胡文芝．心理治疗话语的语用特征研究．厦门：厦门大学出版社．

米德·G.（1999）．心灵、自我与社会（霍桂恒译）．北京：华夏出版社．

邵迎生（2000）．话语心理学的发生及其基本视域．南京大学学报，(5)，112．

杨帆，陈向明．话语分析与质性研究的异同探讨．见高一虹，陈向一主编．心理咨询与治疗的话语研究．天津：南开大学出版社．

杨莉萍（2004）．分析社会建构论心理学思想的四个层面．心理科学进展，12（6），956．

杨莉萍（2007）．心理学中话语分析的立场与方法．心理科学进展，15（3），532—538．

晏小萍（2008）．心理咨询：话语结构分析控权与赋权．语言文字应用，(3)，63—71．

曾奇峰（2014）．语言：超越工具的精神存在．见高一虹，陈向一主编．心理咨询与治疗的话语研究．天津：南开大学出版社．

赵敦华（2014）．现代哲学新编（第 2 版）．北京：北京大学出版社．

Crossley，M. L.（2014）．叙事心理与研究：自我创伤与意义的建构（朱仪羚，康萃婷，柯禧慧等译）．台湾嘉义市：涛石文化事业有限公司．

Anderson, H. & Goolishion, H. (1988). Human systems as linguistic systems: evolving ideas about the implications for theory and practice. *Family Process*, 27, 71 –93.

Fairclough, N. (1989). *Language and Power.* London and New York: Longman.

Gee, J. P. (1999). *An Introduction to Discourse Analysis: Theory and Method.* London: Routledge.

Hall, S. (2001). Foucault: power, knowledge and discourse, In M. Wetherell, S. Talor & S. J. Yates, *Discourse Theory and Practice, A Reader*. London: Sage., 72 –81.

Heracleous, L. & Barrett, M. (2001). Organizational Change as Discourse: Communicative Actions and Deep Structures in the Context of Information Technology Implementation, *Academy of Management Journal*, 44, 755 –778.

Potter, J. & Wetherell, M. (1987). *Discouse and Social Psychology: Beyond Attitudes, and Behavior.* London: Sage.

Ricoeur, P. (1986). Life: a story in search of a narrator, In M. Doeser and J. Kray (Eds) *Facts and Values*. Dordrecht: Martinus Nijhoff, 34 –68.

Van Dijk, T. A. (2003). The discourse-knowledge interface. In G. Weiss & R. Wodak (Eds), *Critical Discourse Analysis: Theory and Interdisciplinarity*. New York, NY: Palgrave Macmillan. 85 –109.

Wetherell, M. (2001). Themes in Discouse Research: The Case of Diana, In M. Wetherell S. Talor & S. J. Yates, *Discourse Theory and Practice, A Reader.* London: Sage. 14 –28.

Wood, L. A. & Kroger, R. O. (2000). *Doing Discouse Analysis: Methods for Studying Action in Talk and Text.* Thousand Oaks, CA; London: Sage.

Methodology Between Subjects: Discourse Analysis in Psychological Consultation and Treatment Situation

Chen Bin

(Fu Jen University, Taiwan New Taipei City 24205)

Abstract

The process of psychological consultation and treatment is the interaction between the counselor and the visitor under a certain social and cultural normative framework, and language is the most important tool and medium for interaction. Discourse analysis is based on social constructivism, focusing on the interpretation of the context behind the discourse dominated by society, history and culture. When studying the experiential nature of discourse interaction " present moments " in the consultation scene, positivism research methods are insufficient, and discourse analysis provides the possibility for this dilemma. This article takes a sentence of a consultant as an example, from the perspective of social construction, using the method of discourse analysis, analyzes the psychological construction and meaning generation behind language. The opportunity for the visitor's transformation lies in the shift of the subject's position constructed by language and the opening of mutual subjective dialogue. Discourse analysis explores a way of language practice for deep understanding of the individual uniqueness of language construction and psychological counseling and treatment.

/ Keywords /

Psychological consultation and treatment, language, discourse analysis, meaning, subject position

活在父亲的影子里：纳兰性德的自我放逐之路

汪李玲[1,2]，舒跃育[2*]
（[1]苏州大学教育学院，苏州，215123）
（[2]西北师范大学心理学院，兰州，730070）

摘 要

研究采用心理传记学方法，对清初词人纳兰性德矛盾的生命史进行了探究。通过对其诗词歌赋、书信、墓志铭等资料的考察发现，纳兰性德在人生早期为了得到父亲的认同而极力模仿父亲，努力考取功名以期入仕为官建立属于个人努力意义上的功勋，但在考中进士后却因康熙皇帝对父亲的忌惮而只能对他“所用非志”。最后纳兰性德被迫入职侍卫一职，至此，建功立业的人生理想破灭。发妻卢氏的突然离世给他造成了毁灭性打击，也给他提供了一个发泄悲愤情绪的理由和出口。因此，诗词中的哀伤和忧郁一方面是缅怀发妻卢氏，另一方面也是悼念自己怀才不遇。为了缓解内心焦虑，纳兰性德向内否定身份，鄙弃官

* 通讯作者：舒跃育，教授，博士生导师，E-mail: shuyueyu@nwnu. edu. cn。

场，向外积极帮助汉族落魄文人，以此来掩盖自己的人生失意，但这并没有从根本上缓解他的痛苦，悲郁依旧是他人生后期的生命底色。

/ 关键词 /
纳兰性德，心理传记，生命意义，自我价值

一、引言

纳兰性德（1655—1685），字容若，号楞伽山人，满洲正黄旗人，是康熙王朝的权相纳兰明珠的长子，和康熙皇帝是表兄弟关系。同时，他也是清朝初年活跃于词坛的领军式人物，被认为“最得词家之正”（《续修四库全书总目提要·纳兰词提要》）。近代学者王国维（1998：13）认为其“北宋以来，一人而已”。其所作之词，不仅“当时传写，遍于村校邮壁”（《清史列传》卷71），甚至“家家争唱”（曹寅《题楝亭夜话图》），即使在300多年后的今天，以他的事迹为底本的故事依旧层出不穷，深受广大读者的欢迎。但纳兰性德在31岁时，就因病故去，其出类拔萃的才学和英年早逝的命运一直使后人唏嘘感慨，扼腕叹息。

但令后世学者对纳兰性德的兴趣只增不减的还有他的人生经历与他的词作风格之间的矛盾。纳兰性德出生于“淄尘京国，乌衣门第”（纳兰性德的《金缕曲·赠梁汾》），父亲是康熙皇帝倚重的股肱之臣。纳兰性德在世的31年里，家族事业正处于上升时期，纳兰明珠的官职节节高升，从云麾使、内务府郎中、总管一直到后来的武英殿大学士、太子太傅、太子太师等。作为家中长子，父亲对他十分关爱和器重。另外，作为生活优渥的乌衣公子，纳兰性德自身也非常勤奋好学，年纪轻轻就因词作而名扬天下，是清代词史上唯一一位自宋之后可以与宋代词人相媲美的词人。在今天看来，他就是一位含着“金汤匙”出生的“官二代”和“富二代”。然而，这样一位“集万千宠爱于一身”的贵胄公子，诗词里却浸满了哀怨惆怅的情思，其中的悼亡词尤其感人肺腑，读者读之，常常“幽艳哀断，痛彻肺腑，令人不忍卒读”（文学常识编委会，2012：139）。由于纳兰性德的词风与南唐后主李煜非常相似，二者常被捆绑放在一起进行比较，并认为他们都是“愁情”主题的代表人物。但回顾纳兰性德短暂的一生，他荣宠备至，物质丰盈，著作等身，并没有像李煜那样经历国破家亡、遭遇人生的起起落落，为何纳兰性德诗词中充满了哀伤忧郁之音呢？

本文基于翔实的史料，采用心理传记学方法，针对纳兰性德忧郁而彷徨的短暂生命史进行分析和解读，以期了解纳兰性德的人生困惑和人生抉择，为人们认识纳兰性德矛盾的人生提供新视角，也为心理传记学在揭示人性实践中的有效性进行有益探索。

二、悬疑性问题

心理传记学都是以传主的悬疑性问题开始（舒尔茨，2011；舒跃育，2018：43－45），然后围绕悬疑性问题展开对资料的筛查和分析，可以说悬疑性问题是贯穿心理传记分析过程的主线。因此，对传主身上的悬疑性问题的解答，是理解传主的重要渠道，也是理解自我和人性的渠道（舒跃育，2018：46）。何为悬疑性问题？舒跃育（2018：44－46）将其分为三类：其一，传主人生中经历过的一些常人难以理解的事情，如梵高为何要割掉自己的耳朵？其二，传主生命中的许多自相矛盾的地方，如纳兰性德生于乌衣门第，锦衣玉食，名扬天下，为何不断用诗词表达内心的惆怅？其三，在条件非常有限的情况下，传主成就了普通人难以企及的功业，如海伦·凯勒（Helen Keller）作为残疾人却突破了残疾对自身的限制，所取得的成就连一般非残疾个体都很难达到。本文的传主纳兰性德，身上所呈现出的悬疑性问题的性质符合第二条，即人生经历和词作风格以及行事作风具有自相矛盾的特性。悬疑性问题出现时，鲁尼恩（2011）指出，我们需要批判性的评估不同的解释，以寻求唯一合理的解释。因此，针对纳兰性德为何不断地用诗词表达内心的惆怅这一悬疑性问题，本文在分析之前需要呈现“不断用诗词表达内心惆怅”的表现和可能的解释以及对不合理解释的排除。

愁情贯穿纳兰性德诗词主要表现在三点：首先，在自我定位上，纳兰性德认为自己不是“人间富贵花”而是“人间惆怅客”。他出生官宦之家，是纳兰明珠的长子，从小好学，文武双全，22 岁时在殿试中考取二甲第七名。无论是物质条件，还是仕途权力，都比普通个体拥有更高的起点，在词学上的造诣更是令同时代个体望尘莫及。但纳兰性德更像穷困潦倒的文人，时常梦想着做一个江湖隐士，与汉族文人一起诗酒江湖，寄情山水。正如他的好友韩菼所评说的那样，“身在高门广厦，常有山泽鱼鸟之思”（韩菼《通议大夫一等侍卫进士纳兰君神道碑铭》）。

其次，在词作风格上，以忧郁哀伤为主。已有研究通过统计发现，纳兰性德现存的三百多首词里，“愁”“泪”“恨”三字分别出现了 90 次、65 次和 39 次，其他字眼，如“伤心”“惆怅”“断肠”“寂寞”等词也随处可见（周舒浩，2010）。他的词充满了悲情意识，往往“令人不能卒读。人言愁，我始欲愁”（榆园本《纳兰词评》）。

最后，在悼亡词方面，纳兰性德的悼亡词数量是诗词史上之最。现存的 348 首纳兰词中，有 141 篇是与爱情有关，占比约 41.52%（王小恒，2011），其中悼亡词就有 47 篇，占爱情主题词作的三分之一，也因此，纳兰性德成了诗词史上写悼亡词最多的词人。历史上，写悼亡词的词人也不少，如“十年生死两茫茫”的苏轼，可却从来没有哪个词人一生写过如此之多的表达思念和哀伤的悼亡词。

针对纳兰性德为何不断用诗词表达内心的惆怅？目前有以下几种解释：第一种解释是因爱妻离世受到打击。经历丧偶确实会令个体沉浸于哀伤和悲痛，但这样的伤痛会随着时间减轻，而纳兰性德的愁绪却几乎贯穿他的大半生。另外，从纳兰性德在后来积极主动地追求江南才女沈婉也可证明，他的愁情并不全是因为丧偶事件。

第二种解释是因父亲行为而为家族命运担心。研究者认为纳兰性德和纳兰明珠价值观对立，纳兰性德对父亲的不良行为不满或者忧心于背后的灾祸，而不屑与父亲为伍（李苗，2016；李欣欣，蔡平，2013）。但关于二人之间的对立，其实是源自纳兰明珠倒台后，后人将其贪污的言行与纳兰性德的惆怅联系起来加以猜测的结果（关纪新，2006）。多处资料显示，纳兰性德对父亲孝顺至极，毕恭毕敬，例如，他的老师徐乾学说“黎明起趋太傅夫人所问安否，朝退复然”（徐乾学《通议大夫一等侍卫进士纳兰君神道碑文》）。甚至在纳兰明珠生病卧床之时，纳兰性德也是衣不解带的侍奉于床前，十分仔细地照顾父亲，“容若性至孝，太傅尝偶恙，日侍左右，衣不解带，颜色黝黑，及愈乃复初。太傅及夫人加餐，辄色喜，以告所亲”（徐乾学《通议大夫一等侍卫进士纳兰君墓志铭》）。

第三种解释是，纳兰性德是“为赋新词强说愁”。以往研究从未承认这一点，基本都认为纳兰性德的愁情是有缘由的。另外，纳兰性德也曾在其读书笔记《渌水亭杂识》第四卷）中谈及“诗乃心声，性情中事也”，“作诗欲以言情耳”。可见，他的愁绪乃是其心声的表达。

基于以上所述，本研究围绕纳兰性德“为何不断用诗词表达内心的惆怅”这一悬疑性问题，通过心理传记分析，以期解读纳兰性德的人生困惑和人生抉择，为理解纳兰性德的生命史提供另类的视角。

三、结果与讨论

（一）父子关系

要了解纳兰性德的心理与行为，我们首先需要了解他与父亲纳兰明珠的关系。首先，在传统的人伦关系（君臣、父子、夫妇、兄弟、朋友）中，父子关系往往是家庭关系中最重要的关系。在“父为子纲”的父权制下，“父亲在儿子的理性和意志中占据中心地位……奴役的结果是儿子将包含在文化中的父亲指令自觉转向内心生活”（陈少华，2005：3－5），因此，作为传统父权制下的纳兰父子，对二人之间关系的梳理是理解纳兰生命史首先需要理清的内容。其次，从家庭系统理论看，父母作为子女的主要养育者，也是影响子女心理和行为的最重要他人，因此，对子女的了解脱离不了对亲子关系的解读。最后，精神分析学认为，几乎对于所有的儿子来说，他们的父亲基本都是人生开始之初崇拜和模仿的对象。伦肖恩（2011）指出，“在家庭生活中，模仿是最真诚和最深刻的认同方式”。

1. 对父亲的认同和模仿：学而优则仕

纳兰明珠是清朝初年活跃于政坛的一位叱咤风云的人物。在纳兰性德的短暂人生中，纳兰明珠的官职一路高升。在纳兰性德1岁时，纳兰明珠是銮仪卫云麾使，到纳兰性德31岁去世之时，纳兰明珠已是太子太傅、太子太师。另外，纳兰明珠几乎参加了康熙王朝时期发生的所有重大政治事件，如辅助康熙皇帝智擒鳌拜、平定三藩之乱、招降台湾郑氏、反击沙俄并和俄使谈判、改善满汉关系、蠲免赋税、举荐清官等，可谓一生成就显赫。同时，纳兰明珠也是一位精通满汉文学的学者。给康熙皇帝充当经筵讲官，讲解汉族文化和儒家经典；主持或参与编修了多部典籍，如《大清会典》《清太祖实录》《清太宗实录》《平定三逆方略》等，这些典籍都成为了后世研究清史十分重要的资料。因此，无论是在政治方面，还是在文化方面，纳兰明珠对儿子纳兰性德的影响都是非常巨大的，他的成功为纳兰性德树立了一个事业上的标杆（杨雨，2012：126）。

对父亲的认同和模仿首先体现在纳兰性德对自己人生的规划上，那就是像父亲一样入仕为官，建功立业，但纳兰性德的这一志向常因他的“哀感顽艳”之词而被很多学者忽视。在回顾纳兰性德的诗词、序、记、杂文、书信时发现，他曾多次抒发积极入世的思想，例如，在早期写就的《渌水亭杂识》中明显体现出经国济世的抱负。已有研究者指出，《渌水亭杂识》没有对人生和世事消极的态度和感伤悲凉的气息，反而颇见其踔厉风发、积极进取的气概和对社会与时代的深度思考以及对经世致用之学问的高度关注（邓伟，项小玲，2006；赵秀亭，1986）。另外，纳兰性德在诗中也写到“平生紫霞志，翻然向凌烟”（纳兰性德《拟古无题四十首》之一），“我亦忧时人，志欲吞鲸鲵”（纳兰性德《长安行赠叶讱庵庶子》），这些都明确表达了他成就一番事业的雄心壮志。甚至在他的好友严绳孙无心官场、萌生退意之时，他还写了20首诗词来劝诫严绳孙，如“凭君莫作烟波梦，曾是烟波梦早朝”（纳兰性德《西苑杂咏，和荪友韵》其一），“河清欲颂惭才尽，空羡儒臣赐宴归”（纳兰性德《西苑杂咏，和荪友韵》其一）。这些诗词几乎表达的都是入仕的豪情和对儒臣政治生涯的羡慕（薛梅，2007）。而且，纳兰性德的老师徐乾学也说“肆力经济之学……间尝与之言往圣昔贤修身立行，及于民物之大端，前代兴亡理乱所在，未尝不慨然以思”（徐乾学《通议大夫一等侍卫进士纳兰君墓志铭》）；姜宸英在《通议大夫一等侍卫进士纳兰君墓表》也回忆纳兰性德曾经对他说，“吾倘蒙恩得量移一官，可并力斯事，与公等角一日之长矣”。纳兰性德的老师和朋友们不约而同地将纳兰性德的入仕志向付诸笔端，由此可见，纳兰性德树立了与父亲一样参与政治的人生目标。

纳兰性德对父亲的认同也体现在他和纳兰明珠一样喜欢和推崇儒家思想和汉族文化，并喜欢结交汉族文人。纳兰明珠是一位汉族文化集成者，曾经充当经筵讲官之时，就给皇帝讲解儒家经典和汉族文化，对汉族学者十分友好和尊重。据记载，纳兰明珠“尤喜寒士，严绳孙，朱彝尊，姜宸英，唐孙华之属，时延于家，多致显名于朝”（薛柏成，2005：131－135），其府邸经常汉人学者云集，学术氛围浓厚，很多汉族落魄文人也是经由纳兰明珠的举荐而“显名于朝”。纳兰明珠对儒家思想和文化的尊崇直接影响了纳兰性德对儒家文化的痴迷和推崇。在满汉民族关系十分复杂的社会背景下，纳兰性德对待汉族文人也和纳兰明珠如出一辙，他对落魄文人慷慨解囊，引为知己。例如，徐乾学说“坎坷失职之士走京师，生馆死葬，于赀财无所计惜”（徐乾学《通议大夫一等侍卫进士纳兰君墓志铭》）。纳兰性德对待汉族文人的这种态度和言行深刻折射出父亲纳兰明珠对他的影响以及他对父亲的认同与模仿。

这种认同和模仿可以帮助儿子心理社会化发展，在儿子惊慌失措对这个世界没有任何先验可参照的情况下，以父亲为模板可以很好地发展自己的“男性品质”（舒跃育，2018：187）。在这个过程中，儿子会内化父亲的“男性品质”，并模仿父亲的言行，认同父亲的一切，甚至跟随父亲的脚步，以此帮助个体形成自我，最后融入社会。但是，对于纳兰性德来说，“寻求与父亲特征相一致的成就以达到文化上的认同”（陈少华，2005：3－5）显然太难了，这是一条注定不可能实现的道路。

2. 活在父亲的影子里

拥有一位政绩显赫的父亲，对纳兰性德来说是自豪的，但同时，在心理层面上，压力也是异于常人的。与纳兰明珠的成就相比，纳兰性德的一生就显得暗淡无色了。从传统意义上对成功的定义讲，纳兰性德的一生几乎没有可圈可点的成就。无论是在政治上还是文化上，父亲纳兰明珠都具有不可磨灭的巨大成就，而纳兰性德直到31岁去世时，也只是一个一等侍卫，这与父亲的成就形成鲜明的对比（纳兰性德和父亲的身份变化以及生平大事详见附录一）。虽然纳兰性德在词学上造诣颇丰，但在传统文化中，吟诗作赋往往是文人雅士消遣时光的娱乐活动，并不能作为一个个体人生成就的评价指标。而且，深受“修身、齐家、治国、平天下”儒家文化影响的纳兰性德，经常“留心当世之务，不屑以文字名世”（张德锺，2006）。

可以说，纳兰性德在追求与父亲一样的政治仕途和成就时发现，自己是活在父亲的光环底下的，他没有任何可以证明他个人能力的成就。虽然从出生起纳兰性德就拥有巨大的优势和大量的财富，但实际上这些都跟他自己没关系，所有的荣誉和地位都是父亲纳兰明珠一路节节高升的结果。他所享有的荣华富贵仅是因为他的出身，而出身是他所不能选择的，周围之人也是将他看做纳兰府的贵公子。对于纳兰性德而言，自己一无所有。在这个过程中，纳兰性德发现，他的“自我”是依附于父亲的，他的身份和才能需要以纳兰明珠的儿子来定位。例如，徐元文夸赞纳兰性德说：“司马公贤子，非常人也”（徐乾学《通议大夫一等侍卫进士纳兰君墓志铭》），司马公指的就是纳兰明珠；好友韩菼也说周围之人夸奖纳兰性德：“人皆曰太傅有子”（韩菼《通议大夫一等侍卫进士纳兰君神道碑铭》）。即使纳兰性德也能力出众，但他总是被父亲的“万丈光芒”所遮蔽，他的优秀总是因为父亲的存在而被认为是理所当然。

纳兰性德急需分出“我”和“父亲”的不同，急需自我存在的价值被肯定，所以，处在自我同一性混乱的纳兰性德急需一个证明自己能力的机会和平台，来摆脱掉父亲纳兰明珠政治业绩光芒的遮蔽。埃里克森认为，自我同一性阶段是一个独立个体完善人格整合自我的过程，是个体在青少年时期（13－20岁）心理发展的主要任务，即，将“过去的我”“现在的我”和“未来的我”能够很好地整合起来，如果能够顺利地整合，就是完成了自我同一性，否则就会陷入自我同一性混乱状态，对后续的心理成长非常不利（郭本禹，2009：227－229）。纳兰明珠在仕途上的辉煌政绩与纳兰性德在仕途上的碌碌无为构成了纳兰性德追求自我同一性的一个巨大焦虑源，促使纳兰性德急于建立完全属于个人的成就。

康熙十五年（1676）五月，纳兰性德参加殿试后不久，在还没有被授予任何武职或文职的情况下，他上书康熙皇帝，请求披挂上阵，参与平定三藩之乱。作为新科进士，纳兰性德这种急于抛头颅、洒热血的举动显得冲动而鲁莽，缺乏思考。首先，纳兰性德没有任何官阶品级，请求康熙皇帝准许没有半点战场经验的自己带兵打仗本身就显得鲁莽而欠缺考虑。其次，康熙王朝时期，朝中战功赫赫、具有丰富带兵打仗经验的武将大有人在，而纳兰性德仅是一名新科进士。最后，战场上的状况瞬息万变，马虎不得，没有任何战场经验的纳兰性德最多只能充任战场上的兵卒，冲锋陷阵，而不能作为统帅。

因此，在请缨上战场这件事上，纳兰性德显得突兀又不合理，但如果将其与他的内在动机联系起来，就不难理解。他从小就聪明好学，而且文武双全，周围人也认为他入仕为官是毫无悬念的。19 岁时因为一场大病而错失殿试，被迫等待了三年，直到 22 岁时才再次获得参加殿试的机会，虽然获得二甲第七名的好成绩，但在殿试之后，纳兰性德被毫无理由地闲置多时，这让急于证明自己的纳兰性德更为焦虑，冲动下可能才有了请缨出战的举动。

综上，纳兰性德和纳兰明珠呈现出一种极端的“父强子弱”的关系，这对于纳兰性德的成长是一种极大的考验和挑战。纳兰明珠在政治和文化上所取得的成就，对纳兰性德来说，是他奋斗的标杆，同时，也是他前进的压力。但这来自父亲的拮抗力量对纳兰性德来说始终此消彼长，保持平衡，直到他遭遇外在的一系列打击之后。

(二) 外在挫折和打击

1. 康熙皇帝的安全感

康熙十五年（1676）三月，纳兰性德参加殿试。在这次殿试中，纳兰性德“条对凯切，书法遒逸，读卷执事各官咸叹异焉”，表现非常优异，最后获得二甲第七名。殿试大捷的纳兰性德可谓春风得意，眼看就可以顶戴花翎，正式步入仕途，像父亲一样在政治和文化领域成就一番事业了。但意外的是，与纳兰性德同期的进士陆续被授予职位，而纳兰性德却像被康熙皇帝遗忘了一般，自始至终“无人问津”，直到两年半后的康熙十七年（1678）九月与十月之间，纳兰性德才被授予侍卫之职，开始他的侍卫生涯（赵秀亭，2008）。那么，纳兰性德为何会被闲置两年半而未授予任何职位呢？两年半后，康熙皇帝又为何突然对才华出众的纳兰性德授予侍卫之职而不是让其到翰林院供职呢？对这两个问题的理解，我们需要提及一代明君康熙皇帝玄烨和他的安全感追寻。

康熙皇帝八岁登基称帝，十岁之时，其生母佟氏去世。在普通人家的孩子天真单纯的年龄里，年幼的康熙皇帝就已经是万人之上的独尊者了。他还是一个儿童，但他需要面对的却是翻手为云覆手为雨的政治，是一步踏错便万劫不复的未知。所以，在安全感方面，年幼的康熙皇帝要比普通人家的孩子欠缺许多。另外，作为国家最高的统治者，其安全感一般都跟权力捆绑在一起，例如，历代帝王总是对政绩累累的大臣心存芥蒂，对功高盖主的大臣设法打压，以此来保证自己地位的牢固和安全。康熙皇帝的成长之路也是不断收归皇权的过程，他 8 岁称帝，14 岁亲政，16 岁智擒鳌拜，20 岁开始平定三藩之乱……可以说，收归权力的过程也是康熙皇帝获取安全感的过程。因此，康熙皇帝的成长之路处处体现出他对安全感的追寻，这反过来又使他对朝臣的权力问题格外敏感。

所以，当纳兰明珠政绩赫赫、权力日益增大时，就触发了康熙皇帝早年的不安全感。而对不安全感的焦虑和对安全感的追求就会促使康熙皇帝对纳兰明珠产生防范之心，即不能让纳兰家族发展壮大！这直接导致纳兰性德在获得新科进士身份后长时间被搁置。

直到康熙十七年（1678）九十月间，距离又一轮殿试（康熙十八年三月）只剩半年时间之时，长时间保持沉默的康熙皇帝突然意外又合理地授予纳兰性德三等侍卫之职。之所以说意外，是因为纳兰性德参加的是文试而非武举，且成绩优异，理应像其他新科进士那样，让其进入翰林院供职或深造。据程伟（2015）统计，纳兰性德参加的康熙十五年丙辰科殿试中，录取进士总共有209人。所以，纳兰性德高中二甲第七名，相当于在参加殿试的全国进士中排名第十。放在今天，那都是相当于高考状元级别的名次。如此成绩优异者，不被直接授予官职，也应该选为翰林院庶吉士，放在翰林院进行深造，作为国家的储备人才。《清史稿》针对进士的任命有记载说，“二、三甲进士授庶吉士、主事、中书、行人、评事、博士、推官、知州、知县等官有差。”即使入馆选，最后也授予一定的官职。另外，据史料（王炜，2009：74－76）显示，康熙十五年丙辰科，和纳兰性德一起参加殿试的新科进士有32位被选为庶吉士进入翰林院学习，并在两年后（康熙十七年七月）均被授予翰林院编修和检讨。附录二列出了包括纳兰性德在内的二甲进士前15名的任命和官职，可以清晰地看到，除了纳兰性德一人是被授予武职，其他基本都是被选为翰林院编修、检讨或任命为知县。且这批人后期在官场上也都有一定的职位和作为，唯独纳兰性德被康熙皇帝“遗忘”两年半后，选为三等侍卫，一个处于政治权力中心却又远离政治的职位。

但另一方面，康熙皇帝对纳兰性德的职位任命又显得合情合理。第一，“清初多尔衮执政期间，对侍卫人员的招选范围与标准规定为：在京三品以上官员，在外总督、巡抚、总兵等官，各送亲子一人入充侍卫，学习本朝礼仪，察试才能之后再相应任职；上述官员无亲子者，可送亲兄弟之子入充侍卫，而宗族中的远支子弟则不许乱送”（向斯，王霜，2001：1342）。虽然这些规定在顺治皇帝亲政后不再实行，侍卫改为从上三旗（指镶黄、正黄、正白）中选拔（福格，1984：25），但不管是多尔衮的规定还是顺治皇帝的要求，纳兰性德都符合侍卫甄选条件。第二，纳兰性德作为满洲八旗子弟，保留着满洲子弟“马上赢天下”的血性和武功，他骑射功夫一流。据记载：“容若数岁即善骑射，自在环卫，益便习，发无不中”（徐乾学《通议大夫一等侍卫进士纳兰君墓志铭》），而且成年后“上马驰猎，拓弓作霹雳声，无不中”（韩菼《通议大夫一等侍卫进士纳兰君神道碑铭》）。所以，文武双全的纳兰性德被授予一个武官的职位，在旁人眼里也是合情合理。第三，康熙皇帝将纳兰性德放置在自己身边，在外人看来，纳兰性德得以亲近天颜，是皇帝身边的近臣，升迁是早晚的事情。第四，三等侍卫的官阶是正五品（福格，1984：25），比状元、榜眼和探花所授予的翰林院职位高，俸禄也较为优厚（一甲三名一般直接授予翰林院编修，史官修撰是从六品、编修为正七品、检讨为从七品），这样的待遇在外人眼里就变成了皇帝对纳兰性德的特殊恩宠，是皇恩浩荡的表现，成功的堵住了悠悠众口，例如，张玉书就认为纳兰性德入选侍卫是因为“天子雅重君才，不欲烦以庶职，特擢宿卫给事禁中”（张玉书《进士纳兰君哀词》）；徐乾学也说“荐绅以不得上第入词馆为容若叹息。及被恩命，引而置之珥貂之行，而后知上之所以造就之者，别有在也”（徐乾学《通议大夫一等侍卫进士纳兰君墓志铭》）；张纯修也认为纳兰性德扈从皇帝左右，“复不少假之年，俾得殚其力以从事于儒生之所为”（张纯修《饮水诗词集》）；韩菼更说“中外咸谓君将不久于宿卫，行付以政事，以展其中之所欲施”（韩菼《通议大夫一等侍卫进士纳兰君神道碑铭》）。总之，康熙皇帝在纳兰性德职位任命问题上的抉择成功地让所有人都认为纳兰性德是被皇帝重用，是皇帝对他的另眼相待。

2. 三等侍卫之职

那么，闲置两年半以及授予三等侍卫之职对处于追求自我同一性的纳兰性德来说意味着什么呢？在参加殿试之前，纳兰性德没有任何靠自身实力取得的成就，和事业蒸蒸日上的纳兰明珠相比，青年时期的纳兰性德显得暗淡无光。而殿试后的搁置使纳兰性德对自己的境遇愤懑不公，又无处呻吟，内心备受煎熬。在康熙十五年（1676）十二月十二日的生日这天，孤独无助的纳兰性德写了一首词来抒发他虚度年华的痛苦：

瑞鹤仙·丙辰生日自寿

马齿加长矣。枉碌碌乾坤，问汝何事。浮名总如水。拚尊前杯酒，一生长醉。残阳影里，问归鸿、归来也未。且随缘、去住无心，冷眼华亭鹤唳。

无寐。宿酲犹在，小玉来言，日高花睡。明月阑干，曾说与，应须记。是蛾眉便自、供人嫉妒，风雨飘残花蕊。叹光阴、老我无能，长歌而已。

在这首词的上阕中，纳兰性德感叹年华已逝，浮名如水。他借酒消愁，安慰自己一切顺其自然、冷眼旁观功名与仕途。但纳兰性德真的不在意功名仕途吗？他人生的大好青春都在为了考取功名做准备，以实现“君用而行之”的理想，面对被搁置的事实，纳兰性德真的是顺其自然，冷眼旁观吗？实际上，这一切都是纳兰性德习得性无助后的一种心理防御机制而已，即反向形成机制，人的外表行为或情感表现与其内心的动机欲望完全相反，也就是一种酸葡萄心理。纳兰性德亦是如此，明明心里很在乎功名仕途，却说“且随缘、去住无心”。在其下阕中，纳兰性德借用“蛾眉供人嫉妒”的典故来外归因自己被搁置的事实，即遭小人妒才忌能。

在被授予三等侍卫之职时，纳兰性德的入仕之梦彻底破灭。首先，所用非志。纳兰性德从24岁担任三等侍卫起，直到28岁才疑似被授为二等侍卫，在31岁时才被升为一等侍卫，但在是年五月就因寒疾离世。可以看到，纳兰性德在人生大好的时光里，担任了七年的侍卫。而这与他最初入仕为官的理想是背离的。他的好友顾贞观对出任侍卫这件事这样评价："初及第，有从戎意，不得，又期入馆选，仍不得。天意难测，中颇怏怏。最后任侍卫，实非所愿。"其次，纳兰性德并不能够时常亲近天颜。根据相关研究记载，一等优秀侍卫中的满族成员可提升为乾清门侍卫，主要侍立于皇帝所在的殿外檐下。乾清门侍卫中的贵族子弟或俊才，才可再次提升为御前侍卫，侍立于皇帝身边（向斯，王霜，2001：1344）。也就是说，即使是一等侍卫，也要经过严格考核，才有可能成为康熙皇帝的御前侍卫。因此，三等侍卫的纳兰性德不太可能扈从皇帝左右。最后，在七年的侍卫生涯中，没有取得任何证明个人能力的成就。虽然《清史列传》第71卷中记载："（纳兰性德）尝奉使觇梭龙诸羌"。但据史学研究者（赵秀亭，冯统一，2000；高岸，1988）发现，在康熙二十一年（1682）八月，纳兰性德并不是此次行动的负责人，而是以随员、侍卫身份随行。此次勘察敌情的是副都统郎谈和公彭春，纳兰性德充当的仅是一个无名小卒，对此次任务的完成与否作用并不大。

当纳兰性德所梦想的事业和皇帝允许从事的事业之间存在不可调和的矛盾时，纳兰性德陷入了自我同一性混乱。尽管他拥有尊贵的身份，拥有一般人难以企及的名声和人气，是清代名副其实的第一才士（杨雨，2012：14 –20），但他所坚守的价值遭到了现实破坏。罗洛·梅（Rollo May）指出，某些价值观，如取得事业上的成功，坚持真理，或毕生爱一个人，对一些人可能无关紧要，但对另外一些人可能就意味着一切，是他活下去的理由和核心。如果他们所坚信的价值观受到破坏，他们就会觉得他们作为"自我的存在"也同样遭到了瓦解（罗洛·梅，2013：25）。因此，在康熙十八年（1679）左右给好友张纯修的书简中，纳兰性德这样写道："鄙性爱闲，近苦鹿鹿。东华软红尘，只应埋没慧男子锦心绣肠。仆本疏慵，那能堪此"（赵秀亭，冯统一，2011：392）。由于康熙皇帝的所用非志，纳兰性德内心失去了平等，觉得侍卫一职埋没了自己的"锦心绣肠"。

3. 爱妻离世

人类需要与他人建立关系以定位自我，尤其是亲密关系的建立（罗洛·梅，2013：14）。康熙十三年（1674），20 岁的纳兰性德迎娶了名门闺秀卢氏，建立了自己的家庭。目前关于卢氏的资料相对比较少，据《皇清纳腊室卢氏墓志铭》记载，卢氏是两广总督、兵部右侍郎、都察院右副都御史卢兴祖之女，18 岁时嫁与纳兰性德，不仅"生而婉娈，性本端庄，贞气天情，恭容礼典"（薛柏成，2005：179），而且在纳兰性德眼里，还是一位非常有才情的女子。纳兰性德曾多次将其妻卢氏比作历史上有学识的才女，例如，比作东晋的女诗人谢道韫，"林下荒苔道韫家"（纳兰性德《摊破浣溪沙》）；比作宋代女词人李清照，"被酒莫惊春睡重，赌书消得泼茶香"（纳兰性德《浣溪沙·谁念西风独自凉》）；或者比喻为"谢娘"，"谢娘别后谁能惜"（纳兰性德《采桑子·塞上咏雪花》）。卢氏是否真如纳兰性德赞美的那般有才学，研究不得而知，但研究可以确定的是，在纳兰性德眼里，其妻卢氏拥有谢道韫和李清照那般才情，是一位非常善解人意而情投意合的人生伴侣。

良好的亲密关系可以激发个体的创造力。纳兰性德在与卢氏相伴的三年中，完成了《通志堂经解》的编印，《通志堂经解》是一部阐释儒家经义的大型丛书，共有一千八百多卷，收录一百四十种儒家经解，规模宏大，内容丰富，它出版后，引起很多人的关注。乾隆皇帝曾经认为"是书荟萃诸家，典赡赅博，实足以表彰《六经》"（陶湘，2000：112），并且"命馆臣将版片之漫漶断阙者，补刊齐全，订正讹谬，以臻完善，嘉惠儒林”（陶湘，2000：112），足以见此书的重要性。除此之外，纳兰性德还出版了自己的词集《侧帽集》。由此可见，纳兰性德在步入婚姻阶段后是比较多产的，这些文学上的成就反映出纳兰性德的创造力。

但好景不长，康熙十六年（1677）五月，卢氏突然因难产而亡。这对于纳兰性德来说，无疑是人生中的重大创伤事件。一般来说，面对亲人或配偶突然离世的现实，由于个体没有心理预期，这种情感的突然断裂会使大多数个体通过多种方式掩饰起来，甚至会出现一系列的生理症状，如不易入睡、失眠多梦、食欲减退等（林崇德，2002：582）。纳兰性德在卢氏去世后，经常不能睡眠，独自一人坐在灯前，一坐就是一夜，如下面这首词：

点绛唇·对月

一种蛾眉，下弦不似初弦好。庾郎未老，何事伤心早？

素壁斜辉，竹影横窗扫。空房悄，乌啼欲晓，又下西楼了。

这种心绪不定、入眠困难、独坐灯前的事情，纳兰性德描写了很多，如“到更深、迷离醉影，残灯相伴”（纳兰性德《金缕曲·生怕芳尊满》）；“风也萧萧，雨也萧萧，瘦尽灯花又一宵”（纳兰性德《采桑子·谁翻乐府凄凉曲?》）；“无语问添衣，桐阴月已西”（纳兰性德《菩萨蛮·晶帘一片伤心白》）。甚至经常梦见妻子，如“梦来双倚，醒时独拥，窗外一眉新月”（纳兰性德《鹊桥仙·梦来双倚》）；“梦相伴绮窗吟和。薄嗔佯笑道，若不是恁凄凉，肯来么?”（纳兰性德《寻芳草·萧寺纪梦》）。研究发现，大约有一半以上的丧偶者在丧偶后的最初的一段时间里都会沉浸在对往事的美好回忆中（林崇德，200：582）。纳兰性德也是如此，他频繁地回忆过去和妻子的美好生活，“绣榻闲时，并吹红雨；雕阑曲处，同倚斜阳”（纳兰性德《沁园春·瞬息浮生》）；“忆生来、小胆怯空房”（纳兰性德《青衫湿·悼亡》）；“欲眠还展旧时书。鸳鸯小字，犹记手生疏”（纳兰性德《临江仙·点滴芭蕉心欲碎》）。另外，“每逢佳节倍思亲”，在七夕节，纳兰性德写道：“丁宁休曝旧罗衣，忆素手为余缝绽”（纳兰性德《鹊桥仙·七夕》）；在中秋节又写道：“花径里戏捉迷藏，曾惹下萧萧井梧叶。记否轻纨小扇，又几番凉热”（纳兰性德《琵琶仙·中秋》）；大年三十守岁的时候，纳兰性德依然回忆道：“记巡檐笑罢，共捻梅枝。还向烛花影里，催教看、燕蜡鸡丝”（纳兰性德《凤凰台上忆吹箫·守岁》）。

失去配偶后短暂的沉浸在对往事的追忆中是属于正常心理，一般来说，这种哀伤会随着时间的流逝而自我治愈。但当一个人多年沉浸在往事的回忆无法自拔时，他就会对现实缺乏关注和热情。卢氏的去世对纳兰性德来说，是一道无法跨越的悲痛。多年后，纳兰性德依旧频频触景伤怀，例如，在他偶尔在院子里捡到卢氏的饰品时，“拾得翠翘何恨不能言”（纳兰性德《虞美人·银床淅沥青梧老》）；看到秋归的孤雁时，“霜冷离鸿惊失伴，有人同病相怜”（纳兰性德《临江仙·孤雁》）。而且，纳兰性德在诗词中运用了大量的残缺意象，如“残月”“残红（或落花）”“残灯”“残阳”等（伍宝娟，2010）。经过不完全统计发现，“残月”出现了 29 次，“残灯（残烛）”出现了 50 多次，“残阳（夕阳、斜阳）”出现了 109 次，“日暮（薄暮、黄昏）”出现了 66 次。同时还有诸如“残梦”“残香”等意象，纳兰性德对这些残缺意象的大量应用反映出他对残缺世界和残缺美的体验和感悟，同时也可能是他对自己过往经历的一种描绘。

另外，纳兰性德诗词中的时间意象，基本都是指向过去和来生，如“当初”“去年”“当年”“从前”“旧时”“昨夜”“来生”“他生”等字眼（吕冰莹，2011）。频繁的提及来生，如“手写香台金字经，惟愿结来生”（纳兰性德《眼儿媚·中元夜有感》）；“唱罢秋坟愁未歇，春丛认取双栖蝶”（纳兰性德《蝶恋花·辛苦最怜天上月》）；“我自终宵成转侧，忍听湘弦重理？待结个、他生知己”（纳兰性德《金缕曲·亡妇忌日有感》）；“今生钿盒表予心，祝天上人间相见”（纳兰性德《鹊桥仙·七夕》）。纳兰性德不仅期望和妻子来生能相见，连对待朋友他也是希望来生还是知己，例如，他在给顾贞观的词中这样写道：“一日心期千劫在，后身缘、恐结他生里。然诺重，君须记”（纳兰性德《金缕曲·赠梁汾》）；“相思何益，待把来生祝取。慧业相同一处”（纳兰性德《大酺·赠梁汾》）。纳兰性德这种“结来生”的愿望，不管是对妻子还是对朋友，其背后心理动机可能都是因为内心愿望在现实中无法满足而寄托于来生的一种心理防御机制。现实中，纳兰性德“所欲试之才，百无一展；所欲建之业，百无一副；所欲遂之愿，百无一酬；所欲言之情，百无一吐”（顾贞观《祭文》），这样“失败”的人生定位使纳兰性德将来生看做一次重生，是从头开始的标识。

但是，回顾纳兰性德的人生追求和现实困境发现，纳兰性德将自己无限期地沉浸在丧妻之痛中的行为，也有可能是纳兰性德潜意识主动选择的结果。在强大的父亲的压力和确立自我的强烈动机驱使下，康熙皇帝的“所用非志”政治策略使纳兰性德入仕建立功业的政治理想破灭，这意味着他在心理上未能建立属于自己个人意义上的成就，追求超越父亲的愿望也未能得以实现，其结果就是，他未能构建一个独立的“自我”，未能完成自我同一性整合。而爱妻的突然离世就像压死骆驼的最后一根稻草，将处在迷茫和无助中的纳兰性德彻底推入自我同一性混乱的心理困境中。因此，“哀感顽艳”之词除了对妻子的缅怀，可能还有人生不得志和无法超越父亲后的苦闷和彷徨。

（三）自我放逐与否定

1. 自我放逐

纳兰性德将自己放逐在无尽的痛苦深渊里，沉浸其中，痛并快乐着。“不知何事萦怀抱，醒也无聊，醉也无聊”（纳兰性德《采桑子·谁翻乐府凄凉曲?》）。这种看似没有来由的人生空漠可能也是个体存在的生命意义和价值没有得到确立后的一种心境，而沉湎往事和自我放逐却使他感受到一种为悲剧和痛苦而存在的意义。

康熙二十一年（1682），纳兰性德在塞外写了一首质问人生该何去何从的词：

采桑子·塞上咏雪花

非关癖爱轻模样，冷处偏佳。别有根芽。不是人间富贵花。
谢娘别后谁能惜，飘泊天涯。寒月悲笳。万里西风瀚海沙。

这首词表面是在写雪花，实则以雪花自喻。林花榭（赵秀亭，冯统一，2011：2－23）在《读词小笺》中说：“纳兰容若咏雪花云：‘冷处偏佳。别有根芽。不是人间富贵花。’综其身世观之，自是自家写照。”写作这首词时，纳兰性德已经28岁，并且担任三等侍卫已有四年。他回顾自己的半生，觉得自己就像一片随风漂泊的雪花，虽出生高贵，衣食无忧，可是怀才不遇。或许纳兰性德也意识到康熙皇帝是因为忌惮父亲的缘故才不能重用自己，在诗词中，纳兰性德否认自己是人间富贵花，这意味着纳兰性德内心里对自己身份和地位的不认同。那么，“别有根芽，不是人间富贵花”，那他的“根芽”在何处呢?“谢娘别后谁能惜，飘泊天涯”。在诗词中，谢娘一般代指有才学的女子，同时也常代指所恋之人（赵秀亭，冯统一，2011：16－17）。此处，纳兰性德以“谢娘”代指妻子卢氏，他表达的意思是自从自己的妻子卢氏去世后，再无人能理解他的苦楚。他的心灵失去了可以停靠的港湾，谢娘别后他就像一片没有根芽的雪花，漂泊天涯，在世间无处可依。全词背后透出一种迷茫无助的情绪以及对自己何去何从的归属感的质疑。

纳兰性德自我放逐的另一个例子是他欲沉迷酒色，以此麻痹自己。纳兰性德听说江南有一才女叫沈宛，于是，在康熙二十三年（1684）九月二十七日给好友的信中写道：“弟比来从事鞍马间，益觉疲顿。发已种种，而执殳如昔。从前壮志，都已隳尽。昔人言：身后名不如生前一杯酒，此言大是。弟是以甚慕魏公子之饮醇酒，近妇人也……吾哥所识天海风涛之人，未审可以晤对否？弟胸中块磊，非酒可浇，庶几得慧心人以晤言消之而已。沦落之余，方欲葬身柔乡，不知得如鄙人之愿否耳?”。纳兰性德在这封信中向好友倾诉了他的现状以及他羡慕的生活，并询问好友，自己是否可以和沈宛见面。但见面的原因并不是因为他倾慕沈宛，而是因为“胸中块磊，非酒可浇，庶几得慧心人以晤言消之而已。”意思是说他心中郁结，“举杯消愁愁更愁”，所以，他将沈宛当做最后的“救命稻草”，希望沈宛能够像他的爱妻卢氏一样，是一位善解人意、知书达理的女子，能够成为他心灵栖息的港湾（杨雨，2012：231）。

但是，这种出于逃避现实，寻求替代性补偿目的的感情，注定解救不了纳兰性德的内心世界。康熙二十三年（1684）岁暮，纳兰性德纳沈宛为妾，兴奋之余纳兰性德填了一首词来表达自己准备不问功名、及时行乐、葬身柔乡的打算：

金缕曲·未得长无谓

未得长无谓，竟须将、银河亲挽，普天一洗。麟阁才教留粉本，大笑拂衣归矣。如斯者、古今能几？有限好春无限恨，没来由、短尽英雄气。暂觅个，柔乡避。

东君轻薄知何意。尽年年、愁红惨绿，添人憔悴。两鬓飘萧容易白，错把韶华虚费。便决计、疏狂休悔。但有玉人常照眼，向名花、美酒拚沉醉。天下事，公等在。

在纳兰性德真正纳沈宛为妾后，他发现自己并不能在沈宛这里得到和爱妻卢氏那样的爱情，现实并不像设想的那般美好，他依然痛苦忧郁。而沈宛也备受煎熬，她曾经写过一首关于她在成为纳兰性德妾室后的生活状态的词，叫《菩萨蛮·忆旧》：雁书蝶梦皆成杳。月户云窗人悄悄。记得画楼东，归骢系月中。醒来灯未灭，心事和谁说。只有旧罗裳，偷沾泪两行。沈宛通过词表达了自己独守空闺的心情，侧面反映出纳兰性德对待沈宛的态度：在未见沈宛之前，纳兰性德在心理上将沈宛视为爱妻卢氏的替代品，并将其定位为自己沉沦的温柔乡；见到后，纳兰性德发现其实自己内心的情结并不能在沈宛身上得到解决。加之沈宛是汉族歌女，在满汉民族关系复杂的社会背景下，身份地位悬殊的二人最后劳燕飞分。纳兰性德心存愧疚和抱歉，写道："而今才道当时错，心绪凄迷"（纳兰性德《采桑子·而今才道当时错》）。或许和沈宛的开始是个错误，或许自己的入仕之路是个错误。

2. 否定身份

除了沉浸往事、自我放逐外，纳兰性德在政治理想破灭后还走向了另一个极端，那就是否定自己的出身和地位，贬低追求功名的价值。为了解除生命早期就已认定的道路在遭遇残酷现实打压后内心深处的痛苦和压力，纳兰性德以一种类似酸葡萄的心理来进行自我安慰——并非自己怀才不遇，不追求建功立业，而是自己不屑于庙堂。在这种遭遇现实挫败后启动的维护自尊的自我防御机制下，纳兰性德一方面否定身份，称自己"不是人间富贵花"，另一方面将自己定位为"我是人间惆怅客，知君何事泪纵横。断肠声里忆平生"（纳兰性德《浣溪沙·残雪凝辉冷画屏》）。其中，"泪纵横"和"忆平生"固然有对妻子离世的遗恨和缅怀，但同时也包含着他对自己仕途无路、政治理想无法实现的怨愤和无助。只是这种愤恨忧郁的情感在妻子卢氏去世的催化下得到了发泄，而这种喷薄而出的抑郁和悲伤所蕴含的心理能量又激发和催生了纳兰性德对“哀感顽艳”诗词的创作，间接地使他在文学创作上得以和柳永、李煜等悲情词人相媲美，并赢得唯一可以和北宋词人相媲美的赞誉①，成就了“千古伤心词人”之名。

康熙二十三年（1684）十月的时候，他在给好友顾贞观的书信中这样写道：“使得为清时之贺监，放浪江湖；亦何必学汉时之东方，浮沉金马乎？……恒抱影于林泉，遂忘情于轩冕，是吾愿也”（纳兰性德《与顾梁汾书》）。纳兰性德面对人生的失意安慰自己：何必学东方朔那样苦等皇帝的重用，自己可以“恒抱影于林泉，遂忘情于轩冕”，像唐代的贺知章那样与山水相伴。纳兰性德正是通过启动心理防御机制，对导致痛苦的事情给予否定，并合理化——放浪江湖正是“我”所追寻的，“我”就喜欢放浪江湖而非入职官场，这种防御机制的启动一定程度上对纳兰性德内心的焦虑、无助、痛苦等消极情绪起到了缓解作用。

实际上，对隐士生活的追求和歌颂，是中国古代大多数文人在入仕无门或仕途不畅后采取的自我安慰方式。儒家倡导“学而优则仕”，中国历代文人基本都是通过“学成文武艺，货与帝王家”来追求自我的存在价值和生命的意义。即使追求隐士生活，大多数文人也依然是身在江湖，心系庙堂。诗词歌赋里常常体现的是怀才不遇的苦闷和无人倾听的孤独。其中，最显著的一个代表人物就是唐代诗人李白，李白一边吟诗说自己“天子呼来不上船，自称臣是酒中仙”“安能摧眉折腰事权贵，使我不得开心颜”，一边又表达着怀才不遇的苦闷（舒跃育，2017：57－73），甚至在晚年时，仍欲从军建功。清代赵翼在《瓯北诗话》说李白的“功名之念，至老不衰”，但终究壮志难酬，后来郁郁而终。

纳兰性德也是如此，在早期满怀壮志凌云之志，渴望像父亲一样入朝为官，然后建立属于自己的成就。但在康熙皇帝的政治打压策略里，纳兰性德的政治梦想被搁置在一旁。在妻子离世后，心理无法承受这一连串的打击，在一

① “我朝唯纳兰公子，深入北宋堂奥。”——王鹏运评纳兰性德之语（见况周颐，2009：180）

批汉族文人的影响下，他将自己包装成一个不屑于功名利禄和鄙视权贵之人，用构建的“采菊东篱下，悠然见南山”的隐士生活来安慰自己郁郁不得志的苦闷和彷徨。

3. 与汉族文人交好

在追求江湖文人生活的同时，纳兰性德与一批落魄江南文人交好。例如，徐乾学在《通议大夫一等侍卫进士纳兰君墓志铭》说：“君所交游，皆一时俊异，于世所称落落难合者。若无锡严绳孙、顾贞观、秦松龄、宜兴陈维崧、慈溪姜宸英尤所契厚”。韩菼也说纳兰性德“结分义，输情愫，率单寒、羁孤、侘傺、困郁守志不肯悦俗之士”（韩菼《通议大夫一等侍卫进士纳兰君神道碑铭》）。物以类聚，人以群分，出生乌衣门第的纳兰性德为何与江南落魄文人相见恨晚、惺惺相惜呢？

通过资料的梳理和分析，发现有四个因素是他们之间倾心相交的基础或条件。第一，这些文人经常聚集于纳兰明珠府，提供了他们之间接触的机会。正如前文所述，纳兰明珠比较喜欢资助寒士，经常帮助汉族落魄文人，将他们聚集于纳兰明珠府，一有机会还会推荐他们入仕，这使得纳兰性德经常有机会接触和了解这些文人。

第二，对父亲的认同和模仿使纳兰性德从情感、态度和行为三方面接近这批文人。另外，纳兰性德具有汉族文化的学习经历，从小广泛接触儒家文化，这使纳兰性德对汉族文化和文人有诸多了解。

第三，在人生理想方面有着相似的情感共振。这些落魄困顿和人生失意的汉族文人有一个共同特点，就是理想与现实之间存在着不可逾越的鸿沟。他们很有才学、有理想、有抱负、有个性，但不愿随波逐流，现实环境没有给他们一个实现人生抱负的途径，在想成为什么样的人和现实允许成为什么样的人之间存在着难易跨越的屏障。另外，清廷对他们的排斥和打压也让这群心怀家国天下，又有着传统文人孤傲清高气质的落魄江南文人徘徊在怀才不遇的苦闷边缘，活在哀叹自己的人生境遇和有才无处施展的压抑里。而这些情绪和境遇都引起了纳兰性德强烈的情感共振，他心怀致仕理想，却因为政治因素得不到施展，在理想自我和现实自我之间同样存在着不可跨越的鸿沟。纳兰性德从他们身上看到了自己的挣扎和困境，因此他对他们的同情也可能是他对自己的怜悯和同情。

第四，也是最重要的一点是，纳兰性德在这些汉族文人身上得到了某种心理的满足。实际上，在潜意识层面，纳兰性德并不是单纯地将其作为自己的人生知己，他们除了是纳兰性德的知心好友外，在心理意义上还扮演着纳兰性德父亲的角色。

将与纳兰性德交好的 14 位友人的相关资料进行整理，统计他们的年龄和结交时间后发现，在这 14 位朋友中，只有曹寅和张纯修是满族，其余都是汉族，且除了曹寅比纳兰性德小 3 岁外，其余都比纳兰性德年长。且这 14 位朋友的年龄比纳兰性德平均大 20. 21 岁，除了张纯修、曹寅和马云翎三位与纳兰性德年龄相接近外，其余 11 位的年龄比纳兰性德平均年长 24. 73 岁（详见附录三）。一般在同伴交往中的双方年龄是差不多的，即使会有忘年之交，但比自己年长许多的朋友的数量也不会占绝大多数。而纳兰性德与之交往的好友几乎都是比自己大 20 岁左右的男子，这就非常值得注意和分析。

如果联系到纳兰性德一直以来的心理诉求，那就不难理解纳兰性德的这种忘年交行为了。他一直想跟随父亲的脚步进入朝堂建立属于个人的功业，以实现构建自我和超越父亲的心理动机。但因父亲的强大和康熙帝的所用非志，使他在政治上想取得个人成就几乎不可能。换言之，在梦想破灭之前，纳兰性德没有获得心理意义上的任何成就，自我效能感水平非常低。但是，当他与这些汉族落魄文人交往的时候，情况不一样了。

这些文人穷困潦倒，人生不得志，而纳兰性德经常是慷慨解囊，主动帮助他们，例如，顾贞观就说“吾母太孺人之丧，三千里奔讣，而吾哥助之以麦舟”（顾贞观《祭文》）；翁叔元在京城十五年，也是因为得到纳兰性德的资助才得以重返故乡扫墓，和妻子团聚（翁叔元《哀词》）；徐乾学也说“坎坷失职之士走京师，生馆死葬，于赀财无所计惜。”姜宸英在《祭文》说“旋复合并，于午、未间。我蹶而穷，百忧萃止。是时归兄，馆我萧寺。”（姜宸英《祭文》），正如张任政在《纳兰性德年谱·自序》中所说，“（纳兰性德）又凡士之走京师，侘傺而失路者，比亲访慰藉；及邀寓其家，每不忍辞去，间有经时之别，书札、诗、词之寄甚频。”这种帮助江南失意文人的能力感给了纳兰性德一种力量和自信。他将自己与纳兰明珠过于悬殊的父子关系在这批比他年长20多岁的汉族文人身上得到了重新洗牌：他的“父亲们”需要他，那将不再是父亲高高在上，权力滔天，可以呼风唤雨，而儿子只能在父亲的影子下活得没有一点自我的父子关系。这其中一个典型例子就是不遗余力地帮助顾贞观救出他的至交好友吴兆骞。

吴兆骞是顺治十四年（1657）的举人，但因当年十一月的南闱科场案，顺治皇帝在第二年四月亲自主持了复试，在此次复试中，吴兆骞因为“武士林立，持刀挟两旁”而“战栗未能终卷，遭除名，责四十板，家产籍没，并父母兄弟妻子流徙宁古塔”（程舒伟，赵文铎，2012：120）。宁古塔位于今天的黑龙江省牡丹江市地区，在清朝时期，属于边远苦寒之地，条件艰苦，气候恶劣。吴兆骞被流放至宁古塔后，他的好友顾贞观就一直想救他脱离苦海，使其有生之年得以重返故乡。但在满汉民族矛盾十分复杂的社会背景下，一介布衣的顾贞观想要凭借一己之力救出吴兆骞，简直是难于登天。然而，当顾贞观结识纳兰性德后，事情出现了转机。

纳兰性德在救出吴兆骞之前并不认识他，只因顾贞观的求助而一口应允。对于纳兰性德来说，救吴兆骞这件事十分棘手，有可能会牵连家族，使其陷入危机（杨雨，2012：213－215）。而且，当时的纳兰性德仅仅是一个三等侍卫，权力非常有限。但纳兰性德在给顾贞观表决心的词中写道：“绝塞生还吴季子，算眼前、此外皆闲事。①”意思是让吴兆骞从边塞苦寒之地活着回来是眼前最重要的事情和唯一的奋斗目标（杨雨，2012：215）。他甚至发誓说：“此事三千六百日中，我当以身任之”（清·袁枚《随园诗话》）。在随后的五年中，纳兰性德不计代价地上下奔走，动用各方关系，终于在康熙二十年（1681），“以认修内务府工程名义赎罪放还。七月底，还乡诏下，十一月中抵京师”（程舒伟，赵文铎，2012：121）。在边塞23年后，吴兆骞终于在有生之年得以重返故里。

在一定程度上，救出吴兆骞这件事缓解了纳兰性德渴求赶超父亲的心理，补偿了他未能在纳兰明珠那里实现自我能力认定的心理缺憾。早年的纳兰性德和父亲纳兰明珠相比，他没有一件属于个人意义上的成就，但在替代性“父亲”顾贞观这里，他体验到了价值和存在感，因为他完成了一件“父亲”无能为力而自己通过努力却做到了的事情。

四、结论

纳兰性德在生命早期，为了摆脱父亲赫赫政绩对自己的遮蔽，急于建立基于个人努力意义上的成就。但他努力考取功名后却因为康熙皇帝的打压而与梦想背道而驰，此时，发妻卢氏的去世也给他造成巨大创伤。这些事件间接激发了纳兰性德对“哀感顽艳”之词的创作。为了缓解内心压力，纳兰性德向内否定身份，向外积极帮助汉族落魄文人，但这些行为并没有根本上缓解他的痛苦，悲郁仍旧是他生命后期的底色。因此，纳兰性德不断地用诗词表达内心的惆怅的根本原因在于自我价值和存在意义的缺失。

---

① 《金缕曲·简梁汾，时方为吴汉槎作归计》：洒尽无端泪，莫因他、琼楼寂寞，误来人世。信道痴儿多厚福，谁遣偏生明慧。莫更著、浮名相累。仕宦何妨如断梗，只那将、声影供群吠。天欲问，且休矣。情深我自判憔悴。转丁宁、香怜易爇，玉怜轻碎。羡杀软红尘里客，一味醉生梦死。歌与哭、任猜何意。绝塞生还吴季子，算眼前、此外皆闲事。知我者，梁汾耳。

参考文献

陈少华（2005）. 阉割、篡弑与理想化：论中国现代文学中的父子关系. 广州：广东人民出版社.

程舒伟，赵文铎（2012）. 吉林省历史文化名人. 吉林：吉林人民出版社.

程伟（2015）. 清代八旗进士考论. 福建师范大学学报（哲学社会科学版），（5），157－167.

邓伟，项小玲（2006）.《渌水亭杂识》管窥. 河北民族师范学院学报，26（4），4－5.

福格（1984）. 听雨丛谈. 北京：中华书局.

高岸（1988）. 纳兰成德西域之行初探. 河北民族师范学院学报，（4），51－57.

关纪新（2006）. 马迹蛛丝辨纳兰——成容若民族文化心态管窥. 河北民族师范学院学报，26（4），6－9.

郭本禹（2009）. 潜意识的意义. 济南：山东教育出版社.

况周颐（清）（2009）. 蕙风词话. 上海：上海古籍出版社.

李苗（2016）. "我是人间惆怅客"——纳兰性德的"惆怅". 濮阳职业技术学院学报，29（1），109－111.

李欣欣，蔡平（2013）. 家家争唱饮水词，纳兰心事几曾知——以心理学人格结构理论分析纳兰性德痛苦的心路历程. 河北民族师范学院学报，33（4），8－12.

林崇德（2002）. 发展心理学. 杭州：浙江教育出版社.

鲁尼恩，W. M.（2011）. 如何对生命事件的不同解释进行批判性评价：以梵·高割耳为例. 见郑剑虹，谷传华，丁兴祥等（译），心理传记学手册. 广州：暨南大学出版社.

罗洛·梅（2013）. 人的自我寻求（郭本禹，方红译）. 北京：中国人民大学出版社.

吕冰莹（2011）. 纳兰性德词中的时间意象. 河北民族师范学院学报，31（4），36－41.

伦肖恩，S. A.（2011）. 在父亲的影子里：小布什和他个人转变的政治. 见郑剑虹，谷传华，丁兴祥等（译），心理传记学手册. 广州：暨南大学出版社.

舒尔茨，W. T.（2011）. 心理传记学导言. 见郑剑虹，谷传华，丁兴祥等（译），心理传记学手册. 广州：暨南大学出版社.

舒跃育（2018）. 天命可违：诸葛亮行为决策的心理传记学分析. 北京：清华大学出版社.

陶湘（2000）. 书目丛刊（一）. 沈阳：辽宁教育出版社.

王国维（1998）. 人间词话（卷上）. 见 黄霖（编），上海：上海古籍出版社.

王炜（编校）（2009）.《清实录》科举史料汇编. 武汉：武汉大学出版社.

王小恒（2011）. 从纳兰性德的事功和创作看其词风成因. 甘肃联合大学学报（社会科学版），27（5），30－31.

文学常识编委会（2012）. 你必须知道的2500个文学常识. 重庆：重庆大学出版社.

伍宝娟（2010）. 试析纳兰词中的残缺意象. 河北民族师范学院学报，30（4），5－8.

向斯，王霜（2001）. 中国历朝皇宫禁卫实录. 北京：群众出版社.

薛柏成（2005）. 叶赫那拉氏家族史研究. 长春：吉林文史出版社.

薛梅（2007）. 灵魂与灵魂密语的繁富人生——从纳兰性德诗《西苑杂咏和荪友韵》看其人格理想. 满族研究，27（3），108－113.

杨雨（2012）. 我是人间惆怅客：听杨雨讲纳兰. 北京：中华书局.

张德锤（2006）. 纳兰研究中的倾向性问题. 承德民族师专学报，（4），21－24.

赵秀亭，冯统一（2000）. 纳兰性德行年录. 承德民族师专学报，（4），53－62.

赵秀亭（1986）. 论《渌水亭杂识》和纳兰容若. 社会科学辑刊，（1），91－94.

赵秀亭（2008）. 纳兰成德康熙十七年始任侍卫考. 河北民族师范学院学报，28（4），1－4.

周舒浩（2010）. 纳兰性德研究综述. 东亚文学与文化研究，224－239.

附录

附录一：

表 1　纳兰明珠（1635—1708）大事年表（薛柏成，2005：127 – 128）

年代	纳兰明珠生平大事	纳兰性德年龄
天聪九年（1635）	纳兰明珠出生，聪慧过人，善解人意。	
约顺治七年（1650）	任云麾使，始行走宫中，办事得力。	
顺治十一年（1655）	銮仪卫云麾使	1 岁
顺治十八年（1661）	康熙帝继位，命明珠为内务府郎中，重建内务府，初见成效。	7 岁
康熙三年（1664）	由于承办宫中事物卓有成效，升为内务府总管。	10 岁
康熙五年（1666）四月	游离于派系斗争之外，由内务府总管调任和侍读学士升内弘文院学士，进入朝政中枢机构。	12 岁
康熙七年（1668）九月	升任刑部尚书，参与会勘河务、刑事事物及测验历法等活动。	14 岁
康熙八年（1669）九月	受康熙帝命入闽，主持与郑经的和议，为郑氏后来的降附打下坚实基础升任都察院左都御史。	15 岁
康熙十年（1671）二月 康熙十年（1671）十一月	升任经筵讲官，帮助康熙帝学习儒家经典与传统文化。 升任兵部尚书。	17 岁
康熙十一年（1671）八月	解决南怀仁和杨爆南新旧历法之争，深得帝意。	18 岁

（续表）

年代	生平大事	纳兰性德年龄
康熙十二年（1673）—康熙十五年（1676）	协助康熙皇帝平叛三藩，所提建议多被采纳。	19岁（因寒疾未与廷试）
康熙十三年（1674）		20岁（与卢氏成婚）
康熙十四年（1675）十月	转任礼部尚书，奖忠抚叛，参与议事，整饬纪律，功绩累著。	21岁
康熙十五年（1676）三月		22岁（二甲第七名进士）
康熙十六年（1677）六月 康熙十六年（1677）七月	主持乡试，缓和了满汉矛盾。 由于在平息“三藩之乱”中有建树，升任武英殿大学士。康熙帝赠之《文献通考》，以为鼓励。	23岁（五月卢氏去世）
康熙十七年（1678）		24岁（出任三等侍卫）
康熙二十年（1681）正月	向康熙帝建议用原郑成功部将，施琅为福建水师提督，去福建，筹划收复台湾。	27岁
康熙二十一年（1682）二月 康熙二十一年（1682）十一月	纳兰明珠和纳兰性德父子等扈从康熙帝视察东北地区。 升任太子太傅，太子太师。	28岁（二等侍卫）
康熙二十二年（1683）闰六月	建议康熙帝准予台湾郑氏军将投诚，从而推动了台湾问题的顺利解决。并力排众议，力促康熙帝在台湾设置地方政权机构。	29岁
康熙二十三年（1684）九月—十一月	扈从康熙帝南巡，旨在改善满汉关系。	30岁
康熙二十四年（1685）三月		31岁（一等侍卫）

（续表）

年代	生平大事	纳兰性德年龄
康熙二十五年（1686）四月 康熙二十五年（1686）九月	明珠等议定皇太子出阁读书典礼。 明珠奉命与俄使文纽科夫等谈判，据理力争，为日后《尼布楚条约》的签订创造了必要条件。	
康熙二十七年（1688）二月 康熙二十七年（1688）八月	康熙帝利用江南道御史郭琇上疏弹劾纳兰明珠，后明珠被革除大学士职务。 明珠又被授予内大臣之职。	
康熙二十九年（1689）六月	准噶尔部噶尔丹叛乱，明珠在裕亲王福全军中参赞。	
康熙三十年（1690）	复授保和殿大学士。	
康熙三十五年（1695）春—三十六（1696）年	三次随康熙帝亲征噶尔丹，大获全胜，因有功，官复原职。	
康熙四十三年（1704）三月	与内大臣阿米达等一起参与赈济山东、直隶、河间流入京师的饥民。	
康熙四十七年（1708）四月十五日	病逝于北京，终年 74 岁。	

附录二：

表 2　康熙十五年（1676 年）丙辰科二甲前 15 名进士的职位任命和职业发展

进士	名次	职位任命和职业发展
魏希征	二甲一名	传胪，选庶吉士，散馆授编修。升翰林院侍讲，为东宫日讲官。
沈三曾	二甲二名	传胪，选庶吉士，散馆授翰林院编修。
沈 涵	二甲三名	传胪，选庶吉士，曾任东宫讲官、右庶子等职。后历官少詹事，升任内阁学士，兼礼部侍郎、会试副总裁。

（续表）

进士	名次	职位任命和职业发展
顾　藻	二甲四名	传胪，选庶吉士，翰林院编修，工部左侍郎。
彭会淇	二甲五名	传胪，选庶吉士，工部右侍郎。
熊赐瓒	二甲六名	传胪，选庶吉士，官至编修。
纳兰性德	二甲七名	闲置两年半后授予三等侍卫，31 岁时升任一等侍卫。
王顼龄	二甲八名	官太常寺博士；后举博学鸿儒，授编修，官至武英殿大学士。
沈旭初	二甲九名	传胪，选庶吉士，仕至翰林院编修。
王吉武	二甲十名	传胪，授中书舍人，仕至绍兴府知府。
李应荐	二甲十一名	传胪，选庶吉士，散馆授编修。侍讲，侍读；历任太常寺少卿，内阁学士，礼部侍郎。
杨　瑄	二甲十二名	传胪，选庶吉士，散馆授编修；累官至内阁学士兼礼部侍郎。
汪　霦	二甲十三名	传胪，选庶吉士，散馆授编修，官至户部侍郎。
高　联	二甲十四名	传胪，选庶吉士，散馆授编修。
李辅世	二甲十五名	陕西雩县知县。

附录三：

表 3　纳兰性德结交之友简介

序号	所结交之友	民族	结交时间	是年纳兰性德年龄	比纳兰性德年长岁数
1	顾贞观（1637—1714）	汉族	康熙十五年（1676）春夏与其结识。	22 岁	18 岁
2	姜宸英（1623—1702）	汉族	康熙十二年 1673 夏与其结识。	19 岁	32 岁

（续表）

序号	所结交之友	民族	结交时间	是年纳兰性德年龄	比纳兰性德年长岁数
3	严绳孙（1623—1702）	汉族	康熙十二年（1673）春与其结识。	19 岁	32 岁
4	朱彝尊（1629—1709）	汉族	康熙十二年（1673）投书与其结识。	19 岁	26 岁
5	韩　菼（1637—1704）	汉族	康熙十一年（1672）因同榜举人与其结识。	18 岁	18 岁
6	翁叔元（1633—1701）	汉族	康熙十一年（1672）因同榜举人与其结识。	18 岁	22 岁
7	秦松龄（1637—1714）	汉族	康熙十四年（1675）经严绳孙介绍与其结识。	21 岁	18 岁
8	叶方蔼（1629—1682）	汉族	结识时间未知。	未知	26 岁
9	陈维崧（1625—1682）	汉族	结识时间未知。	未知	30 岁
10	吴兆骞（1631—1684）	汉族	康熙十五年（1676）知其人，康熙二十年（1681）与其结识。	27 岁	24 岁
11	梁佩兰（1629—1705）	汉族	结识时间未知。	未知	26 岁
12	曹　寅（1658—1712）	满族	康熙十一年（1672）或与其同榜举人而结识。	18 岁	3 岁
13	马云翎（1649—1678）	汉族	康熙十二年（1673）与其结识。	19 岁	6 岁
14	张纯修（1647—1706）	满族	康熙十年（1671）与其结识。	17 岁	8 岁

Living in His Father's Shadow: Nalanxingde and His Path to Self-exile

Wang Liling[1,2] Shu Yueyu[2]

([1]School of Education, Soochow University, Suzhou, 215123)

([2]School of Psychology, Northwest Normal University, Lanzhou, 730070)

/ Abstract /

This study adoptes the methos of psychobiography to explore the contradictory life history of Nalanxingde, a poet in the early Qing Dynasty, through his poems, songs, and letters. According to the investigation of epitaphs and other materials, Nalanxingde imitated his father to get his father's approval in his early life and obtain a reputation in the examination so that he could be an official and establish a meritorious service in the sense of personal effort. However, Emperor Kangxi did not give Nalanxingde the position he wanted because of fear of his father too much power after the imperial examination. Nalanxingde was finally forced into the position of guards, and the idea of a successful life was shattered. The death of his beloved wife was a devastating blow to him, which also gave him a reason and outlet for his grief and anger. Therefore, sorrow and melancholy in his poems are to mourn the memory of his wife and his unrecognized talents. In order to relieve his inner anxiety, Nalanxingde denied his identity and disdained officialdom, and actively helped the impoverished literati of Han nationality to cover up his disappointment, but this did not fundamentally alleviate his pain, and melancholy was still the underpainting of his later life.

/ Keywords /

Nalanxingde, psychobiography, meaning of life, self-worth

“扼住命运的咽喉”之贝多芬心理传记学浅析*

王晓欣　李　智**　杨舒其

（山东师范大学心理学院，济南，250358）

／摘　要／

贝多芬是一位享誉世界的伟大音乐家，他把古典主义音乐发展至顶峰，被人们尊称为“乐圣”。然而，这样一位音乐大师，却在人生最美好的时刻，罹患慢性耳疾，最终恶化失聪，而支持贝多芬战胜失聪并成为伟大作曲家的原因，是一个值得探讨的悬念性问题。本文从心理传记学的角度出发，以贝多芬创作的音乐作品、自述、书信、朋友的回忆录和评价等资料作为研究材料，运用心理防御机制、阿德勒的自卑理论、心理弹性、意义疗法等理论，从心理学的视角，探究贝多芬战胜失聪背后的精神力量和心理动力。

* 山东省2020年本科教学改革研究项目：面向一流本科专业“双万计划”建设点的“混合式对分课堂”教学方法改革（项目编号：M2020210）；王鹏为本文的指导老师，丁雪、张婧秋等参与了论文的修改工作。

** 通讯作者：李智，lizhi1586177907@foxmail. com。

/ 关键词 /
贝多芬，心理传记学，古典音乐，意义疗法

一、引言

18 世纪的欧洲，再次爆发了一场异常激烈的反对封建主义的思想解放运动——启蒙运动。贝多芬恰好生于这个特殊的时代，因此，我们能在他的音乐中感受到自由、平等、博爱等启蒙运动思想。贝多芬的音乐，不仅体现了他自身的生命精神，也反映了18 世纪欧洲的启蒙精神，反映了当时的人民对社会中黑暗、丑恶、愚昧行为的不满与抗击。

贝多芬之所以享誉世界，不仅是因为他在音乐领域的伟大建树，更是因为他遭遇失聪却同命运抗击的斗争精神，“扼住命运的咽喉”这一声怒吼，已然成为我们心中的力量源泉。中国大众广泛了解贝多芬，则是在 1931 年傅雷翻译的《贝多芬传》中。水深火热的抗战时代，民众比任何时候都急需精神力量的支持，《贝多芬传》正是那个时期的精神食粮，贝多芬精神就像是漫漫黑夜中的一道曙光，为当时的中国青年知识分子带来激励和鼓舞。对一个普通人来说，失聪代表着一部分世界的覆灭，但对一个音乐家来说，失聪就是整个世界的覆灭。自贝多芬离世后，人们对其失聪原因一直很好奇，有诸多研究者对贝多芬的失聪原因进行探索讨论，但却忽视了贝多芬战胜失聪创伤的心理力量。鉴于此，本文从心理学的视角探寻贝多芬背后的精神力量和心理动力，是哪些原因支撑并促使着失聪的他成为一名伟大的作曲家。

二、文献综述

(一) 关于贝多芬

1. 贝多芬生平简介

路德维希·凡·贝多芬（Ludwig van Beethoven）于1770年诞生在德国波恩，生于音乐世家，他4岁开始接受父亲极为严苛的音乐教学，8岁登台演出，整个童年都是在无休止的练习和父亲的严厉训斥中度过。父亲残忍粗暴的教学方式使贝多芬掌握了十分娴熟的演奏技巧，因此，贝多芬13岁成为羽管键琴师，14岁成为第二宫廷管风琴师，15岁在贵族布鲁宁家中担任孩子们的音乐家庭教师，17岁奔赴维也纳向莫扎特、海顿等赫赫有名的音乐大师求学。拥有超高音乐才能的贝多芬很快就在维也纳站稳了脚跟，22岁的他在维也纳取得了一定的地位，同时担任作曲家、指挥家、钢琴演奏家以及音乐家庭教师等诸多职位。

26岁时，贝多芬感染了耳咽管炎，这一场病过后，他的听力开始逐渐恶化，而此时正值贝多芬音乐事业起步的关键时期。耳疾这一重击，使贝多芬逐渐陷入抑郁状态，甚至产生自杀的念头。45岁时，贝多芬的听力完全丧失。而贝多芬最具代表性的作品，大部分是在罹患耳疾的这段时期内创作的，如《第三英雄交响曲》等著名作品。完全失聪后的贝多芬开始尝试进行大型作品的创作，较为著名的作品有《降B大调钢琴奏鸣曲》。晚期是贝多芬创作质量最高的时期，人们一致认为，贝多芬在这一时期产出的作品，无论是思想性还是艺术性，都比从前的作品更有高度。1827年，在遭受了肺炎、黄热病、结膜炎和肝硬化等多种疾病的折磨后，享年57岁的贝多芬与世长辞，结束了传奇的一生。

2. 贝多芬研究现状

国内外对贝多芬的研究主要以其作品为焦点，一方面是对其作品的演奏技巧、结构设计及特色进行分析，其中包括交响乐、钢琴奏鸣曲、声乐、重奏类等不同类型的作品，如阿·鲍·戈登威捷尔（2000）对贝多芬32首钢琴奏鸣曲的技巧层面的分析。另一方面是对于贝多芬的思想对其音乐创作的影响的研究，如丹尼尔（2009）认为贝多芬的作品中体现最为明显的是英雄主义思想，并认为这已经成为其音乐创作的标志之一。

罗曼·罗兰的《贝多芬传》是第一本以贝多芬为传主的传记著作。自此之后，越来越多关于贝多芬的传记著作涌现出来，如国内杨晦（1927）翻译的《悲多汶传》。20世纪以前，探讨最多的还是贝多芬的作品、创作历程、风格技法的演变和音乐史上的地位。20世纪以后，开始不断有其他领域、其他学科融入进来，例如心理学、社会学和符号论等。但截至目前为止，心理学领域对贝多芬的传记研究依然较少，梅纳德·所罗门的《贝多芬传》是仅有的运用心理学方法来解读贝多芬的权威性著作。迄今尚未发现从心理动力学和心理传记学的角度分析其战胜失聪创伤投身音乐创作的动机研究，鉴于此，本研究将从心理传记学的角度出发，揭示贝多芬战胜失聪并继续投身音乐创作的心理动力。

（二）研究方法：心理传记学

1. 心理传记学的概念

心理传记学既是一种进行心理学研究的重要方式，也是一种了解个体生命发展历程的重要方法，但对于心理传记学的定义，一直以来，不同的学者有着不同的观点。鲁尼恩（Runyan，2003）认为心理传记学的界定不仅包括把人格理论应用到传记中，也包括把心理学理论的任何分支概念、相关资料及方法应用到传记中。麦克亚当斯和奥克伯格（McAdams & Ochberg，1999）则认为心理传记学是系统地运用心理学理论和人格理论将个体生命转换成连贯的启发性故事。而在舒尔茨和劳伦（Schultz & Lawrence，2017）看来，心理传记学不是去发现适用于广大群体的普遍性规律，而是针对单独个体的生命历程中的细节去寻求个体差异性和独特之处，以此来探究每个人是如何与众不同的，这种研究方法可以解释传主悬疑性问题的心理学诠释。我国研究者郑剑虹（2014）则认为心理传记学是运用心理学理论、心理学方法对单个人物的生活史和人格进行心理学解释的方法。周宁等人（2008）认为心理传记学是将系统的心理学概念、原理或理论应用于传记中的研究，并把个体的生命发展历程转换成一个连贯的启发性故事。

综上所述，我们可以从众多定义中挖掘出四个要点：（1）心理传记学选择的传主基本都是非凡人物；（2）心理传记学将单独的个体作为研究对象，追求个体差异性，而非普适性的心理规律；（3）心理传记学以系统的心理学概念、理论、研究成果分析为主；（4）心理传记学的研究目的为探究传主悬疑性问题的背后动机，揭示传主行为模式的内在因果联系，从而对传主的生命历程展开分析。

2. 心理传记学的研究取向

（1）质化取向

心理传记法作为一种研究方法，经历了由纯质性研究到质量结合的一个变化。心理传记法成立初期，采用的是以弗洛伊德的精神分析理论为基础的纯质性研究，其研究过程分为以下几个阶段：第一，选择传主，选择标准可以依据研究兴趣和可能获得资料的丰富度这两方面；第二，收集资料，要尽最大程度地收集一切和传主相关的资料；第三，在对全部资料反复梳理的基础上，提出一个值得探究的悬疑性问题，并选择相应合适的心理学理论来解释这个问题；第四，将解答悬疑性问题的过程融入到传主的生命事件中，并构成一个连贯的人生故事，从而达到对传主生命的深层理解。

（2）质量结合取向

人的心理现象是一个内容丰富的复杂结构，既有可量化的客观部分，又有不可量化的主观部分，因此质量结合的研究逐渐成为心理学发展的一个趋势，在这种趋势下，量化研究也被引入到了心理传记研究中。1997 年郑剑虹首次将质量相结合的心理传记法应用到对梁漱溟人格的研究中，其基本过程包括以下四步：第一，选择传主；第二，根据可靠史料编写传记，让多名“被试”阅读相关传记，再通过人格形容词量表对传主进行人格评定；第三，对结果进行探索性因素分析，分析传主的人格组成成分；第四，在结合心理学知识和传主相关资料的基础上，解释传主人格的形成原因及各种行为表现，并验证与之相对应的心理学理论，或者对不能解释的问题提出自己的假设。目前，大陆通常采用“质量结合”的研究范式来进行心理传记学的研究。

本文采用质性研究，从舒尔茨等研究者（Schultz & Lawrence，2017）主张的生命特殊性入手，以探究贝多芬战胜失聪背后的精神力量和心理动力的核心悬念问题为基础来展开研究。核心悬念是指传主生命历程中一个独特并吸引人的问题，整个研究是围绕着悬念问题的提出、分析和解释而逐步展开，从而达到对具体生命真实而生动的认识。

三、贝多芬战胜失聪的心理动力源分析

贝多芬失聪并不是一场突然的事故，而是一个由慢性耳疾逐渐演化至失聪的漫长过程。1796 年夏天，贝多芬患上了耳咽管炎。1797 年，耳鸣的情况更

加严重。1798 年，出现听力丧失的预兆。失聪事件的高潮发生在 1802 年 10 月，耳疾的进一步恶化让他产生了想要自杀的念头，但最终，强大的心理弹性和音乐拯救了他。自杀危机过后，贝多芬开始正视耳疾，采取多种方法积极治疗，然而情况却并没有多大改善。

1815 年，贝多芬的耳朵才发展成全聋的状态，助听器已经不起作用了。为了在作曲时能听到声音，贝多芬把木杆的一端插在要使用的钢琴箱内，另一端用牙齿紧紧咬住，这样就可以依靠骨传音来听到音乐。1820 年，约翰·罗素曾看到过贝多芬在琴键边与自己交流的画面：他弹钢琴的时候，通常一个音符也没弹出来。他自己在“思想的耳朵”里听到了它，而他的眼睛和几乎察觉不到的手指动作，表明他是在跟随着灵魂里的旋律，借助的是它即将消亡的音调变化，这件乐器其实已经是哑巴，就跟音乐家是聋子一样（Morris，2014）。

这件事情对贝多芬产生了消极和积极两方面的影响。消极影响是贝多芬很难接受这一现实，他极力隐瞒自己罹患耳疾这件事，除了为他诊治的医生以外，他没将这个噩耗告诉任何人。1802 年春天，贝多芬感觉到身体每况愈下，耳朵重听的情况也日益加剧，于是去到幽静的村子海利根施塔特，进行了长达半年的休假。身体和耳疾的恶化进一步加剧了贝多芬的绝望和无助，于是逐渐产生了自杀的念头。贝多芬的自杀念头是在他去世以后，人们整理文稿时发现的，今日作为《海利根施塔特遗嘱》① 为人所知。“差一点儿，我就亲手结束了我的生命——只有她——艺术，她阻止了我，唉，我似乎不可能更早离开这个世界，在我把这一切创作出来之前，对此我感到有任在身……同时我在此宣布，你们俩人是我的这笔小小财产（如果可以这么说的话）的继承人，要诚信分配，好好相处并且互相帮助……我多高兴，要是我在坟墓下边还能对你们有点用处——但愿如此——高高兴兴、急匆匆地面对死亡——它来得早了，我

① 《海利根施塔特遗嘱》，是研究贝多芬的重要一手材料，它不仅反映了贝多芬的生活和性格，同时也是对他耳聋恶化情况以及产生的影响的一份真实记录。

还没机会发挥我的艺术才华……别了，切勿把我在死亡中完全忘掉，我是值得你们思念的，因为我在世时常常思念你们”（Morris，2014）。

积极影响是耳疾并没有削弱他的创作力，逃避社交反而使他更加专心地进行音乐创作。从 1798 年至 1802 年间，贝多芬的产出十分丰盛。贝多芬对个人创作工作的全心投入显示出他希望自己能够振作起来的愿望。经历过自杀危机后，贝多芬的创作风格也有了明显改变。1815 年，贝多芬已经成为一个完全的聋子，但他自此以后的创作却达到了巅峰状态，耳聋并没有成为他音乐道路上的障碍，他的作品被人们认为超越了从前的所有音乐，向着人类想象力的最高层次跃进，其思想性和艺术性都卓越非凡。

（一）早期贝多芬的生命目标：优秀音乐家

阿德勒（2007）认为，人性的本质与心理生命是相互关联的，它支配着人的行动朝着某一目标前进。因此人类灵魂并不是一个静止的系统，而是一个由多种活动力量合成的动态过程，这些力量汇聚的结果指向个体的心理生命目标。也就是说，我们每个人的心理生命中都有一个目标，并且心理生命中的所有行动都一一指向它，而不同的心理生命目标导致的行为是不同的。贝多芬的心理生命目标是成为一名音乐家，这一目标或许自他出生起就已悄然注定。

贝多芬自小就格外擅长音乐，4 岁弹奏羽管键琴，8 岁首次登台演出，并凭借非凡的才能收获音乐神童的称号，这非同一般的音乐天赋，无法摆脱遗传的可能性。贝多芬的祖父——路德维希・凡・贝多芬是一位优秀的宫廷乐长。性情温和的祖父很疼爱贝多芬，带他去弹奏古钢琴，给他演奏欢快的儿童歌曲，小贝多芬常常听了两三遍之后就能记住曲调，可以说贝多芬的音乐天赋是祖父给发掘的。但祖父的陪伴非常短暂，他在贝多芬三岁时就过世了，对于贝多芬日后的目标追求起到筑牢作用的影响则来自于母亲玛利亚・玛格达莱娜。

玛利亚常常向贝多芬夸奖他祖父的长处和成绩，也常常表露出对贝多芬的期望，即成为像他祖父一样优秀的音乐家。这样日复一日的复述和强化，使得祖父在贝多芬心中的形象一直都是高大伟岸的，也更加坚定了贝多芬对优秀音乐家这一心理生命目标的追求。他很喜欢同儿时的朋友一起谈论自己的祖父，他总是兴致勃勃地提到祖父是一个怎样的正直之人，他非常认同自己的祖父，也认为自己和祖父有很多相似之处。虽然贝多芬未来的成就要远超于祖父，但正是祖父对他的深远影响，才使得贝多芬将优秀音乐家作为自己毕生追求的心理生命目标。目标的确定只是一个初步探索，阿德勒指的心理生命目标是指个体一生中所有的行动都指向这个目标的达成，因此我们还需要将探索的目光延伸至贝多芬的一生。

前文中我们曾提到过，贝多芬出生在一个音乐世家，从小就有优于常人的音乐天赋，幼时一直跟随父亲约翰学习音乐知识，随后，约翰又为他请过许多老师。父亲约翰的教养目标始终放在把贝多芬培养成一名音乐家上。此外，贝多芬自身也对音乐怀有极大的热情，除了音乐，他和同龄人几乎没有任何共同语言。贝多芬的童年是孤独的，没有同学和他成为朋友，只有音乐和他作伴。掌握即兴演奏在 18 世纪被视为演奏名家和作曲家的标志，而贝多芬在他生命的头十年中，已经显示出他即兴演奏的才能。1787 年，贝多芬来到音乐圣都维也纳向莫扎特、海顿等音乐大师求学，同年母亲玛利亚去世，贝多芬再次回到波恩为母亲料理后事。22 岁的贝多芬再次来到维也纳，凭借出众的音乐才华，他逐渐成为贵族府邸中炙手可热的钢琴演奏家，他的作品被争相传颂，爱好音乐的贵族小姐、少爷，都甘愿做他的学生，维也纳的上流社会成为贝多芬大展身手的舞台，直到他发现自己的耳朵出现问题。

通过梳理贝多芬罹患耳疾的前半段人生，我们可以清晰地看到，音乐始终和贝多芬的人生息息相关，他自身的兴趣和天赋、父亲的培养以及从事过的所有工作，无一不和音乐相关联。这就与阿德勒提出的"心理生命目标"的标准十分契合，因此我们可以假定：贝多芬的心理生命目标是成为一名优秀音乐家。

（二）战胜失聪的强大的心理弹性及形成因素

深陷耳疾的困扰之中，他独自承受着痛苦和煎熬，但幸好，强大的心理弹性拯救了他。心理弹性是指人们处于相同危险情境中时，不同的个体会有不同的反应，有些个体因承受不住环境所带来的危险或压力而受到挫折或打击，而有些个体他们却可以很好的适应周围的环境，表现出很好的适应力与恢复力，不受环境对他们的影响，甚至将这些危险环境作为自我磨练的一个机会，不断提升自己（席居哲，桑标，左志宏，2008）。战胜日益恶化的耳疾这一结果，可以表明贝多芬拥有强大的心理弹性，而这又与他的早期经历是分不开的。

影响心理弹性的形成因素包含两类，一类是保护性因素，保护性因素包括个体、家庭和社会这三个方面，个体方面的影响因素主要包括自尊、自信、良好的人格、积极的归因等，家庭方面的因素主要包含家庭氛围、良好的家庭成员之间的关系等，社会环境方面的因素主要包括人际关系的处理、和谐的外部环境等（Rutter，2008）；另一类是危险性因素，是指对个体产生威胁并且造成不良结果增加的可能性因素，包含遗传因素和环境因素，常见的危险性因素主要有冲动、教育缺乏、虐待、责骂、父母吵架、家庭分裂、同伴、朋友等。二者是交互作用的关系，危险性因素并不都是消极无用的，凡事都有一个度，如果可以把握好这个度，危险性因素水平是可以通过危险的环境来激发个体潜能的，从而达到理想的发展结果。尤其对于青少年，在适当的危险情境中磨练自己，是对自身成长很有帮助的。

1. 保护性因素

在贝多芬的早期经历中，保护性因素大多来自于母亲和给予其帮助的恩主。1781 年，贝多芬同母亲一起去鹿特丹旅行，船上很冷，为了不让小贝多芬冻着，母亲就把他的脚放到自己怀里暖和。所有认识贝多芬的人，在这点上是一致的："他怀着孩童般的爱和深切的谢意"想念他母亲，他提到她时始终"怀着爱和愉快的心情，经常称她是一位正派、心地善良的女人"（Solomon，2013）。在贝多芬阴暗无梦的童年生活中，母亲是仅有的给予他爱和温暖的人。

在贝多芬音乐学习历程中，父亲约翰为他请过许多老师，其中内弗是对他影响最深远也是教学时间最长的一位。贝多芬 12 岁时，内弗就将自己的宫廷管风琴师这一职位托付给了这样一位年轻的学生，并且贝多芬的第一次薪俸是由内弗提供的，因此我们能够看得出内弗对贝多芬的信任和器重。

贝多芬的另一位恩人是贵族夫人。宫廷参议布鲁宁夫人想为自己的孩子寻找一位年龄相当的家庭音乐教师，为了维持家庭开销，15 岁的贝多芬欣然接受了这份工作。在这段时光里，贝多芬感受到了久违的自由和愉悦，并在思想上得到深刻启发，在布鲁宁一家的影响下，贝多芬开始接触其他艺术门类，如德国文学、古代和现代历史、科学知识等。这段美好时光对贝多芬的成长产生了重大的、向上的、积极的影响（张俊萍，于薇，2012）。此后，贝多芬也一直和年少时的这两位伙伴保持着亲密的朋友关系。

2. 危险性因素

危险性因素则主要来自于父亲和家庭负担。父亲约翰在发现儿子的音乐天赋后，欣喜万分，并竭力挖掘贝多芬的音乐才能。但这并不是出自于一位父亲的爱意，而是虚荣心和利益的引诱。小小年纪的贝多芬，需要踩着一只脚凳才能够得着琴键，而父亲常常严厉地要求年幼的他一口气练上几个小时，一旦练习出现错误，父亲的巴掌就会应声而上，有时甚至把他关到地下室里。即便贝多芬是个天赋过人的孩子，约翰也总是打压他。十岁之前，他已经可以即兴演奏，创作属于自己的音乐了，他兴冲冲地拉给父亲听，以期得到鼓励和认可，但父亲从没耐心听过："你这会儿又在那儿杀鸡似的拉什么？犯傻啦！你知道我根本受不了，杀鸡也照谱子杀，不然拉了也没用"（Solomon，2013），父亲始终在打压贝多芬的创作天赋。

不仅约翰扮演的父亲角色很失败，他担任的一家之主的地位同样糟糕。约翰是一个嗜酒如命的酒鬼，贝多芬的祖父死后，他们一家的生活就变得拮据了。母亲去世后，家庭的全部责任都落到了贝多芬的身上，他既要支付两个弟弟的学费，也要成为父亲的守护人，为了让父亲免遭拘留，他不得不在警察署中说服警察，这是常有的事。过早承担起的家庭重担，为贝多芬强大心理弹性的形成起到了积极作用。

（三）负性力量的升华

于贝多芬而言，虽然音乐迫害了他，但同时也拯救了他。那时的贝多芬，独自一人默默承受着苦楚，在死亡与活着之间摇摆不定，但最终他战胜了失聪打击，"我愿意同命运抗争；命运是击不垮我的。噢，再过千世也是值得的啊"（Beethoven，2012）。心理防御机制这一概念最早由 S. 弗洛伊德（1894）在《防御性神经精神病》（*The Neuro-Psychoses of Defense*）一书中提出，之后由其女儿 A. 弗洛伊德（1937）开始系统研究，她认为：心理防御机制是一种方式或手段，通过这种手段，个体可以降低焦虑感、摆脱内心冲突，可以控制冲动行为、过激情感和本能欲望，以此来调节压抑和现实之间的关系。A. 弗洛伊德将心理防御机制分为以下十种：压抑、投射、固着、退行、升华、认同、否认、合理化、移置、反向形成。如果力比多的发泄途径由社会所赞许的、高尚的间接方式所替代，就称为升华（郑雪，2017）。自杀的念头在此期间因决心反抗被阻断了，转而用升华的防御手段来重建破碎的信心，把所有的负性力量都进行升华，升华为音乐作品中的怒吼，升华为对音乐的态度，升华为向命运宣战的颂歌。凭借着力比多的升华力量，贝多芬在自己的音乐世界中创造了一个又一个的奇迹，持续高产的创作一直没有中断，反而还加快了他风格的拓展，这一阶段是贝多芬从古典主义向浪漫主义转型的起点，也是他许多知名作品的高产期，主要有《D大调第二交响曲》（1802）等。

1815年，贝多芬的耳朵全聋，但高产的状态依然维持着，并且创作风格再次转变，进入崇高主义的领域，以第101号的奏鸣曲作为转折点。此外，贝多芬还开始进行大型作品的创作，以《降B大调钢琴奏鸣曲》作为开端，晚年的贝多芬开始投入到具有庞大篇幅和高难技巧的作品创作中。

（四）寻找生命的意义而战胜失聪

贝多芬终生挚爱的音乐也起到了积极作用，因为他在音乐当中找到了生命继续下去的意义。贝多芬在遗嘱中透露出他对音乐感到肩负使命："差一点儿，我就亲手结束了我的生命——只有她——艺术，她阻止了我，唉，我似乎不可能更早离开这个世界，在我把这一切创作出来之前，对此我感到有任在身"（Morris，2014）。是音乐让贝多芬重新找到生命的意义，尽管失聪成为他音乐道路上的最大障碍，但是他的创作力并没有因此而倒退，成为作曲家依然是继续在音乐道路上前行的方法，他需要利用自己的音乐才能为世人留下一些有意义的东西。意义疗法是由弗兰克在1926年提出的，他指出人的生命是有意义的，在意志的自由以及对意义的追求上，人是有权利去追寻的，追寻生命意义是人的本性，实现人生意义也就是实现自我，人是能够选择自己生命的意义的，而人也是需要对这个结果负责任的，人最终决定着自己的命运。弗兰克

（E. Frankl，2010）认为生命意义可以通过三种方式实现：一是创立某项工作或从事某项事业，生命的意义应该去现实世界中寻找，而非个体的内心，人越是忘我地投入到某项事业中，就越容易找到自身的价值和意义；二是通过体验某件事或爱某个人来实现经验性价值，只有爱过他人才可以了解人的本质，个体的潜能才能得到发展；三是通过忍受挫折和苦难来实现态度性价值，生活的痛苦和死亡是每个人都会面临的问题，而人类可以了解痛苦存在的意义，并通过承担痛苦来探索痛苦的积极含义。显然，贝多芬通过第一和第三种方式来实现了自身的生命意义。

1. 从音乐事业中获得生命的意义

通过从事某项事业来实现生命意义。贝多芬感到自己肩负音乐使命，他需要利用自己的天赋为世人留下好的音乐，生命的意义须从音乐事业中体现。在自杀危机来临时贝多芬及时认识到了这一点，并且在此后与耳聋作斗争的漫长岁月中，贝多芬都始终怀有这种信念。在1824年致肖特兄弟的信中，贝多芬写道："艺术之神还不愿死亡把我带走，因为我还负欠甚多！在我出发去天国之前，必得把精灵启示我而要我完成的东西留给后人，我觉得我才开始写了几个音符"（Rolland，2012）。信念驱使着贝多芬付诸行动，对于音乐创作，贝多芬的确是达到了全身心投入的癫狂状态。"任何场景的变化，不管是从城市到乡村，还是仅仅都到街上去，都能激起他的创造力。他常常沉浸在各种想法当中，以至于忘记吃饭。酒馆的老板习惯了他对着空桌子一坐就是好几个小时，出神地看着什么，然后不耐烦地叫他结账。在乡村的时候，他会一直走，边走边写，直到夜幕降临看不清路为止。贝多芬夜里经常会被某些念头突然惊醒，然后必须要在它们消失在梦境里之前将其记录下来"（Morris，2014）。对于音乐事业的这种全身心的投入状态，贝多芬持续了几十年，甚至是生命结束前的最后一秒，他依然心系音乐。在生命的最后几年里，贝多芬饱受肝硬化的折磨，而他的医生却记载道：“由于罕见的忍耐力的支撑，他常常在树木繁茂的山坡上写谱子，作品的写作过程仍然充满了激情和深思熟虑”（Lieb & Jablow，2007）。这种罕见的忍耐力还让他捱过了多次手术的折磨，因为肝硬化，贝多芬需要做肝腹水抽水手术，从1826年年末至1827年3月，贝多芬共进行了四次手术，而且都是在没有任何麻醉的条件下完成的，因为他怕麻醉药物会影响自己的创作，灵感的迸发是时刻会发生的，而他需要时刻保持清醒的头脑来记录灵感。

2. 对苦难的超越中获得生命的意义

除了体验生命，承担苦难也是一件有意义的事，苦难、死亡和厄运是组成生活的必需部分，即使是在无法改变的苦难面前，人们也能找到生命的意义，因为人能够将个人的灾难转化为胜利，贝多芬成功地做到了这一点，因为他承受住了人生中所面临的种种不幸和苦难。对普通人来说，耳聋代表一部分世界的覆灭，但对于音乐家来说，耳聋则是整个世界的覆灭，贝多芬却用自己的能力重新点亮了覆灭的世界，不但是为他自己，也是为所有的人类，因为他将伟大的音乐作品回馈给世人。贝多芬一生中的多数时间都处在苦难之中，撇开耳聋的折磨，他的身体也时常遭受折磨。他先后患有重伤风、肺病、关节炎、结膜炎等疾病。1826年12月，他又因肝硬化而不得不动手术，在此后不到三个月的时间里，一共进行了四次手术。即便贝多芬经常患病，但他体内却没有任何止痛药的痕迹，他为了保持清醒的头脑进行创作，就不得不忍受各种疾病带来的身体上的痛苦。

除了身体上的苦难，贝多芬同样承受着心灵上的苦难。童年时期，父亲残忍的教育方式使得贝多芬度过了一个阴暗无梦的孤独童年。少年时期，从13开始在宫廷中担任羽管键琴师的职位以补贴家用；17岁时他最爱的母亲去世，此后全家的重担便都落在他一个人身上，赡养整日酗酒的父亲，照顾两个弟弟并承担他们的教育费用。青年时期，贝多芬开始患有耳疾，此后便一直承受着耳疾带来的痛苦和对音乐家身份的威胁。中年时期，他遇到了永生的恋人布伦塔诺，但结果仍以失败告终，这次失败终结了他对爱情的向往。晚年时期，为了争夺侄子卡尔的监护权，贝多芬与卡尔的母亲进行了长达五年的斗争。卡尔在他伯父重病期间本打算与他和好，但未曾想，贝多芬没能扛过这一场重病，1827 年 3 月 26 日，一位陌生人替他阖上了眼睛，他苦苦思念的侄子至死也未能见上一面。童年生活的不幸、早期经历的重负和终生的孤独使贝多芬承受了常人所无法企及的苦难。

（五）战胜失聪的内驱力——超越自卑

自卑理论来源于阿德勒（Adler，2005）的个体心理学。阿德勒认为我们每个人都多多少少有一些自卑，因为我们每个人都抱有改善自身环境的愿景，自卑感正是人类改善环境的动因。人类的奋斗动力来源于自小形成的自卑感，而非性本能。个体如果能够有效地补偿自卑，其心理和人格都能实现健全发展，如果补偿失败，个体就会丧失自信心而产生自卑感。每个个体都会体验自卑感，而追逐对自卑感的补偿之路能让个体在成年后形成稳定的生活风格。儿童会先树立榜样，一路缩短与榜样之间的距离，最终完成个体的发展。阿德勒（Adler，2005）将这种超越自卑的表现定义为，当一个人遭遇一个他无法适应或无力应对的问题，并且深信自己无法解决时，他就会表现出自卑。

1. 贝多芬的自卑表现

自卑感的表现形式多种多样，飞扬跋扈、骄傲自大的人并不代表没有自卑感，安静顺从的人也并不都是自卑的人。一直以来，贝多芬都有一个关于自己身世的幻想：他坚定不疑地认为自己是在 1772 年出生，并且是一个没落王国国王的儿子。因为他认为只有贵族身份才能与自己的才华相匹配。1810年曾发表过一篇报道，具体内容是说贝多芬是一位普鲁士国王——凯撒·威廉二世（Kaiser Wilhelm II）的私生子，从1819年开始，他的朋友和侄子卡尔就开始催促他抵制这些谣言，他的朋友韦格勒①甚至写信批评他不为自己母亲的贞操雪耻。这时，贝多芬已经确切地知道这件事了，但他从未做出过任何抵制谣言的举动，虽然他曾写过一封解答此问题的回信给他的朋友，但却因为疏忽而忘记交付给邮局，因此朋友迟迟未得到贝多芬的解释答复。这次疏忽并非意外，一是贝多芬渴望自己是贵族，二是贝多芬的否认机制在作祟。否认是为了减轻痛苦、消除人格内部冲突的一种保护性机制，通过这种机制，个体不相信或不承认对自己不利的、带来痛苦的现实情况（郑雪，2017）。在无意识中，贝多芬否认父亲约翰的身份，更何况这是一个被大家认可的解释，所以他拒绝对此做出回应。但碍于朋友的屡屡劝告和道德胁迫，他又不得不做出解释，为了同时满足本我的快乐原则和超我的道德原则，忘记将信交付给邮局，这是最无懈可击的借口。

2. 贝多芬自卑的形成因素

贝多芬为何会产生渴求贵族身份的自卑感呢？在封建等级十分森严的社会制度下，贝多芬无力逃脱等级障碍，且贝多芬的一生都与贵族相关联。家庭出身，贝多芬的祖父、父亲都是为贵族服务的平民乐手；职业生涯，贝多芬一生中的绝大部分工作都是围绕贵族展开；友情方面，贝多芬拥有许多贵族身份的亲密朋友；爱情方面，恋情无数但最终无果。究其本源，大抵逃不过平民与贵族之间难以逾越的等级障碍。在这里，我们主要详细叙述一下贝多芬的友情和爱情方面与贵族之间的纠葛。

---

① 医生，贝多芬的挚友，与贝多芬常有书信往来，贝多芬最初耳聋时只告诉了韦格勒一人。

（1）友情方面

贝多芬自小就为宫廷服务，他参与过的几乎所有工作都是为贵族服务，因此，他一生中都和贵族保持着密切的联系。《贝多芬书简》一共收录457封信件，其中就有336封是写给贵族的。并且在不同阶段，贝多芬的主要联系人也是不同的。例如，1796年至1817年间，他与茨梅斯卡尔男爵的联系非常密切，信件来往多达29封，茨梅斯卡尔男爵非常喜欢贝多芬的作品，他对贝多芬的友情是倾向于崇拜的，他把贝多芬的几乎所有作品都收集、整理起来，并且在事业和生活上都给予他无限的帮助。鲁道夫大公是贝多芬最亲密的朋友之一，同时也是最主要的恩主之一，在1811年至1824年间，他有17封信是写给鲁道夫的，鲁道夫不仅向贝多芬提供了充足的物质支持，也在精神方面给予他很大启发，因此鲁道夫被贝多芬称为“世上唯一的主人”。

（2）爱情方面

贝多芬虽然终生未婚，但恋情无数，艺术家终究是浪漫多情。贝多芬的终生挚友韦格勒曾说过“贝多芬无时不在恋爱，而且总是在热恋中”（李近朱，1997）。踏入贝多芬爱情漩涡的女性诸多，且相当一部分是与贵族小姐产生的感情，这种由地位引发的爱情悲剧几乎伴随了贝多芬的一生。

1810年，与贝蒂娜·布伦塔诺的一次意外邂逅，再次让贝多芬陷入爱情。贝蒂娜向他调情，勾起了他的希望，但又不告诉他自己已有恋人，并且结婚在即。1810年5月，因为贝蒂娜的关系，贝多芬认识了她的堂姐安东妮·布伦塔诺，安东妮出身贵族，其父亲声名显赫。他们相识时，安东妮已经结婚，其丈夫弗朗茨是一位知名的商人和银行家。贝多芬与弗朗茨一家是很好的朋友，他与安东妮的感情是在日后逐渐发展起来的，安东妮对贝多芬有着近乎狂热的崇敬态度，“我要把原作交到贝多芬神圣的手里，我深深地崇拜他，他神一般漫步在芸芸众生之间，以更高的立足点对待这个低微的尘世”（Solomon，2013），这是她写给好友克莱门斯的信中截取的一段话，由此可见安东妮对贝多芬的崇敬之情。贝多芬同样也对安东妮怀有热烈的情感。贝多芬去世以后，人们在其遗物中发现了三封写于1812年没有附言的情书，信中贝多芬将她唤作永生的恋人。1972年，所罗门发表《关于贝多芬写给一位不知名的女性的信的新曙光》一书，他以近乎侦探般的嗅觉给出了一个各方面都十分符合的结果——安东妮·布伦塔诺，距今为止，这是最受大众接受和认可的一个结果。安东妮是唯一一位向他毫无保留表白自己爱意的女性。虽然这段恋情同样无疾而终，却是贝多芬一生中最为难忘的一段恋情，此后，在贝多芬的余生中，再也看不到关于爱情的火花。

通过上述分析，我们了解到贝多芬与贵族阶级的纠葛自小就有，而且贝多芬的职业几乎都是为贵族服务，他仰仗贵族的资助来维持生计，与贵族的恋情因地位差距屡屡碰壁。这些因地位差距所带来的不平等待遇，必然使自尊心较强的贝多芬产生强烈的自卑感。自卑感是人类在追求优越地位时正常的发展过程，人类行为的出发点都来源于自卑感以及对自卑感的克服、超越，自卑是驱使个体前进的动力，也是个体获得成就的原因。贝多芬在人生前半段积攒的对于贵族身份的自卑感，正是激发他追求卓越、超越贵族的潜能和勇气，为其追求优秀音乐家的心理生命目标提供了内驱力。

3. 贝多芬对自卑的超越

贝多芬对自卑的超越集中体现在他的作品中。从他的音乐当中，我们可以听到“自由、平等、博爱”的口号，看到人类对于和平状态不懈追求的画面，感受到振奋人心的力量和抗争精神，体验到人类和自然融洽相处的境界。在《第九交响曲》（1819—1824）中，我们可以看到这样一幅画面：一切的人们都成为兄弟，合唱，居住在大集体中的众生，请尊重这共同的感情，像英雄一样走向胜利（焦月，2017）。在《第六交响曲》（1807—1808）中，我们能够预见人类和自然融洽相处的美好境界，这不得不引发人类对自然事物、人与自然关系等问题的思考。这说明贝多芬不仅克服了心中的自卑，并且将其转化为创作的动力，通过音乐来表达对英雄主义精神、启蒙精神、人类博爱和平境界的追求。

（六）巩固贝多芬作曲家地位的关键因素——多重因素导致职业身份的转变

贝多芬是音乐史上第一位不再寄身于宫廷的作曲家，他把宫廷艺术家的传统社会地位，努力改变为自由艺术家的地位，从而确立了适应于新时代的艺术家的新立场（赵敏琪，2016）。在那个专制统治的时代，贵族与音乐家之间是雇佣者与受雇者的关系，音乐家虽然以艺术家的身份标榜，但他们受到的待遇和所处的地位远不如当代艺术家。在贝多芬以前的音乐家，地位都比较卑微，实质只是为贵族效劳的音乐仆人。即便是海顿、莫扎特这些在今日赫赫有名的音乐家，在当时，却是被要求与赞助人的仆人一同用餐的地位。而贝多芬凭借着自己的音乐天赋，在维也纳的贵族圈中赢得了被崇敬的地位，甚至于为获得贝多芬演奏，李希诺夫斯基亲王的母亲都跪下来求他。

18 世纪早期，乐谱的复制都是通过手工抄写来进行的，宫廷和教会都需要设置自己的音乐图书馆，用来存放它们自己雇佣的音乐家创作的作品。此外，未经资助人的许可，音乐家的作品是不能被复制或者是在别的地方进行演出，而且也不允许接受别人的佣金为其作曲，音乐家的地位是卑微且受限制的。随着工业革命的发展，财富逐渐从贵族手中转移到平民出身的企业家手中，许多音乐家被迫成为自由职业者。随着社会文化环境的改变，市民阶级也逐渐成为音乐受众群体。印刷出版业的兴起，推动了音乐作品在社会上的流动性和传播性，进而推动了音乐家的社会和经济地位的改善，“贝多芬是第一个依靠印刷自己的乐谱出售来维持生活的音乐家”（王青，2007）。在经济来源方面，贝多芬已无需再依靠贵族阶级，耳疾使他无法在众人面前进行钢琴演奏，也无法指挥乐团表演，但新兴的印刷出版业在一定程度上加速了他成为作曲家的步伐。晚年阶段，贝多芬在作曲领域的名声不仅传遍了整个欧洲，也漂洋过海传到了美国，所以有大批出版商向贝多芬发出邀约，以获得贝多芬作品的首版权，以此借助贝多芬的盛名赚取利润。

四、结论

成为一名优秀的音乐家是贝多芬毕生追求的心理生命目标，失聪是阻挠他实现目标的最大障碍；面对这一打击，他也曾退缩到选择自杀，但苦乐共存的早期经验使他形成强大的心理弹性，并帮助他战胜因耳疾带来的精神负担；通过升华这种防御机制，贝多芬将心中的负性力量转化为不朽的音乐作品；通过投身于热爱的音乐事业和遭受苦难这两种方式，贝多芬找到了自身的生命意义，以此支撑着他不断和失聪作斗争；与此同时，超越自卑的过程为贝多芬追求心理生命目标提供内驱力，使得贝多芬最终战胜失聪打击成为伟大作曲家。此外，多重因素导致的职业身份转变为贝多芬带来丰厚报酬，这些因素都进一步巩固了贝多芬作曲家的地位。这些外在事件不停地打击着贝多芬，其中失聪的影响最明显，几乎要破坏他稳定的人格。但是他依靠自己强大的内在力量不断调整，使人格恢复稳定，最终不仅战胜了这些困难，还成为了一位伟大的音乐家。

五、进一步反思

本文通过心理传记法对贝多芬失聪后仍坚持音乐创作的心理动力进行解读，可以丰富对贝多芬精神世界的研究。通过深度探究伟人的生命历程，可以让我们对自身的命运产生新的领悟，帮助我们找到自己的人生价值，即向大众提供一个清晰的可供效仿的角色楷模。通过剖析传主贝多芬的人生阅历、心理发展、幼年成长经历和重大行为决策等行为，可以帮助人们尤其是青少年从中得到关于人生使命和生命价值的启示。

传主贝多芬留下的相关文字资料非常丰富，其中有大量的手稿、笔记、日记、数百本对话记录、信件、文章以及宫廷记事等，但很多一手资料无法获得，因此可能存在资料不全的问题。后续相关研究可以通过其他方式弥补这种不足。

参考文献

阿·鲍·戈登威捷尔（2000）. 贝多芬32首奏鸣曲注释（刁蓓华，陈复君译）. 西安：世界图书出版西安公司.

阿尔弗雷德·阿德勒（2005）. 超越自卑（黄国光译）. 北京：国际文化出版公司.

阿尔弗雷德·阿德勒（2007）. 阿德勒智慧——阿德勒人格哲学解读（刘烨，曾纪军译）. 北京：中国电影出版社.

埃德蒙·莫里斯（2014）. 贝多芬传：The Universal Composer（王维译）. 南京：译林出版社.

贝多芬（2012）. 贝多芬自述：鼓掌吧，朋友们（张宇译）. 南昌：江西教育出版社.

焦月（2017）. 论贝多芬“贵族情结”的演绎和超越. 硕士学位论文，东北师范大学.

李近朱（1997）. 乐圣贝多芬. 上海：上海人民出版社.

列维斯·洛克伍德（2011）. 贝多芬：音乐与人生（刘小龙译）. 北京：中央音乐学院出版社.

罗曼·罗兰（1927）. 悲多汶传（B. Constance Hull 英译；杨晦转译）. 北京：北新书局.

罗曼·罗兰（2012）. 贝多芬传（傅雷译）. 北京：生活·读书·新知三联书店.

梅纳德·所罗门（2013）. 贝多芬传（田園译）. 西安：陕西师范大学出版社.

维克多·弗兰克（2010）. 活出生命的意义（吕娜译）. 北京：华夏出版社.

席居哲，桑标，左志宏（2008）. 心理弹性（resilience）研究的回顾与展望. 心理科学，31（4），995—997.

张俊萍，于薇（2012）. 贝多芬成长最重要的影响人——贵族. 成人教育，32（06），126—127.

赵敏琪（2016）. 贝多芬交响曲创作的双重突破——从《第一交响曲》到《第三交响曲》. 硕士学位论文，西北师范大学.

郑剑虹（1997）. 从心理学层面研究梁漱溟的基本设想. 宁德师专学报（哲学社会科学版），(01)，67—69.

郑剑虹（2014）. 心理传记学的概念、研究内容与学科体系. 心理科学, 37（04）, 776—782.

郑雪（2017）. 人格心理学. 广州：暨南大学出版社.

周宁, 刘将（2008）. 心理传记学：概念、方法及意义. 教育学术月刊,（04）, 16—17.

朱立安·李布 & D. 杰布罗·赫士曼（2007）. 躁狂抑郁多才俊（郭永茂译）. 上海：上海三联书店.

Daniel K. L. C. (2009). Beethoven's Other Humanism. *Journal of the American Musicological Society*, 62 (3), 571 –654, 753.

Freud, S. (1894). *The Neuro-Psychoses of Defense.* Standard E-dition Ⅲ.

McAdams, D. P. & Ochberg, R. L. (1999). *Psychobiographyand life narratives.* Durhanm: Duke University Press, 64 –64.

Rutter M. (2008). Psychosocial resilience and protective mechanisms. *American Journal of Orthopsychiatry*, 57 (3), 316 –331.

Ruyan, W. M. (2003). From the Study of Lives and Psychohistory to Historicizing Psychology A Conceptual Joumey. *The Annual of Psychoanalysis*, (31), 119 –131.

Schultz, W. T. & Lawrence, S. (2017). Psychobiography: Theory and method. *American Psychologist*, 72 (5), 434 –445.

Grabbed by the Throat—A Psychobiographical Study of Beethoven

Wang Xiaoxin Li Zhi Yang Shuqi

(School of Psychology, Shandong Normal University, Jinan 250358, China)

/ Abstract /

Beethoven is a great musician with a worldwide reputation. He developed classicism to its peak, and was honored as “music sage”. However, such a music master unfortunately suffered from chronic ear disease at the best moment of his life, which eventually deteriorated and became deaf. The causes that supports Beethoven's victory over deafness and becoming a great composer are the suspenseful problems worth to be exploring. From the perspective of psychobiography, this article uses Beethoven's music, self-reports, letters, friends' memoirs and evaluations as research materials, uses the psychological defense mechanism, Adler's inferior theory, mental elasticity, meaning therapy, etc. and from the perspective of psychology, explores the spiritual strength and psychological power behind Beethoven defeat the deaf.

/ Keywords /

Beethoven, psychobiography, classical music, meaning therapy

女性政治家朴槿惠、昂山素季的比较心理传记学研究

汤浩然[1] 吴继霞[2*]

（[1]苏州大学唐文治书院，苏州，215123）

（[2]苏州大学教育学院心理学系，苏州，215123）

／摘 要／

本文采用比较心理传记学研究方法，对两位典型的亚洲女性政治家——朴槿惠与昂山素季的成长及政治历程进行考察，以分年龄时段的传叙方式，用“凸显性指标”明晰分析对象，对两人不同时期的心理进行有效精神分析与比较，理解探究她们内心世界的丰富性与矛盾性。家庭环境、复杂的人生经历、宗教都对她们的心路历程产生影响，强大的自我安慰与补偿、对情绪的控制力、高雅的生活情趣使她们敢于面对人生的困难。宗教、哲学等信仰因素也对朴槿惠和昂山素季在逆境中的行为和处世方式造成影响，不同的社会文化背景使得她们的政治构想也有所不同。

* 通讯作者：吴继霞，教授，E-mail: wujixia@suda. edu. cn。

/ 关键词 /
朴槿惠，昂山素季，心理传记学

一、前言

在世界政治历史（特别是东亚和东南亚政治史）上，朴槿惠与昂山素季都是具有典型性的、对历史产生重要影响的女性政治家。她们的人生境遇都坎坷而传奇、外表知性而魅力十足。作为女性政治家，她们既是民众心中充满智慧与柔和的偶像，也是善于分析、因势利导的领导者。最重要的，是她们作为亚洲国家女性领导人的特殊身份。两人的人生经历决定了她们性格和心理的复杂性和典型意义——对她们的心理进行传记式的分析，也是对亚洲女性政治家心理的一次探究。

那么，她们的性格为什么具有复杂性？这样的复杂性来自何处？首先这和她们坎坷的成长经历有关。朴槿惠出生于 1952 年 2 月 2 日，幼年随父亲朴正熙通过军事政变入住青瓦台。朴正熙在任期间韩国经济飞速发展，创造了“汉江奇迹”。1974 年其母陆英修遇刺身亡，22 岁的朴槿惠从留学的法国回国，在悲痛中接受了现实，并且还一度代行了母亲的部分“第一夫人”职责。5 年后，因改革触犯了财阀利益的父亲朴正熙被中央情报长官金载圭刺杀身亡，韩国一度陷入混乱之中。失去父母至亲的朴槿惠还受到长时间的监视，并且不能从事政治相关的行业。在长时间的沉潜后，朴槿惠于 2012 年 12 月 20 日成功当选为第 18 届韩国总统，倡导“国民幸福”的政策方针。令人唏嘘的是，仅在几年之后，朴槿惠就因“闺蜜干政案”于 2017 年 3 月 10 日宣布辞职，并很快被检方批捕审查。

昂山素季的出身与朴槿惠相似。1945 年 6 月 19 日，昂山素季出生于缅甸仰光，是民族领袖昂山将军和杜庆芝大使的女儿。两岁时她的父亲遇刺身亡。之后她先后到印度、英国等地学习，1972 年她与研究西藏文化的英国学者、牛津大学教授迈克·阿里斯（Michael Aris）结婚。而在 1988 年昂山素季回国探望母亲时，缅甸爆发了反抗军政府的游行示威。在领导民众进行非暴力集会后，昂山素季被缅甸军政府软禁二十余年，直到 2010 年才获得释放。之后她广泛参与政治活动，领导缅甸民盟赢得普选，她自己也成为国务资政。2021 年 2 月 1 日，缅甸爆发军事政变，昂山素季等缅甸民盟高层被军方扣押。随后的 2 月 3 日，缅甸军方在内比都泽布迪瑞法院起诉总统温敏和国务资政昂山素季，并通过视频开庭审理。

可以看到，两人的人生际遇有很多相似之处，都出身政治名门，从小接受良好的教育，也都经历了长时间的幽禁，又都在国内爆发的政变中失去了领导地位。那么究竟是什么原因导致了她们如此相似的际遇呢？她们的内心世界又同她们的施政风格和人生境遇有着什么样的关联？带着这样的疑问，本文对朴槿惠和昂山素季这两位女性政治家展开比较心理传记研究，通过对这两位女性政治家资料的筛选与处理，运用恰当的研究方式对她们展开比较。本文抓住朴槿惠、昂山素季女性政治家的身份特征，用心理传记学的方式对她们进行比较研究，根据“凸显性指标”提炼分析对象（舒跃育，王栋，2012），希望能够对女权主义、地缘政治、宗教与政治关系等命题起到启发作用。对她们进行类别配对比较，是对二人心路历程的探究和政治作为背后心理因素的分析，针对她们的性格开展质性研究。

二、人生初期：稳定的成长环境

尽管人生历尽坎坷，但不论是朴槿惠还是昂山素季似乎都在一个比较安逸的环境中度过成长的初期。童年和青少年阶段是人心理性格的生成萌芽阶段，成年之后人的许多行为都可以从这个时期的经历中找到心路源头。那么是不是这种比较安逸的成长环境让她们有勇气在后来的挫折中直面挑战呢？

（一）良好的家庭与教育

不论是朴槿惠还是昂山素季，都出身于国内的政治高层家族，从小就接受良好的家庭氛围的熏陶、教育，也形成了自身独有的气质与素养。朴槿惠于1952 年在韩国大邱出生，1961 年其父朴正熙发动军事政变上台后就以“第一女儿”的身份入住青瓦台。可以说，从小朴槿惠的家庭就是“第一家庭”，环境十分优越。她先后就读于汉城圣心中学校和圣心高等学校，大学就读于西江大学电子工程系，后来前往法国格勒诺布尔大学进修，中途其母在刺杀中去世。1979 年，朴槿惠 27 岁时，朴正熙遇刺身亡。

昂山素季之父昂山将军是缅甸军队缔造者、独立运动领袖和国父，其母杜庆芝是社会活动家，与周恩来、宋庆龄等新中国老一批领导人交情深厚。和朴槿惠与一样，她也从小受到良好的教育。1960 年，15 岁的昂山素季跟随担任大使的母亲来到印度，在新德里一所女子学院学习。在印度期间，昂山素季潜心学业，接触到“圣雄”甘地的非暴力不合作政治主张和宗教哲学思想，这些思想让她沉淀自我，对她产生了很深的影响。1963 年，昂山素季来到英国，在牛津大学学习哲学、政治学、经济学，毕业后曾留校任职，并在这里结识了她深爱的丈夫阿里斯。

根据埃里克森（1998：114）的人格发展八阶段理论，12—18 岁的青少年期是人自我意识增强、统一角色形成的关键时期，即自我同一性建立的关键时期。在这个阶段，人会较易处于自我冲突与混乱的状态，在这种情况下，学校、家庭的引导是很重要的。而在成长时期，稳定而优越的环境给朴槿惠和昂山素季的心智发展提供了稳定支撑。家庭文化氛围与优质教育资源的影响使得她们在青少年时期就能够对世界产生系统的哲学认识，进而生成自己的政治观，为后来的从政生涯做了准备。在这样的环境中，朴槿惠与昂山素季自然培养出知识女性的优雅气质，尽管不苟言笑，却依然风采照人。因为出身于政治高层家庭，她们家庭自身的环境为她们积累了后来的政治资源和政治素养。

（二）自我同一性的达成

作为从小接受优良教育的女性，朴槿惠和昂山素季都承受着同龄人未有的精神压力。她们身处青少年阶段自我认同形成的关键时期，建立自我同一性是她们人生精神发展过程中面临的重大任务。自我同一性（埃克里森，1998：114）是指青少年（12—18 岁左右）同一性的人格化，是青少年的需要、情感、能力、目标、价值观等特质整合为统一的人格框架，即具有自我一致的情感与态度，自我贯通的需要和能力，自我恒定的目标和信仰（安秋玲，2007）。很多青少年面对青春期的社会压力与自身的精神压力，往往很难完成同一性达成，而转向同一性的分散、拒斥。应该认识到，两人的家庭环境一方面提供了优裕的物质生活条件，另一方面也意味着非同一般的精神压力，因为政治家族中大量的人际交往和压力往往会导致个性的扭曲和心理的崩溃，使得青少年难以达成稳定的自我同一性。那么在朴槿惠和昂山素季身上，这种情况又是否会发生呢？

朴槿惠在 1974 年 9 月 16 日的日记中写下“责任，沉重的责任”这七个字，由此可以窥见她面临的巨大压力和对未来的不确定性的怀疑。但是朴槿惠与昂山素季似乎天生就具有非凡的自律意识，朴槿惠在青瓦台的成长路程中不断升学以至出国留学，而昂山素季更是跟随其母周游各国。在英国求学时期，昂山素季传统保守，讲究仪容端庄，总是身着缅甸传统服饰，与当时身着宽领衬衫、喇叭裤、短裙、靴子，听着披头士的英国年轻人风格完全不同，昂山素季也不随波逐流，并为自己的东方色彩感到自豪。总的来说，安逸优越的环境让朴槿惠、昂山素季较好地达成了自身的同一性，健康成长的同时发展形成了独立自主的人格。

（三）稳定的政治环境

朴槿惠与昂山素季的心智成长阶段，周围稳定的政治环境是她们形成后来温和执政思想的重要因素。在她们的成长阶段，她们所生活的祖国基本上都是处于政治稳定且较为清明的时期，这也为她们心智的养成产生了积极的作用。朴槿惠童年在青瓦台长大，其父执政期间韩国经济腾飞，军事统治也具有更大的稳定性。昂山素季则一直在其母的庇护下生活在政治稳定的印度、英国等国。因此，她们都表现出了安静的性格特点，与人交往时常能给人平易近人之感。后来朴槿惠倡导“有原则的政治”、昂山素季对民主的不懈追求或许亦都与她们生长的稳定环境有关。昂山素季在跟随其母赴印度学习期间接触到的非暴力不合作运动精神、印度佛教哲学等都对她后来的政策走向起到了非常重大的影响；朴槿惠从小在其父朴正熙身边，目睹父母缔造经济奇迹的过程，后来更是见证了他们做出的牺牲，这对后来她的经济政策与强硬的政治风格都有着些许的影响。

三、突变与转向：浪潮下的坎坷人生

众所周知，在人生初期的安逸生活后，朴槿惠和昂山素季都面临了她们人生的巨大困境。巨大的人生挫折对她们产生了什么样的影响呢？这种影响对作为花季少女的朴槿惠和昂山素季而言，又会使她们产生什么样的心理转变呢？

这些转变的发生又有着什么样的深刻原因？在这些转变发生之后，她们又是怎样构筑自己的心理安慰与补偿防线的呢？究竟是什么样的心理变化，造就了今天人们眼中的朴槿惠和昂山素季？

（一）朴槿惠的人生巨变

对朴槿惠来说，外部环境在 1979 年其父遇刺后发生了剧烈的转变。在其父遇刺两年后，29 岁的朴槿惠曾写过一则日记，陈述自己对背叛的痛恨：

> 没有比背叛一个人更悲伤，更恶心的了。最重要的是，对一个背叛者的惩罚是毁灭自己心灵的堡垒。只要背叛一次，对做背叛之事的抵抗力就会逐渐减弱。（朴槿惠日记，2013）

心理学研究表明（Tomlinson，E. C. & Mayer，R. C.，2009），信任违背（如背叛）会带来消极的结果，给信任者带来复杂而强烈的情绪反应，从而会影响信任修复。

朴槿惠承受的不仅仅是背叛。曾经的优越环境一去不复返，而她的事业、爱情都受到了冲击与影响。因为身份的特殊，她只能在一些非政府机构任职。她曾经有过短暂的爱情经历，但最后都因为她敏感的身份而以破裂告终。

事实上，朴槿惠的心理转变发生的时间更早——在其母去世之后就已经发生。这一转变是深刻的，也增加了她性格的复杂性，为她后来面临“亲信干政门”时决策的不确定埋下隐患。在母亲去世之后，朴槿惠“因为免疫力下降而过敏，每天不停地打喷嚏。”（朴槿惠日记，2013）其父去世之后，她的身上更是出现了来路不明的红色斑点。这些都是人生的巨大打击和巨大压力给朴槿惠身体带来的负面刺激。的确，巨大的压力和长期压抑的情绪会对身体产生不良影响：长期的高度紧张和焦虑容易产生压力综合症，在生理上表现为血压升高，肌肉紧张，消化功能减弱；在心理上表现为精力不济、失眠、悲观失望、脾气急躁等（吴全会，2007）；在行为上表现为工作效率降低，差错增多，甚至产生攻击行为。

这种挫折的经历和身体的不良状况给当时的朴槿惠带来了很大的困扰，根据弗洛伊德的精神分析理论（1900），也许正是这种经历锻造了她不服输的精神，同时也在其内心深处播下了犹疑、不自信也不信任他人的种子——在协调超我与自我的矛盾时，面对时常令人感到无力的生活现实，朴槿惠建立起一套具有否认性、自我补偿性特点的心理防御机制，而实际上她的内心是十分敏感的。这种过分的敏感也许是她后来在闺蜜干政案等的应对上都显得少于对时势的判断的原因。

（二）昂山素季的软禁生涯

1988 年，在与牛津大学著名学者阿里斯结婚 15 年后，为照顾病重的母亲，昂山素季回到仰光。当年缅甸爆发了反抗军政府示威。许多激进军官和受害者要求昂山素季出来领导这场运动。8 月 26 日，昂山素季面对近百万群众发表了演说，从此，她优雅从容、外柔内刚的形象深深镌刻在人民的心里。9 月 27 日，昂山素季组建了缅甸民主同盟，该党迅速发展成为当时最大的反对党。

自 1989 年 7 月 20 日开始，军政府以煽动骚乱为由对昂山素季进行软禁，自此她开始了 20 余年的软禁生涯。实际上，军政府不止一次地答应还给她自由，只要她离开缅甸。但是昂山素季都拒绝了，似乎想“把牢底坐穿”，甚至阿里斯因癌症去世，她也没有回英国。

昂山素季的日记中写道：“我的家庭的分离，是我争取一个自由的缅甸所必须付出的代价之一。”同时，早年关于非暴力不合作运动的了解对昂山素季的行为与性格也产生了影响。正如前文所述的那样，昂山素季在优越稳定的家庭环境中达成了自我同一性，她争取“自由的缅甸”的人生追求，在自我同一性达成的过程中形成，并成为一生的坚定信念。她忍受与丈夫分别之苦也要坚持留在缅甸从事政治活动的原因：一方面是来自早年的成长经历，另一方面，从班杜拉的社会学习理论出发，昂山素季在青年时期通过对“圣雄”甘地的观察获得了替代性经验，“圣雄”的行为模式成为昂山素季自己后来效仿的对象。在观察非暴力不合作运动领袖们的个人生活后，昂山素季习得、掌握了具有自己风格的领袖行为模式，这对她后来的施政风格与对国家、家庭关系的看法产生很大影响。也许可以说，昂山素季是一个数十年如一日的国家主义者。对国家的信仰帮助她度过了20余年的软禁生活。

(三) 痛苦中自我安慰，逆境中重燃向往

从社会心理学角度讲，长时间的幽闭环境会造成人的心理变态，出现沮丧、自卑、愤怒等消极情绪。与社会的长时间分隔和长时间的独居生活可能会让人的心理走向极端，希特勒1924年在狱中写出《我的奋斗》第一部，其内容的描述以及他后来的行为就是这样的例证。

从朴槿惠和昂山素季的后来社会活动状况来看，长时间的压抑生活对她们造成的影响是不可忽视的，但她们自我的心理调适与补偿也起到重要作用。父亲遭遇刺杀后，朴槿惠度过了十余年的压抑生活；昂山素季更是被缅甸军政府软禁20余年，独身居住于斗室之中。如若不是积极的自我心理调适与补偿，恐怕长时间的幽禁生活早已令她们走向消极与崩溃。

此外，哲学和宗教力量、祖国文化的内生动力也成为领导人朴槿惠、昂山素季自我心理调节的重要文化资源。若从心理逃避的角度解读，则根据弗洛姆

的理论，心理逃避机制包括放弃个人的完整性，毁掉他人以免世界再威胁自己。但与此同时，他还讨论了另外一种逃避机制，即按照文化模式提供的人格把自己完全塑造成那类人。朴槿惠、昂山素季也正是在哲学与宗教中找到慰藉，从而解决了个人与社会之间的张力问题。“我没有父母，没有丈夫，没有子女，国家是我唯一希望服务的对象。”朴槿惠曾经这样说道。

范什迪普·夏尔马等人（Vanshdeep Sharma etc.，2017）对3151名美国退伍军人的研究也表明，高宗教和灵性水平可以对某些心理障碍的发生起到缓冲作用，并能促进对心理健康的保护作用。根据张玉佳等（2019）的研究，宗教信仰本身就是一种应对压力的资源。朴槿惠与新天地教会关系密切，昂山素季更是在佛教中找到了安慰，并升华成自己的政治思想。在逆境中，也许这样的超验力量对于朴槿惠和昂山素季的心理调适起到了至关重要的作用。

四、事业提升与个人理想的实现

朴槿惠和昂山素季不断克服困难，在走出人生阴霾后逐步实现个人理想，最终都成为一度活跃在国际舞台上的亚洲女性领导人。是什么心理，让她们在战胜逆境后，实现个人理想的呢？

（一）有利的社会政治环境

不论朴槿惠还是昂山素季，在度过逆境、走向政治上升期的道路时，都得益于当时对她们有利的社会政治环境，这也是她们走向领导人岗位不可或缺的因素。这与她们就任时的社会背景是分不开的。肖水源（1994：98）认为，人与人的支持是个体相互作用的过程，一个人在支持别人的同时，也为获得别人的支持打下了基础。

客观来看，朴槿惠与昂山素季的职业发展都受益于她们父亲的资源与影响，形成了巨大的号召力，从而得到广泛的支持。朴槿惠竞选时的韩国经历了全球金融危机的冲击，居民收入下滑，就业岗位减少，经济下行压力巨大。而朴槿惠一方面继承了其父的影响，给国民以能在2008年经济危机后重振经济的印象，另一方面倡导“国民幸福”，希望对医保、教育等进行改革。昂山素季则在缅甸军政府独裁统治、内部分裂日益加剧的背景下成为缅甸人民最为爱戴的领导人。她领导的缅甸民主同盟更是长时间作为缅甸最大政党活跃在政坛上。

这两位女性政治家无疑具有较强的舆论敏感度，她们看到了民众的需求。朴槿惠不仅是韩国历史上第一位女总统，也是该国历史上首次以过半支持率当选的总统。昂山素季领导缅甸民盟在2015年缅甸历史上首次公开竞争的全国大选中斩获886个议席（共1150个议席），取得压倒性胜利。由上可见，广泛的社会支持是朴槿惠与昂山素季成功当选为国家领导人、实现她们个人理想的重要因素。

至于对社会支持的主观体验，身为领导人，可能在看待社会支持时会有更少的情感因素，但朴槿惠与昂山素季身为女性，社会支持带来的心理安慰或许会是她们面对人生困境时的一剂良药。面对民众的支持，均独居数年的朴槿惠与昂山素季有可能从支持者中寻找心理依托，但这种支持究竟对她们内心起到了多大的作用是值得商榷的。朴槿惠后来被曝出“闺蜜干政门”，让人们看到她长期孤独以至被闺蜜支配的心理处境，说明对领导人的主观情感体验不能简单视之。

（二）特殊经历激发的权力动机

在朴槿惠与昂山素季的职业生涯中，可以说她们的权力动机在竞争中起到了很大作用。权力动机是社会心理学中的术语，与亲和动机、成就动机同属于社会动机的类型。权力动机指的是对权力的欲求，它是人类竞争和冲突中的一个重要因素，其重要程度取决于它所处的社会环境。麦克利兰发现，凡是对工作成就动机高的人均无领袖欲。换言之，成就需要和权力需要是彼此不同的两种需要。研究发现，凡是对社会事务有浓厚兴趣的人，其行为背后均存在强烈的权力动机。权力动机有两种类型：个人化权力动机与社会化权力动机。前者出于为己之目的，后者出于为人或为公之目的。麦克利兰认为，权力可以朝着两个方向发展：一是负面方向，强调支配和服从；二是正面方向，强调劝说和激励。如果在长时间的压抑生活后，朴槿惠和昂山素季没有选择重新步入政坛——最初把她们卷入漩涡、让她们失去自由的那个地方，那么也许朴槿惠与昂山素季开启作为社会名流的新的生活，也不会面临后来新的波折了。但是，强烈的权力动机让这两人保持着最初的斗志。正如朴槿惠说的那样："上帝之所以没有收容我，让我死里逃生，我想这是因为我还有很多事情没有做完。"

昂山素季受佛教影响，用佛教阐释现代观念，提出了"精神革命论"和"参与式佛教"（范若兰，赵静，2018）。"参与式佛教"从佛教的宗教教义出发，认为佛教的宗教制度本身就具有民主的特性，因而在昂山素季构建其政治思想体系时，她使用佛教来实现政治思想的目标。佛教深深嵌入她的思想和行动中，她用佛教理念来论证民主在缅甸存在的合理性，驳斥了军政府"缅甸社会不宜于民主"的论断。这与朴槿惠又有些许的不同。因为尽管朴槿惠也受到一些基督教思想的影响，但并没有上升到政治的层面。而昂山素季则把佛教的宗教追求与个人追求相结合，为她自己的政治生涯增添了宗教的色彩。

朴槿惠的政治历程总体是向上的，但也有些坎坷。自 1997 年加入大国家党后，她也并未一路直上，成功获选总统。2006 年她在总统竞选中败给了李明博。在 2006 到 2012 年这几年的历程中，正是她自我的鼓励与不懈的追求为她提供了强大内驱力，从而帮助她在 2012 年成功以 86. 3% 的选举人团得票率当选韩国总统。

（三）超越女性角色的成就动机

作为传统的亚洲女性，朴槿惠与昂山素季所处的文化环境对女性一直都抱有歧视的态度。人是社会性的动物，从群体心理学角度讲，人都有想在群体中表现、证明自我的成就动机。在女性处于长期被压抑主体性的东亚和东南亚，朴槿惠和昂山素季代表着这样一群具有成就动机的女性。

同时，朴槿惠和昂山素季的成功是对群体期望的超越——在亚洲人眼中主要从事家政工作和教育工作的妇女站在了政治舞台上，并成功当选。胜任政治家的工作需要强大的协调能力与抗压能力，显然女性的工作能力在这一领域并不看好。而朴槿惠与昂山素季在职业生涯上的成功是对女性主体价值的证明，极大地鼓舞了大众的心理，她们极高的支持率也反映了这一点，在舆论的狂欢中她们开始了执政的旅程。

从这样的视角看，朴槿惠与昂山素季的成功执政不仅是她们多年沉潜的结果，也是受到创伤的国民心理所需要的。站在世界政治局势的角度上，金融危机后世界格局的多元化、全球化加剧了韩国、缅甸等国家的生存压力，民粹主义和左翼力量的抬头增添了国际政治的不确定性因素，在这样的背景下，朴槿惠和昂山素季的当选既让和她们性别相同的女性国民看到了人生的多种可能，而对于更广大的普通国民来说，这样的两位知性女领导人的当选会在经济危机之后为国家和大众带来安慰，并出台更为务实的经济政策。

五、现阶段的猜想

（一）朴槿惠跌宕起伏的生涯

朴槿惠的人生轨迹，在“闺蜜干政门”后急转直下。据韩联社报道，

2021 年 1 月 14 日上午，韩国最高法院对前总统朴槿惠亲信干政案和受贿案作出最终裁决，判处其 20 年有期徒刑，加上此前干涉选举案被判 2 年，朴槿惠刑期累计为 22 年。2021 年 12 月 24 日，现任韩国总统文在寅宣布特赦朴槿惠。回顾朴槿惠的政治生涯，可谓是跌宕起伏，引人感慨。

在其父去世后的悲痛时期，朴槿惠曾在日记中这样写道：

> 如果我要再次过这样的生活，我宁愿选择死亡。（朴槿惠日记，2013）

当初身陷囹圄的朴槿惠，内心又是怎样的纠缠与挣扎呢？她是否会产生自杀的欲望？答案肯定是不得而知的。今天我们只知道，朴槿惠终于结束了她卸任后的牢狱生涯，身体罹患疾病的她正希望离开监狱后能得到更好的治疗。

可以肯定的是，正是当初朴槿惠在绝望时期内心对他人的不信任与犹疑使得她在上任后许多问题的处理上显得少些判断力。据消息人士称，朴槿惠上任后很多问题的决断实际上都依靠崔顺实夫妇及崔氏家族，从前的经历令总统很难相信任何人，在青瓦台，朴槿惠与他人都保持着距离。而青瓦台的环境毫无疑问会让在此长大的朴槿惠回忆起童年往事，回想起痛苦的“政治流放”生涯。

如今，新一轮的韩国大选又将来临，而这与朴槿惠已经无关。在各派的斗争下，她终于获得特赦走出牢狱，但可想而知，她出狱后面临的境遇也并不会更好。朴槿惠说，自己喜欢中国的哲学，特别是冯友兰的著作，希望她可以像当初一样，从中找到些许慰藉。

（二）昂山素季执政后的挑战与波折

昂山素季在 20 多年的软禁生涯后执政，而在软禁期间她也进一步完善了自己的政治和宗教思想，为当下的执政生活做了理论准备。就缅甸国情来看，昂山素季的成功当选是军政府和民主派妥协的结果，但矛盾依然存在。昂山素季依然有很长的路要走。当下缅甸局势的混乱也印证着这一点。

昂山素季自己秉承“圣雄”甘地的理念，是非暴力不合作运动的坚强领导者。可以说她一直坚持着自己对人权和自由的追求，但同时在与军政府多年的拉锯斗争中也积累着经验（王孜，2017），变得更加灵活而务实。政治是妥协的艺术，昂山素季逐渐明白政治的真谛，与军政府达成了一定程度上的妥协。她不再坚持让军队退出政治舞台，转变为争取让军队参与到缅甸社会的转型中去。她自己也做出牺牲，不再要求宪法规定下“总统”的虚名，而改为任命亲信担任要职，自己就任“国务资政”。

昂山素季就任后，不仅要解决向完全民主的政府转型改革的问题，如何处理缅甸国内的复杂宗教、民族问题也是她面临的一项挑战。当前昂山素季主张实行民族和解政策，在此基础上建立联邦制国家。宗教方面，给穆斯林一定的经济援助，促进宗教和解。此外，教育和经济发展问题更是昂山素季关注的重点，一系列推动教育公平的政策落地实施。身为女性，对经济和教育的关注似乎天经地义，而且更易于让国民接受，昂山素季很好地利用了这一心理。就在昂山素季领导的缅甸民主同盟推动民主修宪进程之际，军人集团发动了政变，昂山素季再一次面临被软禁的处境，而缅甸国内各种势力又开始新一轮的斗争。要实现昂山素季的政治理想，还有很长的路要走。

六、结论和启发

（一）结论

在对朴槿惠与昂山素季的成长与政治生涯进行比较后，可以发现坎坷的经历却造就了她们知性的外表和政治上的温和。当然，朴槿惠与昂山素季的政治观念存在着区别，但她们曾经都拥有过的长期压抑的经历让她们变得更加谨慎。在朴槿惠身上，似乎偏执、怀疑的一面表现得格外明显，这导致她“人设”的崩塌；而就目前来看，昂山素季几十年的软禁生涯对她性格造成的负面影响并没有表现出来，尽管目前她又面临被软禁的处境，却还是保持儒雅随和的形象和独特的女性气质。

稳定的成长环境让朴槿惠与昂山素季形成了自己作为女性政治家独特的领导气质。她们多才多艺，且博览群书，周游各国，对世界拥有独到而全面的认识。女性意识在优越的成长环境中觉醒，自我证明的愿望在后来的政治旅途中得到实现。良好的教育让她们在以后面对人生困境时也没有绝望，用书本、才艺等方式排遣不良情绪。

在朴槿惠与昂山素季的成长过程中，她们有着强大的追求动机与自律精神。正是朝着目标锲而不舍的努力、对自己近乎变态的严格要求让她们逢凶化吉，战胜重重险境走到执政者的位子。

有利的社会政治氛围在她们的成功过程中起到的作用同样不可忽视。二人的上台与时代大背景有关，经济危机后社会需要一种安慰心理。而不论是朴槿惠秉承其父重振经济的理念，还是昂山素季坚持斗争的精神，抑或是二人都具有的女性的抚慰镇定能力，都给社会以恢复与鼓舞的希望。当然，她们务实的经济政策也是民众选择她们的重要原因。

（二）启发

在培养孩子的过程中，稳定的环境十分重要。良好的环境会给予孩童心智发展的机会，让他们多才多艺，对世界保持求知的兴趣。而与家人维持良好的关系也很重要，朴槿惠失去母亲之后心中就种下了偏执与绝望的种子，这也许是她后来失败的重要因素。因此，我们需要关注成长过程中环境的稳定，并将家庭变故造成的影响降到最低。

维持良好的人际关系，关注自身形象的维护。美好的自身形象会给他人带来心灵的安慰与鼓舞，并在无形之中形成一种领导者的魅力。自信对于维护美好形象具有很大作用，同时一定的抗挫折教育也是必不可少的。

多多与人相处，学会调控情绪。信任他人十分重要，人不信，无以立。在社会活动中磨砺自身，同时多与人交流、沟通、接触，找到值得信任的知心好友。否则，消极情绪不断累加，会造成人的心理变态，影响人的行为朝不好的方向发展。

最后，适应环境的能力十分重要。人生就像不系之舟，充满了未知与各种积极的、消极的可能性。面对挫折乐观应对，面对荣誉宠辱不惊，才能最大程度避免不好结果的发生。兴趣爱好的培养发挥着很大作用，在爱好中人往往能找到超出事业、爱情限制的不一样的快乐，有助于消极情绪的排遣。

参考文献

郑剑虹（2014）. 心理传记学的概念、研究内容与学科体系. 心理科学，37（4），776－782.

吴继霞，冷洁（2014）. 对不同类型传主的人格特征研究——基于心理传记学方法的应用. 心理科学，37（4），783－789.

舒跃育，王栋（2012）. 心理传记资料分析中的"凸显性指标". 心理科学，35（02），462－466.

王孜（2017）. 缅甸国务资政昂山素季. 国际研究参考，2017（01），33－39.

江琴（2011）. 论埃里克森的自我同一性理论解析. 怀化学院学报，30（11），19－21.

［美］埃里克·埃里克森（1998）. 同一性：青少年与危机（孙名之译）. 杭州：浙江教育出版社.

朴槿惠（2012）. 我是朴槿惠（蓝青荣，宇秀美，丘敏瑶，尹嘉玄译）. 台湾：高宝出版社。

朴槿惠研究会（2013）. 朴槿惠日记（陈冰冰译）. 上海：上海译文出版社.

吴全会（2007）. 压力对身心健康的影响探析. 牡丹江大学学报，2007（04），101－102，105.

弗洛伊德（2017）. 梦的解析（若初译）. 武汉：华中科技大学出版社.

范若兰，赵静（2018）. 试论佛教对昂山素季政治思想的影响. 世界宗教文化，2018（03），49－55.

艾丽希·弗洛姆（2015）. 逃避自由（刘林海译）. 上海：上海译文出版社.

肖水源（1994）.《社会支持评定量表》的理论基础与研究应用. 临床精神医学杂志，4（2），98－100.

张玉佳，李云，冯佳荷，孙轶文，薛云珍（2019）. 宗教信仰与灵性应对、人生意义、心理一致感的关系. 中国健康心理学杂志，27（06），936－939.

Maslow，A. H.（1987）. 动机与人格（许金声，程朝翔译）. 北京：华夏出版社.（原著出版于1954）.

Cobb Sidney (1976). Social Support as a Moderator of Life Stress. *Psychosomatic Medicine*, 38 (5), 300 - 314.

Soon-ok Shin (2020). The rise and fall of Park Geun-hye: the perils of South Korea's weak party system. *The Pacific Review*, 33 (1), 153 - 183.

Tomlinson, E. C. & Mayer, R. C. (2009). The role of causal attribution dimensions in trust repair. *Academy of Management Review*, 34 (1), 85 - 104.

Vanshdeep Sharma (2017). Deborah B. Marin, Harold K. Koenig, Adriana Feder, Brian M. Iacoviello, Steven M. Southwick, R. H. Pietrzak. Religion, spirituality, and mental health of U. S. military veterans: Results from the National Health and Resilience in Veterans Study. *Journal of Affective Disorders*, 217 (3), 197 - 204.

Comparative Psychobiography of Female Politicians Park Geun-hye and Aung San Suu Kyi

Tang Haoran[1]　Wu Jixia[2]

([1] Tang Wenzhi college, Soochow University, Suzhou, 215123)

([2] Department of psychology, School of education, Soochow University, Suzhou, 215123)

/ Abstract /

This article uses comparative psychobiographical research methods to investigate the growth and political history of two typical Asian female politicians of the yellow race, Park Geun-hye and Aung San Suu Kyi. Through the sorting out of biographies, personal works, media interviews, etc. , to explore and compare the complex inner states of the two female politicians facing the ups and downs of their lives. The complicated domestic political conflicts, the experience of being under house arrest or being under surveillance, and religion all have an impact on their mentality. Strong self-comfort and compensation, control over emotions, and elegant taste in life have enabled them to achieve political success. Inherited and transcended the father's influence. As politicians, achievement motives and power motives become the driving force for advancement when they face the ups and downs of life. The perseverance of the two under tremendous pressure also reflects their extraordinary psychological quality and political character. As far as the status quo is concerned, the different situations of the two are also due to the accumulation of psychological factors in the early stage. This article uses the narrative method of different ages and uses "indicators of saliency" to clarify the analysis objects, and conducts effective psychoanalysis and comparison of the psychology of the two in different periods, hoping to understand the richness and contradictions of their inner world. Religious, philosophical and other belief factors also have an impact on Park Geun-hye and Aung San Suu Kyi's behavior and way of dealing with the world in adversity. Different social and cultural backgrounds make their political visions different. Their ability to adapt to the environment, their great determination and courage in the face of setbacks, and their ability to regulate emotions are all worth learning. In life, we must also learn to trust others, face adversity and challenges, and coordinate the relationship between family and career.

/ Keywords /

Park Geun-hye, Aung San Suu Kyi, psychobiography

突变下的觉醒
——赴韩留学生阿寻的生命叙事

盛小桐　陈建文*

（华中科技大学教育科学研究院，武汉，430074）

／摘　要／

自 2020 年初，新型肺炎疫情迅速席卷全球，给人类的健康、生命以及生产、生活造成了极大的影响与威胁，无数人的生命发展轨迹由此改变，亦有无数人的生命故事由此改写。对于滞留海外的留学生而言，无亲人陪伴而独处于疫情突发的异国他乡，个中惶恐无助尤甚，无疑对于个体心理带来极大冲击。本文生命叙事以赴韩留学生阿寻疫情期间所写的五封书信为背景，记录其于韩国疫情大爆发时的现实遭遇以及所思、所见、所感、所行，真实再现了当时她所经历的种种情感体验与心理创伤，以及其于危机中自救、于创伤后成长的生命历程。作者通过其应对疫

* 通讯作者：陈建文，教授，博士生导师，chenjianwen@hust. edu. cn。

情与心理危机过程中所展现的个人性格特质，与其共同深入回溯童年经历，探究其个性发展根源，以展现阿寻的自我探寻历程。

/ 关键词 /

中国海外留学生，新冠肺炎疫情，自我叙说，互为主体，叙事访谈

一、我与阿寻

这是我与阿寻相交的第 12 个年头。印象中的阿寻是一个文艺、敏感又有着男孩子般充沛活力的女生。“帅”这个词，一直是别人用来形容阿寻的，也是阿寻乐于用来形容自己的；文艺细腻，却是唯独我对她的印象。虽然未曾见她穿过裙子，但在我脑海中她却始终是一位长裙飘飘、带着淡淡忧伤的少女，一如她的小名——白露。这多少有些莫名其妙。我对她，终究还是不够了解。

我曾问过她为什么不穿裙子，她大大咧咧地笑着说：“我是男孩子啊！”阿寻是一个小男孩与小女孩的奇妙结合体。众人只见其“帅”，未见其“忧”；我虽感其“忧”，亦未曾细究。相识 12 年，我曾自认为是走入对方世界最深的人，但“深”处所见，并不意味着“真”之全貌。换言之，“我是一个什么样的人”“我为何如此”“我该做什么（以更好地接纳自己、驾驭自己）”这三个问题，也确实是我近些年才开始真正思考的。用阿寻的话说，是谓“觉醒”。这是一段漫长而艰辛的旅途，而我们，刚刚在路上。

2017 年 8 月 26 日，阿寻第一次踏上韩国土地，开启留学之旅，2019 年阿寻开始攻读研究生。为减少家庭压力，她打算提前一年毕业，2020 年因此至

关重要。2020 年 2 月 18 日，当韩国突然爆发新冠肺炎疫情时，阿寻刚刚结束抵达韩国后的自我隔离，一切都发生得猝不及防。出于对家庭利益以及亲人安全的保护，她最终放弃回国，独自一人面对疫情的猛烈冲击，其中惊慌、无助、孤独、焦虑可想而知。作为她的朋友，我一路陪她走过，亦于意料之外与她共同踏上自我探寻之旅。起初决定作此生命叙事时其实并未想太多，彼时我亦居家防疫，家中相关材料甚少，对生命叙事了解尚且不足，只是考虑于疫情期间奔赴国外，抵韩不久又遭遇当地疫情猝不及防的逆转，阿寻这段时间的心路历程必然波澜起伏，亦具有一定的群体代表性，聊天之余梳理成文，也算于她于我在这不平凡的一年留个纪念。万万不曾料想这段生命叙事竟让我重新认识了阿寻及其家庭，亦让我们 12 年来真正走进彼此生命，互为主体、互相启发，揭开了许多无意识的帷幕，许多原本零散的自我认知也由此有了丝丝缕缕的牵连，渐渐串成一条线。

我们的叙事访谈过程如图 1 所示，2020 年 2 月至 5 月是我密切陪伴阿寻并与她进行生命叙事访谈期，5 月至今是我们共同回顾梳理与持续反思成长期。2020 年 2 月 1 日，阿寻抵达韩国，作为多年好友我一直密切关注她的生活状态，陪伴她度过自我隔离期与韩国新冠肺炎疫情爆发期。2020 年 3 月起，在征得阿寻的同意后，我们正式开启生命叙事访谈，主题包括自阿寻 2 月初抵韩起疫情期间的生活经历和情感体验，以及将其展现的个人特质于原生家庭回溯。2020 年 5 月起，我们进入材料梳理补充与持续反思成长阶段。在梳理阿寻上一阶段叙事内容的过程中，我会提出新的问题与看法，并与阿寻探讨，听其反馈、补充与指正；阿寻也在根据上一阶段的成长所得，进一步进行自我回顾与现实反思，并与我交流分享心得体会，持续深入自我认知、自我接纳历程，不断获得新的成长。此中的螺旋探索历程与薰荻社大学员番薯（赖诚斌，丁兴祥，2005）的自我构建历程模型相符（图 2 左模型）：“经验我”指叙说者的生命经验（包括未能言说的经验及前理解）；“文本我”指将“经验我”

文本化的呈现；“诠释我”指叙说者像研究者一样，把“文本我”诠释理解，将意象再带入生命意象的理解中，成为生命经验的一部分。如此循环往复，不断对自我形象进行构建与重构。

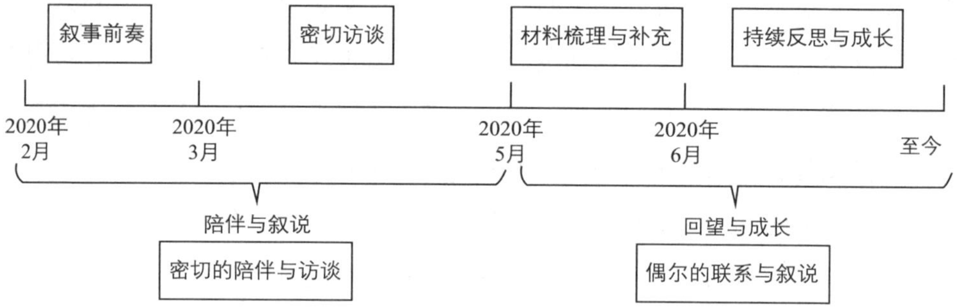

图 1　随时间流变的叙说与关系状态

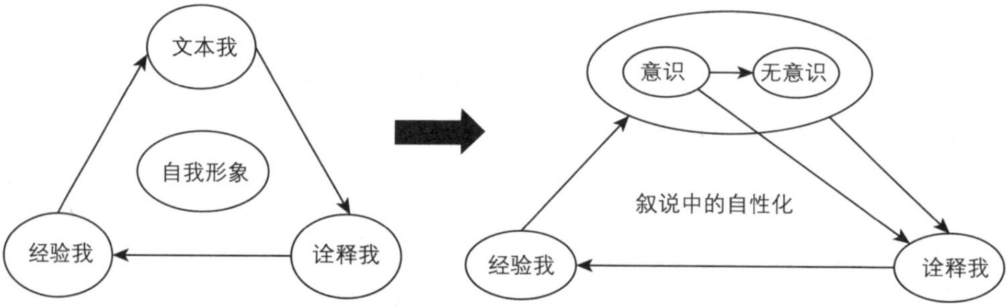

图 2　叙说中的自我形象建构及自性化模型

如今，为更真实细腻地展现阿寻于韩国独自防疫的艰辛历程，再现她所经历的情感体验与心理创伤以及自我调节与个人成长，我将与阿寻 2020 年 2 月—6 月间的聊天记录材料做阶段性梳理，再整合成 5 封以阿寻为第一视角的信件以争取还原阿寻于韩国新冠肺炎疫情爆发期应对与成长的整体性场景，以此将阿寻心理的动态变化、自我探寻的深入以及原生家庭与其他同伴等诸多元素彼此关联情况更好地展现出来。每封信件上的元素均来自阿寻叙说，部分内容仅因需文稿整合做部分修缮，但主旨内涵不变。每封信件书写完毕皆由阿寻把关，鉴定是否符合其基本情况（尤其是主观心理感受层面），以此确保不因笔者的主观加工致使阿寻的生命故事及心理体验发生严重偏误。

在此基础上，我与阿寻共同探讨其居韩防疫过程中所展现出的诸多个人性格特质以及家庭成员情况之间的关系，进而回归至幼年，探寻其中之渊源所在。在这个过程中我们彼此叙说，互为主体、互相启发，经常借由对方的灵感，在自我认知上获得新的顿悟。借由疫情及疫情背景下的“突变”（Bruner，2006：3）事件引发我们彼此想要深入叙说与探索的欲望，然后“通过比较我们自己的叙述以及他人告诉我们的关于他们自己的叙述，将我们自己与他人区分开”（Bruner，2006：54），在“自己对过去的记忆、对未来的希望和恐惧的指引下不断进行对自我的构建与再构建”，由此听到更多内部角色的声音。有些角色的呐喊与渴求我们会较为容易的挖掘到，亦有一些角色尚深藏于无意识之中（Jung，2011：225）。而阿寻以往诸多零散的个体特征与行为倾向，其自我厌恶的、无感的、喜欢的……也因此串联起来，慢慢做着自我的整合。从这个意义上来讲，这段生命叙事亦是我与阿寻尝试剖析与接纳自我阴影部分进而尝试整合自我的自性化探索历程（Jung，2014）。这一历程可用图 2 右边的模型来展示，基于对“经验我”的解读，我们会发现部分内部角色声音的渴求，继而与现实中自我的人格、行为等产生联结，以产生新的自我诠释；带着这种诠释继续审视当下及过去的自我，或许会继续听到新的内部声音，促成新的诠释，亦有可能很幸运地由此稍稍碰触到无意识层面，挖掘出藏于深处的角色，进而完善以往的“诠释我”，指导新的自我探索轮回。我们在此过程中不断将发现的内部角色进行整合以构建并接纳新的自我，并在此基础上不断审视着自我的自由与责任之平衡（Bruner，2006：69）。因此，本文对于阿寻的生命叙说分为两部分：前半部借由阿寻视角的五封信试图还原其疫情期间的生活图景（“疫情下的突变”）；后半部基于以上文本以及带着对文本部分内容的疑问与好奇所做的访谈素材对于阿寻的自我形象做理解与诠释（“回溯中的觉醒”）。

这是一段惊心动魄的生命历程，是一段让我和阿寻时而欢欣、时而感叹、时而流泪的生命叙说。而故事中的阿寻，是阿寻，又或许，不仅仅只是阿寻。

二、阿寻的防疫叙事：那些猝不及防的“突变”

“突变”意为环境中的突然逆转（Bruner，2006：3）。

2020年的新冠肺炎疫情来势汹汹，裹挟了无数人的悲欢离合，亦无从得知改变了多少人的人生轨迹，注定成为他们生命中意义重大的“突变”。对于阿寻，亦是如此。2020年1月16日，阿寻从韩国返回，踏上了家乡的土地。彼时的小镇，一切岁月静好。大家都以为，这又是一个平平无奇的春节。

1月23日，武汉封城；同一天，韩国民众向青瓦台发起“禁止中国人入境”的请愿。一切都变了。随后的日子，武汉确诊人数激增，韩国请愿人数也在暴增，阿寻所在的小镇亦随之封城，阿寻家中一时紧张起来。但不能不上学，韩国此时也算风平浪静，于是正月初八，公历2020年2月1日，阿寻如期返韩。

那天，中国累计确诊病例14000多，韩国12例。

关于阿寻那天去机场的描述，我记忆深刻：

> 那天妈妈坚持说要去机场送我，你知道她身子虚，我真怕她跟着跑一趟再感染了。可是拗不过她，我爸也说这次情况特殊，妈妈就算在家也肯定不安心。我想想也是。况且，我也很想和爸爸妈妈多待一会儿。但是我坚持到机场后妈妈必须留在车上，不能去机场大厅，她也同意了。

但是对于爸爸，阿寻倒是毫不在意。那天爸爸陪阿寻进入机场，但在机场大厅，他四处溜达观望。最后安检时阿寻多次回头想要与其挥手告别，爸爸都是在看手机。阿寻离开时多少感到失落与遗憾。对于爸爸安检时一直在看手机这点，我表示难以理解。阿寻说爸爸神经大条，爱凑热闹，看手机应该是和妈妈聊天汇报情况。我还是难以理解。我不由自主代入到父母角色中来，想如果阿寻是我的孩子，那我会是什么表现。孩子离乡就是分隔半年，本来就是心痛难舍，更何况如此特殊时期。想来置换到我父母身上，他们必是泪眼婆娑，估计待我消失于视野，转身就会大哭一场。但阿寻一直表示“遗憾但无所谓”“可以理解”的态度，我虽困惑，也一时只能选择闭嘴。此外，阿寻对妈妈的态度我是熟悉的，但多少感觉哪里有些奇怪，或许是与对爸爸的态度差别太大了吧。此时的我，心里种下了第一颗疑惑的种子。

（一）突变

2 月 1 日抵韩后，阿寻回到宿舍备好物资，开始了为期 14 天的自我隔离。2 月 15 日，阿寻的自我隔离结束。此时她所在的小城，依旧平静，一切如旧。2 月 18 日，大邱第 31 号患者确诊。自此，韩国新冠肺炎疫情突然爆发。一切都变了。

桐：

2020 年，实在是太魔幻了！谁能料到“新天地”这个邪教能在这个时候聚会啊?! 18 日那天大邱第 31 号患者确诊，然后韩国疫情突然爆发，我直接懵了。

一切都发生得那么突然，让我万分惊愕，猝不及防！这些天，邪教一次次聚会，确诊数一次次剧增，手机上弹出的每一个报道都像是一个炸弹，把我完全炸慌了。疫情的严重，以及伴随而来的可能发生的种种惨剧，我是知道的。那么，这一切会在韩国重演吗？我不知道。

一直到现在，韩国街头戴口罩的行人都屈指可数，他们根本就没有重视起来！桐，我很愤怒。伴随着极大的恐慌、茫然沸腾而起的，是强烈的愤怒。我觉得我像一个在地上兜兜转转的愤怒的炸弹，不知道该转到哪里去，但是我知道我要爆了！为什么还要聚众呢？为什么还不带口罩呢？为什么还要聚餐聚会呢？我所在的城市，已经有了确诊病例！可是，为什么他们都没有在意啊？药店口罩在第二天就抢完了，可是戴口罩的人又在哪里呢?!

不能大意啊!!

我真的好怕武汉的悲剧在此重演，明明有诸多经验可以借鉴，为什么不呢?!

看着满大街明晃晃的赤裸裸的脸，桐，我着急啊！我恨！

你知道吗，这个时候，反倒是中国学生害怕韩国学生了。韩国同学取笑我太过一本正经，他们在笑着说“没关系”。那无所谓的表情，那戏谑的口吻，让我一时噎住，我知道，如此，再说什么都是枉然。在这个国度千万人口的裹挟中，我的焦急、恐惧、我一个人的挣扎，是多么的无用啊！

我害怕！我想爸爸妈妈，我想回家！

可是，回家，何其容易啊?!

现在还没有开学，是否延期也未定。如果我回国，学校会开网课吗？如果不会，那我所有的课程都会得 F，学费就白交了！如果休学，就必须要退宿舍，那宿舍里大量的衣物转存到哪里呢？就算租房子，房东现在也不会租给中国人了呀！休学还需要导师同意，可是，目前看来导师也并未重视，他会同意吗？而且，一旦休学，估计学费也不会退回了①，而且签

① 后来学校通知 3 月前不交学费退学，或已交学费 5 月前退学，学费均可全额退款，但做回国决定时阿寻未知。

证会全部失效。可是，家里没钱了呀！这些年大大小小的开支，我家已经凑不起大额存款了。而这一来一回，又要损失多少钱啊！

我有负罪感。

我本是可以工作的。这些年，我已经让家里额外付出了太多，再这样折腾损耗，简直是犯罪。是的，生命面前，衣物、钱财乃至学业，都是小事。但偏偏是这些“微不足道”我放不下！我做不到抛出大笔的钱潇洒回家，况且，回国就一定安全吗？这个过程中，我是否会被感染呢？家乡的机场还没听说强制隔离。如果我感染了，爸爸定会被传染。那家里的顶梁柱就塌了啊！

桐，我真的不知道该不该回，可这个决定只能我来下。我打算这两天去找导师聊聊，看看他的意见。希望，我能早点摆脱当下的纠结，做出一个合适的决定吧。

2020 年 2 月 25 日　夜

这封信中可以明显看到，面对韩国新冠肺炎疫情突然爆发以及当时民众的表现，阿寻感到十分焦虑、恐慌、愤怒又无助，她下意识想要回国，但考虑到回国会给家里带来不小的经济负担，亦有威胁家人生命安全的可能，她犹豫了。为什么呢？或许我们可以从下一封信里找到部分答案。

（二）困斗

这封信是基于从韩国新冠肺炎疫情大爆发期间到 3 月底相对平缓后我与阿寻在微信及电话中的持续联系与陪伴中的对话整理所得，以呈现艰难做不回国决定后的阿寻于狭小宿舍挣扎困斗以及自我拯救历程。如果说上一封信是阿寻基于现实的浅层思虑，那么这封信会揭开其浅层思虑下的部分帘幕，亦带领我们开始慢慢走进其生活的原生家庭，二者之间存在何种联系已然浮出端倪。

这封信写来颇有波折。上封信内容完全采用阿寻与我聊天对话间的原话，只为串联成文稍做修缮。但这封信是不同的。在最艰难最黑暗的那几天，正处于其中的阿寻如信中所说，纵使我一直陪她、担心她的情况，但她总来开导我，对我说还好；而回溯时也不想描述最具体细微处的艰难（即焦虑、恐慌、胡思乱想等她都会主动交流，但这对我来讲终究还是“宏观”。我会不由自主代入情境中想，假如是我的孩子，她远在韩国，那会怎样？她会怎样？我会怎样？如果她是我的孩子，我想知道她每一分每一秒是怎么度过的，她是怎样于每一分每一秒间熬过来的。这也是当我得知阿寻写过遗书时内心被极大震动到的原因——我怎么可以接受我远在异国的孩子竟艰难绝望到写下了遗书！她在写遗书时是什么感受啊？写完就真的放下了吗？这个“放下”对她而言又究竟是什么感受呢？在此之前她所说的恐慌，放于五感上又究竟是怎样的“恐慌”呢？如此这些，仅想想我都不敢，都要心痛死了）。阿寻感知到了这些，或许是我的状态给她带来了压力与担心，亦是觉得不知如何去讲，所以进展到这里卡住了。可是既然要将这段经历整合成文以场景再现，达到身临其境以情感共振的效果，这样是不行的。我想到，或许我可以尝试基于我对阿寻的了解和已有的相关叙说支撑，将自己代入到阿寻的视角中重新过一遍那段艰难的日子。这个书写过程着实艰难，我经常会难过得写不下去，这时再看看阿寻说的“我也想做个孩子”“我也想回家”，再看看“写完遗书就释然了”，结合她的成长经历，我时常泪盈眼眶又感到窒息。太痛苦了。写完给阿寻看，阿寻用俏皮的语气说“难为你了，除了一定文学成分，感情拿捏得恰到好处”。“是这样吗？我宁愿你说不是。我不愿让我想象中经历的那些，是你真实经历的。那一定比我写的要更痛”。阿寻发来一个拥抱的表情，“桐，不想了，也没那么难熬，我现在不好好的嘛”。或许吧，有些事，自己经历时咬咬牙熬过去，还会反身拍拍身边人，说“我没事儿”。或许当时留在韩国的是我，我也会说

“其实没那么难熬”，或许我也真会觉得没那么难熬。但是现在留在韩国的不是我，是阿寻，那我就受不了，就不敢去细想。

好了，那我们进入第二封信。

桐：

现在是3月20日清晨七点，我想你。我想你见到我一定会抱抱我，我也想让你抱抱，然后赖着你将这段时间的各种见闻絮絮叨叨讲给你听。你是为数不多的站在我的立场上全心全意为我担忧、为我考虑的人。你不知道，这份温暖对一个无比茫然、恐惧和孤独的人而言，是多么珍贵啊！

很抱歉，我骗了你。在此之前，你问我怎样时，我总说还好；你问我有没有跟其他亲近的朋友倾诉，其实并没有。或许因为从小缺少亲密沟通吧，当我一旦想要被理解、被爱与关心时，对它的期待会反而变得极高。所以，为了避免听到“会好起来的”“加油哦”这种几乎不带感情的敷衍，我选择闭口不言。我当然会想哭想找人倾诉，也很希望这个人能在我身边，哪怕他只是安静的不说话，然而我并不认为会有这样一个人存在。事实是，这段时间我和自己又走近了一步。我猜你一定会问：“为什么呢？”可是，谁呢？我的不安、恐惧，我所有的负面情绪，谁能确保自己不受影响并且心甘情愿地接过去呢？而我，又有什么资格呢？所以，我也不想让你知道，让你徒增忧虑。而当我真正平静下来，再回过头审视时，那便是另一回事了。此时的我可以理直气壮地说：“没关系，都过去了，真的不需要为我担心。”

那段时间确实很艰难。一方面，家人面前我要扮演一个冷静乐观的女儿；另一方面，我需要根据现实情况做出决定，而任何决定可能带来的严重后果都需要我一个人承担。压力很大，真的很大。

当时疫情仍在爆发，每天都有很多留学生回国。眼瞅着他们可以轻松潇洒地离开，看着他们在朋友圈里分享自己落地后舒适的隔离生活与亲人的迎接，我好羡慕！羡慕到甚至嫉妒！嫉妒到发狂！

我也想回家啊！我多想回家啊！我也怕啊！我也想被爸爸接回家，被亲人环绕，我想当个孩子，被家人抱着搂着亲着！我想坐在家里的饭桌上吃饭啊！我真的，好羡慕他们啊！

机票越来越少也越来越贵，买还是不买？回还是不回？要不，不到万不得已，就先不回了吧。可是，假如真到了“万不得已”，还回得来吗？

我不知道。我只知道我不想给家人带来巨大的经济负担，也不想由我将病毒带到小城。我承担不起！我是一个过于完美主义的人，不能接受自己不谨慎的决定带来恶劣后果。留在韩国不一定会死，而回国带来的一系列麻烦与风险则是必然。让我活着接受那些煎熬，我不能够！那么，不回去了，暂时，不回去了。

窗外，暮云是顶好看的。我望着它们，心里很明白，与其回国，我选择了死。我宁愿死。

那么，也是时候该告诉爸爸妈妈了。

那天晚上，我在宿舍里站也不是，坐也不是。我能够清晰地听到闹钟一分一秒的滴答声，大脑时而空白，又有着奇怪的坚定。爸爸发来视频聊天的那一刻，我有些窒息。屏幕那边，是爸爸妈妈焦急的微笑着的脸。几句例行寒暄之后，我深吸一口气，推着自己说：“我不回去了。”我看到爸爸妈妈呆滞了几秒，“为什么？”爸爸问我，声音严肃、沉重而缓慢。我将回国带来的纷繁手续、诸多方面的经济损失一一讲来，他们沉默了。“还是回来好些，”妈妈嗫嚅着。我笑着问她：“我要是回去了，谁接我呀？你们要是都被传染了怎么办？”“让你爸爸去接呀！”妈妈说。“那把爸爸传染了怎么办？”妈妈迟疑了：“是哦，爸爸是顶梁柱，家里啥事都靠他呢！”“是吧，所以我不回去啦。我会照顾好自己的。”我笑着，眉头却在微微痉挛，我有些慌，很担心爸妈发现我的面部表情不对劲，可是又控制不住那不停抽动着的皮肉。好在，爸爸妈妈同意了。

挂掉视频后，我慢慢滑落到地板上。如果没有桌子腿撑着，或许我会直接躺下来。了了，了了。一桩大事，终于了了。就剩下我自己了。我终究还是躺了下来，我感受不到地板的温度，只是感受到了地球的旋转，这个庞大球体的旋转。我不敢闭上眼睛，因为这样会让我感到无边的恐惧直压下来无法呼吸，可是睁开眼睛又会眩晕得难受。我感到耳边似乎有声音在响，我的手指无法弯曲，这或许就是所谓的虚脱?

我在地上躺了一夜。后来的几天，每当我恐慌难抑时总爱躺在地上。床太狭窄又过于温暖，它会让我的种种情绪发酵直至难以承载。地板不同，它冰冷又空旷，又似乎有着大地母亲般的包容感，让我也短暂回归到婴幼儿状态。躺在地上，视角旋转，看到的世界多有不同。放大的桌脚，遥远的吊灯，颤动的包装袋，自下而上飘动的窗帘以及顺着窗帘丝丝缕缕流入的阳光……这冰冷的、空旷的承载感让我着迷，但同样不能容纳我太久。

我想，那天我应该算是一夜未眠。我不知道自己到底睡了没睡，睡了多久。当我爬起来时，闹钟指向五点。我打开窗，趴在窗台上，不知道在想什么、该想什么。该想的，不该想的，或许已经想了一夜了。

在那个寒冷而未明的清晨，我看着太阳一点一点从远处升起，看着建筑的轮廓在晨雾中慢慢变得清晰，看着街道上渐渐增多的行人车辆……天亮了。我突然感到头皮发麻，一股巨大的茫然袭来，伴随它的是铺天盖地的深入骨髓的恐惧。我的眼睛慢慢睁大，咧了咧嘴，无声的想哭，我再次感到手脚发软要跪下去。桐，这种深入骨髓的孤独与恐惧，我这辈子都不会忘!

那几天正值生理期，正是身体虚弱难受的时候。头晕、恶心、乏力、腹泻……这些本是正常反应，此时却被无限放大。我开始想，我是不是被感染了？所以，我是不是要咳嗽了？我头疼。所以是发烧了吗？要量体温吗？那几天，我把温度计放到枕头边，一天会量六七次。那些天，韩国新冠肺炎疫情仍在爆发，3 月 2 日破 4000，3 月 3 日破 5000，3 月 5 日破 6000，3 月 7 日破 7000……手机上时不时弹出的“紧急警报”总会让我手抖到拿不住手机。

我会死吗？

这个问题我反复问过自己。我曾无数次设想过自己会怎样被感染，会怎样死。死之前能回家吗？还是，就腐烂在这异国他乡呢？是死在这狭小的宿舍里，还是会被抬到医院呢？我一度想，死就死了吧，一了百了。

桐，那时我好想靠着一个人大哭一场，可是我没人可靠。

那段时间，我和爸爸妈妈每天都会视频，屏幕那边一切都是熟悉的味道。外公、外婆并不知道我这边的情况，他们偶尔会从屏幕里闪过但未曾驻足，嫂子快生孩子了，他们沉浸在迎接孙子的喜悦与忙碌之中。爸爸妈妈每天都会问我韩国的情况、问我的情况，会向我讲讲家里的“新闻”。每到这个时候我是既贪恋又害怕的。我贪恋这视频里的每一分每一秒，我想把这每一分秒都刻进记忆里，这对我而言像是救命的氧气，而我，则像一条濒死的鱼。我是怀着诀别的心的。此时的我，给沉沉的颓废披上快活勇敢的外衣，用嘻嘻哈哈的语气告诉他们我很好。可是，桐，如果此时有一个人用悲悯的充满母性的目光看着我，说：“孩子，我知道你很累，我知道你过得不好。孩子，来，我抱抱你。”我想我会瞬间瘫软，哭得天崩地裂。

这样的日子，大概又过了三四天，我仿佛死了一回。实话说，我觉得大脑某处好像发生了点变化，它好像转得慢了些。我也经常会有一种失意的茫然——对于很多发生过的事情，似有若无，记得又记不得了。

但是我记得那个夜晚。

那天晚上我照例睡不着。后来某一刻，我睁开眼，盯着天花板。又某一刻，我翻身起来，打了自己一巴掌。这一巴掌打完，瞬间呼吸顺畅了一些。我对自己说，不能这样了。在这些日子里，我任由自己的种种情绪蔓延，任由它们无限发酵将我淹没；任由自己如同废人一般躺在地板上……但是，这事得有个头儿。一直这样的话，我会瞧不起自己。就算死，也没面儿。

该醒了。

我坐到书桌旁，打开灯，开始回顾这段时间以来所有的恐慌焦虑，把自己剥离出来，细细观察与剖析每一个消极情绪，分析它们各自由何缘起，然后自己分析各项决定做与不做的利弊，继而说服自己、安抚自己。

那天，这项工作进展到凌晨两点，我扑到床上倒头就睡。心里，感觉安稳了一些。之后两天，我一直在进行这项工作。我把一条一条情绪，一个一个现实情况都对应列在纸上，向自己分析开："你看，情况就是这样，既然回家确实弊大于利，那你就得接受这个现实"。

然后，我开始写遗书。写完遗书，也就释然了。待在韩国已是最坏结果，留在这里也并非死路一条。既然方方面面都考虑到了，也都交代完了，那就既来之则安之，尽人事听天命吧。

好在这些天韩国每日新增病例渐渐减缓，我的灵魂，也不再那么惶恐不安。桐，今天我可以有底气地对你说"我还好，放宽心"了。最艰难的日子已过，该怎么活还得继续活着。今天说了好多好多，算是我一个任性的发泄吧。写完了，又舒坦了不少。你看了千万不要过于共情，我已经走出来了。你要记得，这一切都已经是过去式了，如今我这一切都好，物资也齐全，你放心！

茶很甜，我想你。

2020 年 3 月 20 日　晨

所以，读到这里，你有什么感受呢？你发现了什么？又在想什么呢？为什么呢？

（三）回望

4 月份韩国新冠肺炎疫情和缓下来，阿寻的学习生活亦开始按部就班地步入正规，此时的生命叙说也进入了新的阶段。我们的视野，开始慢慢跳出 2 月至今的生活，望向更远的过去。

桐：

我领到健康包啦！拿着它往回走时，看着那明晃晃的“祖国永远在身边”，我是搂一会儿看一会儿，鼻子酸酸的想哭。实在是太温暖、太开心了！这个时候得到祖国的关怀，心中凭空又多了几分底气。这个健康包，我要把它供起来！

其实 3 月那次写完我就后悔了，很担心你看了会难受。果不其然。唉……桐，我很抱歉，把那些说出来还是太自私了。桐，你千万别再自责了，当时只有我能救自己，真的。

我知道，你一直对我写遗书的事儿难以释怀，其实写遗书没有那么可怕。我这人一定是见到事实才会死心，所以才会写遗书。而且像我这种压抑比较久的人，想倾诉时难以向别人讲，那与自己对话就变得尤为重要。桐，当时感性的安慰对我而言是起不了任何作用的，你要知道，前期我极度恐慌是必然的，无论你们怎么做，都是远在天边，终究还需我一人面对这现实。而写遗书就是在列举事实，既然后果都想到了，能做到也都做了，那就尽人事听天命吧。

你对那天晚上妈妈第一反应是留下爸爸而不是我感到惊诧，其实我当时就意识到了，但我不介意。当妈妈毫不犹豫地选择爸爸时，我是可以理解的。她这样是在替我保护自己和家里人，帮我解决了后顾之忧。对我而言，家庭利益大于我的个人利益，所以如果牺牲我一人可以保全家人，我心甘情愿。

你那天说的话，对我很有启发。是啊，我们的诸多性格、心理特点，与我们的成长经历息息相关，或许都有着童年的烙印。寻找每一个特点所对应的烙印，是一件蛮有趣的事，也会让我更加认识自己。那天与你聊完我又想了很久，我发现其实我早就把“妈妈”的概念弱化了。可能从情绪上我还渴求从妈妈那里得到爱，但我从未想过被妈妈保护，亦从未有过向她求助的意识。同样的，其实妈妈反方向对我和爸爸有一种依赖。可是啊，说实话，我也想做个孩子，一个被妈妈保护在羽翼之下的孩子，我对母爱现在还是会有想要索取的感觉。

可是我知足的，谁没有遗憾呢？如今家人平安健康，我也有书可读，已经很知足了！只要国内亲朋好友能够顺利度过疫情，我别无他求。

2020 年 4 月 16 日　傍晚

(四) 人非

猝不及防的疫情，打破了无数人的生活平衡。原有的生命发展方向在巨大的冲击下折变方向，这同样令人猝不及防。不知阿寻有没有发现，在她的好朋友哭着离开的那天，她所处的小城，同时亦消失了很多行人。

桐：

今天是她结婚的日子。唉……世事无常，虽然三月她离开时我就颇不适应，今天看到她的婚礼现场，还是久久回不过神来。

对我而言，她算是一个精神寄托。我们曾一起打工、一起上学，也曾挤在一张床上睡过……大家明明前一天还是学生，还在想着学业，也憧憬着未来，这样一个朝夕相处的人，就这般突然消失在了我生活的环境里，转为人妻，甚至做了母亲……唉，这疫情，改变了多少人的生命轨迹啊！

桐，你知道我最难过的是什么吗？她不是开开心心回家结婚的。我知道，她并没有准备好做一个妻子甚至一位母亲。我也知道，她其实多次想结束这段感情。这几年来我看着他们分分合合，她也一直没有重新开始的勇气。如今有了孩子，更是断不开了。离开那天她对我说："我逃不开他了，可能这就是命吧，现在又怀孕了，还能怎样呢?"。桐，我当时千言万语，不知道该说什么好，心里很不好受。除了她，还有一名同学，也是因为疫情家里催她回国结婚。可是，她与男方也存在诸多矛盾，也有太多不尽如人意的地方。这婚多少也有点被逼着结的意思。唉……

桐，她们都走了，在这特殊时期，我的身边没有可以互相扶持的人了。今天晚上回宿舍时，我看看手机上她发来的现场视频，再看看路上来来往往的行人，一时有些恍惚。眼前的景色，熟悉又陌生。这就是所谓的物是人非吗?

就算疫情结束，多少人也难以回归原有的生活轨迹了。以前只道分离是常态，如今发生在身边的事情真真是道出何为世事无常。桐，之前二十余年，我是一个忙于满足他人需求的人，我也未曾把自己的需求当回事。可是，既然这些年我醒了，就要慢慢改变自己。虽然不知未来如何，但我不想做出像她们这样的妥协。余生，我想尽最大努力做自己。

2020 年 5 月 3 日　夜

5 月的阿寻，在新的“突变”冲击下，开始了新的思考。我们正式踏入童年溯源历程，开始尝试将当下置于过去诠释，然后反身展望未来。

(五) 探寻

四年前的阿寻，曾有过一段短暂的恋情。作为旁观者的我，从一开始就认为他们不合适，这段关系也走不长远。男方及男方原生家庭，实在存有太多问题。但是阿寻一腔热血。末了，她说：“我知道你觉得他很不靠谱。但是你不是我，他对我真的很好，他是我这么大遇到的最合适的人。他懂我。所以，祝福我们吧。”我能做的，便也只能是默默在她恋情颠簸时陪伴、保护与维护。他们最终因为一个很不靠谱的原因结束了恋情。阿寻为此痛苦了两年。这个事件对她而言是自我探索的开端，她从那时起有了自我觉察的意识，亦培养了第一封信中陪她走出最艰难时刻的自我疏导能力。

现在回望，阿寻嗤笑。“当初因为我说了一句‘我可以接受你的所有’，他照着这句话给我来了个一模一样的，我就沦陷在了自己的想象力里”。

我们看看 5 月底的阿寻，对当下及过往的恋情、友情、矛盾与冲突有了什么新的发现。

桐：

这段时间的交流让我深受启发。透过现象看本质，从日常的行为、思考中发现自身的性格特质，再溯源剖析……哇！太有趣了。

今天中午我突然发现，以前我追求友情、爱情也好，学业也罢，其实动机都不是表面上那么简单。并不是这个人多么仗义、多么爱我、多么优秀，或者好好学习找个好工作……我发现我追求的所有东西背后，其实都是对自己的认同——想要得到他人的认同，想要感受那种因被他人需要而被赋予的价值感。虽然之前我就与你说过我是个缺爱的孩子，从不把自己的需求当回事，等等，但是，当时并没有把这些行为与背后心理动机真正联系起来。哈，看我跟你学了多少新词。

当我再深究时，又发现了更有意思的一点。很多时候我不是在跟别人较劲儿，而是与自己。当一件问题发生时，其实最重要的不是去剖析别人什么性格、人品，我怎么想怎么应对决定了事情的走向。这取决于，我到底是一个什么样的人。还有一点，假设我有一个自己比较讨厌的且不为人知的一面，我因为不愿接受而隐藏它，实际上等遇到问题时，这种特质会突然跳出来——它从未消失过，所以同质的问题得不到真正解决。

解决问题的核心，在于自己。这是一个与自己握手言和的过程，不是别人。

我记得你说过："只有真正坦然正视真实的自己，才有可能谈改变。要改变，首先要真正的认识自己、接纳自己"。是这样的。我现在觉得，我需要勇敢地、彻底地暴露自己、剖析自己。

唉，为什么要委屈自己去求得别人微不足道的肯定呢？把时间与精力更多地放到自己身上不好吗？我醒悟得好晚啊！但是今天意识到这层后，又感觉很奇妙，仿佛参透了佛经一样，浑身上下舒坦极了！

桐，以前我不自由。如今我知道了，"不自由"其实是我施加给自己的，是我接收了别人的施加来捆绑自己。以后，我要克服、要改变，我会努力拆除这些束缚的！

2020 年 5 月 20 日　午后

三、溯源中的觉醒：寻找回来的世界

虽与阿寻相识多年，或许我从未真正了解过她。倘若没有这次来势汹汹的疫情，或许我们也不会于此时踏上自我探寻之旅。在阿寻的叙述中，我慢慢发现阿寻以及她的原生家庭，竟都与我原本想象的大相径庭。阿寻家中有四位亲人：外公、外婆、爸爸、妈妈，这个五人之家自阿寻诞生之时便是如此。阿寻爸爸是中学教师，妈妈是银行职员，早早便退休回家，一家人收入不高，倒也安稳。在外人看来，在这静谧的海滨小城中，三世同堂，日子应是热热闹闹平凡喜乐。我曾以为，阿寻的成长中充盈着四位亲人满满的爱，虽然外婆有些强势唠叨，但也不失温馨。而阿寻，这个我认为在爱里长大的姑娘，亦是自信阳光、不羁洒脱。

然而，阿寻讲述的却是另一个截然不同的故事。

阿寻的家庭图谱可用图 3 展示，三角形与圆形代表家庭重要事项决策方面的话语权，其中以三角形示意者高于圆形；阴影部分代表家庭事务执行操作方面的参与度，阴影面积越大表示参与度越高。据阿寻表述，外婆因身体原因几乎不会在家务方面出力，可是她的家庭话语权最高，是这个五口之家中的实际女主人，但是她重男轻女观念浓厚。阿寻的母亲亦体质较弱，因始终生活在父母的照管下，加之工作性质，家庭日常事务执行方面涉入极少，亦几乎未曾参与到阿寻的成长中来；而温吞柔弱的外表下其实亦继承了其母对家人强势的一面，故而家中大事上往往由她来做决策。外公、爸爸与阿寻几乎承包了家庭日常事务操作，其中爸爸为绝对主力。

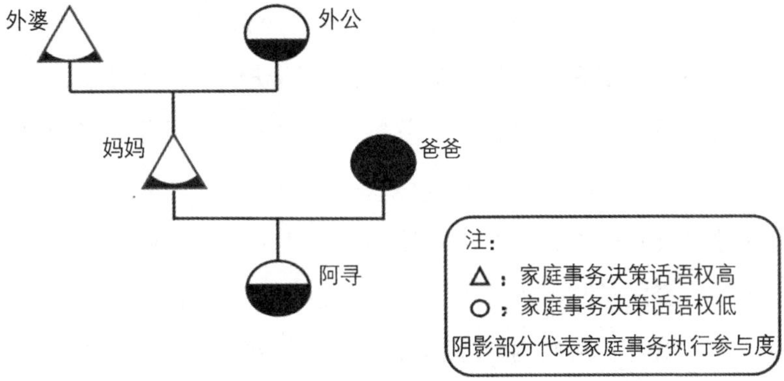

图 3　阿寻家庭关系图谱

这听起来多少有点奇怪。一个重男轻女的家庭，却又是男性操劳、女性当家。但听其发展脉络，又是合情合理。重男轻女的家庭基调是强势的外婆定下的，阿寻的外公，是她认为与自己最亲近、最能照顾到自己情绪的人。外公性情温和，因外婆身体不好，对其多有宠爱忍让，将她照顾了一辈子。阿寻的爸爸小时候便没了母亲，婚后不久父亲亦离开人世，自此与本家亲戚基本断了联系，全部精力放在了这个小小的五口之家中。但独自一人面对阿寻母亲的家族成员，多少亦会因自感外人而敏感小心。阿寻的妈妈自小温顺，其童年时期共同生活的奶奶亦是非常重男轻女之人，可知其母从小于“夹缝中求生存”“好吃的只能给我舅舅和她奶奶（阿寻曾祖母）吃”，在一辈子生活于父母的照管下未曾说过“不”字。所以，性情强势而身体病弱的外婆，便成为全家人捧在手心的女主人。

> 小时候，感觉外婆传递给我的信息就是不喜欢。
>
> 在我的儿童时期，包括青少年的前一段时期，那些最重要的时刻，妈妈几乎没有参与进来。妈妈说，她觉得把我生下来之后，除了喂奶好像再没做过什么……妈妈在家从来没有管过我，其实我一直感觉她对我是一种不关心的状态。

一位说一不二、重男轻女的外婆，一位长期缺位的漠然母亲，这原生家庭的两大因素致使阿寻遭遇了多种成长危机，影响了其性格养成与处事方式。而这些，在阿寻应对疫情的过程中淋漓尽致地表现出来。

从阿寻做出放弃回国这一决定背后的所思所为中，我们可以明显看出她对家庭负有强烈的责任感与保护欲，特殊时期她宁愿牺牲自己以保全家人，而母亲在她心中尤其重要。从她的叙述中可以看出，她与父亲皆为保护母亲、保护家庭的角色，故其所有决定的最终目的都是保护母亲。而居韩防疫期间的所思所为又展现了阿寻另一重要特质，她不擅长甚至十分抵触向亲近的人流露自己的脆弱恐慌以寻求情感援助；而在这种情况下，阿寻分离出了理性强大的“我”来帮助自己剖析现状以做自我疏导。同时，“男孩子”的形象对于阿寻到底意味着什么呢？此时的我，对阿寻及其家庭的诸多原有认知接连被打破，惊诧之余亦更好奇当下的她“缘何如此”。我深知这些内隐或外显的重要性格特质之间应是存在着诸多复杂的联系，而阿寻亦本就愿意继续进行自我探索，故而于 2020 年 4 月起，我们的话题出现偏移，5 月起开始集中于回归到阿寻成长历程中溯源。下文则基于阿寻的 5 封信以及 5 月起回溯性访谈材料对阿寻的“文本我”做部分理解与诠释。

斯金纳等人（Skinner et al.，2000）为评价家庭功能设置了 7 个维度：任务完成、角色作用、沟通、情感表达、卷入、控制和价值观作为。围绕着任务完成这个核心维度，其他诸维度之间环环联系，价值观和规则是家庭任务完成的背景。而阿寻所在的原生家庭，其家庭功能各方面都是存在问题的，这无疑是阿寻诸性格特质养成的重要影响因素。

(一) 与孩子交流倾听，不存在我外婆和任何人身上”

> 与孩子交流倾听，不存在我外婆和任何人身上。很多事他们根本不管我愿不愿意，不会征求我的意见，也不会顾及我的感受。

从阿寻的叙述中我们可以看到，其成长过程中遭遇了较为严重的情感忽视（潘建平，2007）。阿寻的家人们普遍忽视了对其心理、精神和感情的关心与交流，忽略了对其情感需求的满足。

在这个由外婆掌控的重男轻女氛围浓厚的家庭里，阿寻的意见是无足轻重的。在这里没人能够切身理解阿寻所受到的伤害，亦没有人真正站出来维护过她的利益。从小阿寻便生活在外婆的严苛挑剔与强势管控之下，外公、母亲多扮演沉默的旁观者，同样性格强势的父亲则多照顾外婆颜面倾向于对其施以惩罚。阿寻亦曾表达过自己的痛苦与需求，但结果往往是被家人无视、不理解甚至嘲弄，由此换来更大的伤害。久而久之，出于自我保护，阿寻产生了应激反应，她对向家人进行情感援助产生了恐惧、排斥心理，致使第一封信中阿寻拒绝在防疫期间向亲朋暴露自己的恐慌无助，选择自我承受的情况出现。

（二）“我一直按照别人的要求活着”

鲍恩系统家庭理论中提到，在情感紧密性（togetherness）压力较高的家庭中，孩子的自我形象往往建立在对他人情感需要的反应，以及他人对自身情感歪曲的感受之上。此时孩子的功能仅仅是对他人做出反应，为得到家人的接受或赞许而被迫按照家人的信念、价值观等行事，其于成长过程中无法为自己的需求进行思考、感觉和行动（易春丽 等，2004）。且在儿童成长过程中，如果看护者总是对儿童的需求表示冷漠、拒绝，那儿童会认为别人是不可得的，自己是低价值的、不值得被关爱的（王争艳 等，2005）。

> 我懂事是理所应当的。在父母眼里，一直都该是孩子不是吗？可是，孩子有的被偏爱，我没有；孩子可以犯错，我不许；孩子可以任性，我不能……

> 之前我一直认为自己很糟糕。但有一次跟爸爸说起，他竟然说：“你为什么会这么想？”可是，我不知道我哪里好啊，我没有听到他们夸过我呀……在我特别特别小的时候曾经问过妈妈：“妈妈，你是不是不喜欢我？”

阿寻说，在过去的二十余年里，她惯于压抑自己，按照别人的要求活着。她说“我一直都是在满足别人的需求，对家里人几乎是有求必应”。来自家人的强势管束以及长期以来的情感忽视，使得阿寻自我价值感极低，久而久之，“也不把自己的需求当回事了”。这让阿寻出门在外也很难拒绝别人，她说“我很擅长妥协的，拒绝别人会让我感到有负罪感，会很难受”。第六封信，则正是阿寻对于自己这种性格特点的审视与反思；而前三封信中均可看出阿寻为了保护家人、维护家庭利益宁愿“牺牲自己”的强烈意识。

(三)“我接受你所有的样子”

无条件积极关怀是“一种非占有性的，也不要求报偿的关切”，无论个体表现如何，对方都会将其视为一个独特的存在施以无条件的接纳与关怀，而不是因为其符合对方的期待。如果孩童感知自己的“被爱”是有条件的，那么他在迎合“值得被爱”的条件同时，也会出于自我保护做出一些防卫性反应。对某些方面的知觉会变得狭隘又坚固，并且可能会有过度敏感及过度反应的情形（张慈宜，2013）。

“我接受你所有的样子”，这句话对于阿寻来讲太珍贵了。长期以来的情感忽视让她迫切地想要被完整的接纳与欣赏。因她长期忽视自我需求的满足，又以男孩子的“帅气”做外衣，在旁人眼里，她扮演着一个冷静、强势、照顾他人的角色，家人们也都认为她乐观开朗、大大咧咧而又坚强。他们戴着这副眼镜看待阿寻——这也进一步加重了情感忽视，阻碍了阿寻的情感求助。也正因为如此，阿寻十分抵触将自己真实的软弱与负面情绪、将“最反转的一面”展示给最熟悉、最亲近的人看，她害怕看到那些她在乎的而对她持有刻板印象的人们或惊诧或不以为然的表情，更害怕看到亲人用那熟悉的揶揄的眼神看着自己，甚至对向家人展示脆弱产生极大羞惭之感：“如果要我把最真实的一面暴露给爸妈，不如让我去死”。

然而长期遭受的情感忽视又使得阿寻对亲密关系中的交流沟通期待极高，渴求被“无条件积极关怀”，被完全理解以及无条件爱与接纳，同时又小心翼翼不敢尝试、不敢碰触。这种心态在阿寻第三封信中对为何独自应对疫情中的心理危机的解释中淋漓尽致地表现出来。

（四）“要和爸爸一起保护妈妈”

从阿寻疫情爆发期的自我叙说中，我们可以很明显看出阿寻对母亲有着强烈的保护意识。而在阿寻成长过程中长期缺位的妈妈，或许始终没有准备好做一个真正的母亲。在这个五口之家里，外婆是强势的女主人，外公和爸爸是内外家务的主要操劳者，而阿寻妈妈无论身心都从未脱离过父母，她延续着自己未出嫁时的状态，扮演着一个女儿的角色。一个弱势的、被照顾的，被重男轻女的母亲监管甚至压榨的女儿：譬如晚上散步不能超过 9 点，刚买回的新鲜水果可能会被要求洗好送到哥哥家给孕妇吃。相对应的，她于自己的婚姻三角关系中（Bowen，1966），也未做好当一个真正的妻子、母亲的准备。原本应是父母关爱照顾子女的保护环由此空缺，而阿寻的成长，则似乎在逐步填补母亲所空缺的位置（如图4），最终扮演了三角关系中的“母亲”角色，操劳家事，保护家庭，亦保护母亲。

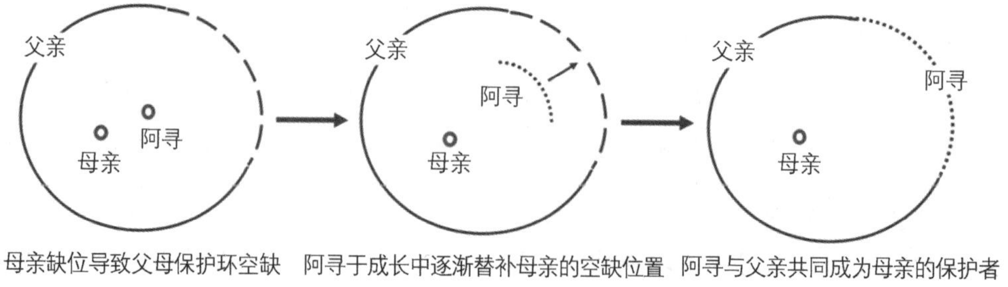

图 4

但是这就存在一个问题，纵使如此解释似乎可行，但是阿寻为什么一定要填补母亲的空缺位置，继而保护母亲呢？阿寻为什么从小都有保护母亲的意识呢？这个问题2020年时我与阿寻探讨过多次，她除了想到“可能受爸爸影响”“觉得妈妈柔弱”，便再也想不出别的解释。然而我总觉得哪里缺了一环。

直到2021年3月，当我和阿寻再次聊及“小男孩”时，她唤醒了新的记忆：

> 小时候我总会被打。外婆打、爸爸打，这是我一个人的抗争。在这个节点上，我有个变化，开始把自己刻画成男性。我虽然觉得女性从不比男性差，但我下意识把女性当成需要被保护的人群了。

我突然意识到，阿寻不仅仅只是在保护母亲，她是在心理角色上扮演的是那个有力量的、强大的男孩子，保护的是那个弱小的、无能的、易被欺负的“小女孩”——母亲。那这是否是于潜意识中弥补自己幼时的期待——能有一个强大的保护者（最期待的应是妈妈）挡在姥姥前维护自己、安抚自己——落空的遗憾，将此转化为对自己的责任与期待，既然没有英雄，那便自己创造一个英雄，保护自己，也保护好家人吧！这个角色，曾经是幼小的阿寻无数次面对外婆的责难、向表哥让步的羞辱、爸爸为安抚老人的责打时，在她惶恐、委屈又孤立无援时迫切想要得到的，而最终她成为了“他”（因“妈妈”一直以来扮演的是弱势的小女孩，所以幼小的阿寻虽最期望被妈妈爱护，但同时受其影响，认为女孩子是弱势的，需要男孩子来保护），反身抱住她爱的人，尤其是，“小女孩”妈妈（如图5）。阿寻对这个解读表示赞同，只是对“小天使”一词羞涩地笑“这也不必……”。可是我觉得，她就是一个小天使。

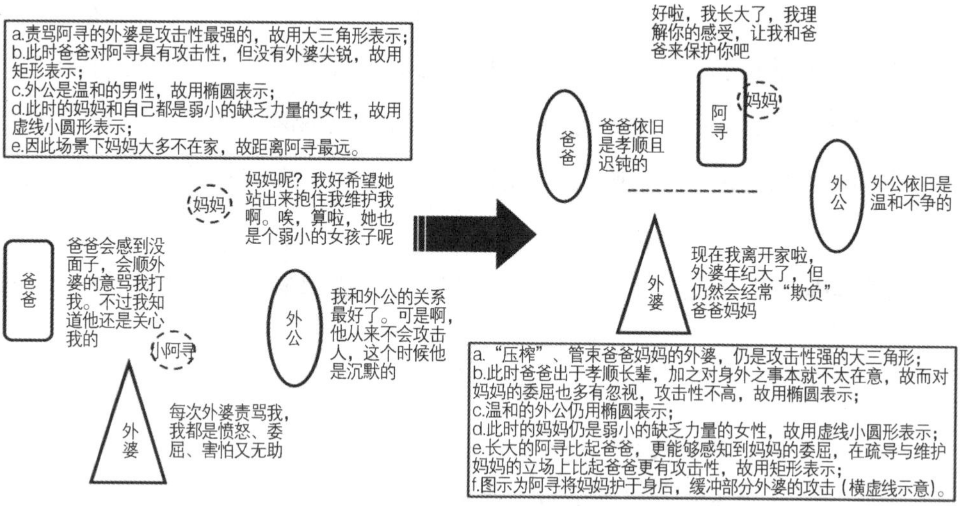

图 5 我成为了小时候期待的“大人”

长期以来的母亲缺位，以及低质量的非母亲看护严重影响到了阿寻的自我效能感，降低了她对母爱可得性的自信程度（Belsky，2001），亦影响到了阿寻整个依恋需求的发展（岳建宏 等，2010）。但是，这能仅仅怪阿寻母亲吗？她实际上也是一名受害者。正如鲍恩系统家庭理论中的多代传承理论所言，倘若孩子出现了问题，那无论孩子亦或其父母都不该被单单指责，该问题是多代传承的结果，而其中所有的家庭成员都是参与者与反应者（易春丽 等，2004）。阿寻母亲自 50 年前至今仍被外婆重男轻女的思想所压榨，正是这样的环境塑造了如今的阿寻母亲。阿寻母亲深陷这样的泥潭中而不自知亦不自争，所幸的是，阿寻具有了寻找自我、认识自我，并争取活出自我的意识，性格亦非一味的忍让软弱，并有着强烈的家庭责任感，这亦有助于她于未来勉力阻断家庭问题传承，建立健康的婚姻家庭生活。

（五）“小男孩”与“小女孩”

所以，那个我一开始与阿寻交往时就感知到的“小男孩”与“小女孩”

究竟是什么呢？为什么这么矛盾的形象会共存在于阿寻身上呢？

阿寻对男孩子的态度，是矛盾的。于她本人，“小男孩”的意象是强者，是具有攻击性，但会保护弱者的存在。但阿寻讨厌家里的男孩子。她讨厌从小跑来自己家、还被外婆捧在手心供着的表哥，以及如今集聚了所有人的关注以至于家人都“忘记”了她的存在的长房长孙——表哥的儿子——她的小侄子。这或许是对于自小剥夺其自由行为、自由言语、自由情感表述等重男轻女思想以及外化行为和受益个体的愤怒（May，2008：121）。

那么“小男孩”与“小女孩”，阿寻更想做哪一个呢？阿寻认为是“小女孩”。但阿寻又于过往人生大多时间在扮演那个男孩子。从小到大，同学们都喜欢唤她“C 哥”，她亦喜欢以“哥”自称。她“嫉恶如仇”，一旦看到男生欺负女生，就会正义凛然地撸起袖子把他们赶跑。正如文初所说，青春期的阿寻从未穿过裙子，总是不变的牛仔 T 恤，直到她 21 岁时陷入那场并不顺利的恋爱，她开始披下了头发。她把头发烫弯，让软软的发尾柔柔的倚在肩上，她穿上了半身裙、连衣裙，换上了精致的女鞋——那个一直以来莫名其妙活在我脑海中的纤柔文艺的女孩子第一次变成了实体。为什么呢？“他是那个接受我小女生的人啊，虽然后来不愿意了。”阿寻如是说。

所以，“小男孩”与“小女孩”究竟是什么关系呢？

2021 年 4 月底的一个夜晚，我突然回想起那个让我无法释怀的“写遗书”场景。阿寻说，这是让极度敏感、恐慌的她安稳下来的方式，是她自我安抚的方式。自我安抚？我脑海中突然浮现出了一个画面：空荡荡的房间里蹲着一个小女孩。她很孤独、很害怕、很惶恐、很茫然，她有很多很多的胡思乱想，甚至里面夹杂着愤怒，她蜷缩成一团在哭。后来，一个小男孩慢慢在她身边浮现，轻轻拍着她的肩膀，然后抱着她。等她不再那么颤抖了，拉起她的手，慢慢引导她坐下，然后耐心地带她分析当前的状况，安抚着她，让她冷静下来。

“小男孩”与“小女孩”之间，应是有过互动的。他们虽然是为完全割裂的形象，但他们，应该是朋友。

阿寻说，这个画面很有意思。似乎是这样的。

那么怎么解释呢？

我想，他们或许是阿寻内在小孩的分裂碎片（Jung，2011：225），代表着那个整体小孩的不同需求与呐喊。“小男孩”或许是幼小的阿寻对被公平对待、被尊重、被保护的渴望，“小女孩”则是被倾听、被理解、被温柔的无条件的爱与接纳的渴望吧。

四、阐释：余生，尽最大努力做自己

一个故事要成立，必须发生某种未能预见的事情（Bruner，2006：12），此中便需存在打破原有生活平衡状态的突然逆转——突变（Bruner，2006：3）。而外界的突变亦会往往成为个人生命故事的转折点，孕育着自我的突变（Bruner，2006：67）。在新冠肺炎疫情这个大突变的冲击下，阿寻的生活中接连发生多件小突变：艰难放弃回国独藏宿舍、好友接连退学回国为人妻母、此时刚刚诞生的小侄子成为全家人的焦点……这些无一不加重了阿寻的焦虑、恐慌、孤独与被抛弃感，但也由此成为阿寻自我探寻路上的转折点，痛苦之后触发新的觉醒，开启了新的探索与诠释。

是什么帮助阿寻度过韩国新冠肺炎疫情爆发时最为恐慌无助的那段日子呢？阿寻提到最多的，是自己的作用。在那最灰暗的时期，于那狭小的学生宿舍，亲朋鼓励“皆为辅助”“抗压全程靠自己”的阿寻在与自我的对话中深化了自我认知，进一步提升了对自我情绪的感知、安抚以及如何使其与现实更好的相适应的能力。此番疫情中，她认为自己所获得的最大成长是深化了对自己的认知以及提升了自我调控能力。从六封信中也可看出，阿寻后期开始有意识地从心理学角度自发地审视、剖析自己，并做到了基于疫情又跳出疫情，将过去、当下与未来之“我”更全面地联系起来。

“我现阶段觉得，能够和自己对话也是好的，从和自己的对话中更了解自己。了解自己是什么、要什么，从而知道该怎么协调、怎么做。”阿寻很认可亦很喜欢与自己对话。在我看来，拥有这种坦率认识自我、接受自我、努力发展完善自我的意识，以及善于通过对生活中人物事件的反思汲取个人成长经验的能力，正是一直以来帮助阿寻度过困境的保护性因素。保护性因素是指那些能够阻止处于危险环境中的个体产生不良后果的有关个人、环境、情景以及事件的特征，它可能修正、改善或改变个体对危险性因素的反应（Rutter，1987）。

让阿寻顺利度过黑暗期的另一重要保护性因素在我看来是她对于家人浓烈的爱。一直以来，阿寻在认识自己的同时，也在同步分析、认识着家人。但这更多只是阿寻探寻自己的附加收获，她并没有因此陷入到对往事的无限伤感以及对家人的怨怼当中。纵使“从小就感觉大人们或许都不喜欢我”，但尽管如此，“我更多的认为照顾他们是我的责任……我应该照顾他们的”。且阿寻对家人所存在的问题并无过多怨言，“越来越清楚之后，是会（有些埋怨）。但照顾已是习惯，我也仍然很爱他们。只要家人、朋友健康生活，就已别无他求。”

“阿寻”，寻找的是什么呢？被尊重、被理解、被无条件的爱与接纳……更重要的，是寻找自己，获得身与心的自由。阿寻说：“余生，我想尽最大努力做自己。希望，我能真正活出自己。”我相信，她会的。

五、尾声：互为主体性的陪伴与交融

（一）泪水中的回溯与交融

正如文初所提到的，2020 年 2 月那个想做生命叙事的我，其实并未想到最终会成以此文。彼时我对生命叙事尚不了解，于家中亦得不到足够的叙事资料参考（抑或说，基本查不到）。那么，什么是生命叙事呢？我思来想去，本能的感觉，应是要讲故事的。讲完故事呢？应是需剖析的，但此时我尚未想到此中亦包含着过去。后来，当我与阿寻真正进入叙事后，我首先经历了强烈的共情，不敢想象在韩国疫情突然爆发时孤身一人的她到底是如何熬过的。然后，我慢慢被她叙说中所展现的、我之前从未留意过的人格特质所吸引，慢慢惊异于她真正的原生家庭图景，由此生发出想要探寻其缘何如此的欲望。“回溯过去”，就这样自然而然地发生了。而这个过程，亦是充满波折。

正如霍妮所说：“自我分析的过程费时费力，而且不时就让人陷入痛苦、挫折，需要我们全力以赴”（Horney，2020：289）。在我与阿寻逐本溯源的过程中，阿寻多次出现情绪波动。她会陷入到对痛苦往事的回忆之中，她晚上会失眠，会说着说着就哭了，也会突然焦虑、愤怒。而这些状态，有时又会持续多天。这把当时的我吓到了。彼时的我，并不知道这是不可避免的“暂时性伤害”（Horney，2020：296）。我开始想，我是不是做错了？我为什么要把这些伤疤揭开？阿寻独守韩国本就孤独无助，我何苦再把她的旧伤扒开，让她在无人的黑夜独自舔舐呢？我在干什么啊？可是阿寻会反过来安慰我，她说没关系，这样可以理清一些问题，让很多东西慢慢连成一条线，挺好的。阿寻想继续。好，那便继续吧。等阿寻走过一个又一个悲伤、委屈、愤怒的循环。2021年5月，阿寻取得了第一个“释然”（后文会讲）。至此，阿寻的生命叙事达成了一个小章节的圆满，我们随即开启了下一篇章。

与阿寻共同走过的这一年，于她、于我，都有着特殊意义，也注定是自我探寻之途中的重要转折点。是什么塑造了当下的我？我的所思所行所求，我的意识与潜意识……这些我意识到的，没意识到的，它们都可以回溯到哪里？它们又存在着何种千丝万缕的关系？踏入自我探寻之旅，是一种奇异的感觉。这好似一个雾蒙蒙的世界，冒险者们需小步摸索前进。其中的我们，似乎拥有某种魔法，却又笨拙得不知如何使用。或许一个不经意的挥手，会使得大片雾气消散，阡陌交通间的景物瞬间明晰；又或许，抬手间会重重划过身旁的荆棘，我们痛苦流泪，虽发现了荆棘所在，四周却浓雾依旧。认识自己，真的很不容易。

彼时的我，并不知道我与阿寻正在互为主体地叙说。直到 2020 年 9 月返校后，看到李文玫老师的《剪断肚脐带，要做大人样》（2008），以及《相遇与交融》（2015），我才豁然开朗：哦！原来我已经与阿寻于无意间进行着了。原来，曾经的哭泣与深夜难眠，就是我们泪水中联结与交融。

> 你与我相遇，我步入与你的直接关系里……我实现我因我相系着你；在实现我的过程中我讲出了你（Buber，2015：10）。

(二)“做孩子”与“做自己”

幸而阿寻于疫情爆发之前便有了自我觉察的力量，并有着强烈的想要自我探索的欲望；幸而，我的妈妈也有着自我觉察的力量，以及在生活中不断观照自身及他人的能力。是的，我与我的妈妈也同时进行着互为主体性的叙说。我在与阿寻、与妈妈的互为主体、互相启发的叙说中不断重构着对自己的诠释。亦于最近用切身经历理清了以下几个问题。

如何做自己呢？“做自己”，这简短的三个字，念起来却是滋味复杂、意味深长。做自己，意味着什么？完满与自由。那么完整地说，应是“如何自由地活出完整的、真正的自己”。如何不害怕、不回避、不掩饰，自由地将所有的自己所接纳、所驾驭呢？

我想，首先需要找到并拥抱那个藏在心里的“小孩子”。我们当下的许多焦虑、恐惧源于深藏于内心的那个儿童期的自己——那个哭泣的小孩。甚至很多时候，我们没有意识到他在哭，它躲藏在“抑制作用、压抑”以及“有意识地去遗忘”（May，2008：130）的童年事件背后。他藏在那里，他的伤口一直在作痛，他的渴求一直没有被满足，他一直在哭着等你来发现。如果你开启了自我觉察，踏入了自我整合的自性化历程，或许会慢慢找到他（虽然他隐藏得太深，寻找她的一路充满了荆棘）。如果有一天你找到了正在哭泣的他，请先蹲下来，轻轻地抱住他吧。或许他会哭声渐缓，抬起湿漉漉的眼睛看着你，然后伸出手摸摸你，问：“疼吗?”请你告诉他，“疼是疼的。不过哦，你知道吗？我已经不是孩子啦，我已经长大啦!”

“你放心哦，我已经长大啦，我不是当初那个无助的、无力的小孩子了。我是有力量的大人啦，我可以保护自己了!”请你这样告诉他。跳出当孩子的执著（即以孩子视角，被动等待被爱与救赎），站起来，或许你会发现，自己其实已经很有力量了。

但是，我们仍然可以做个孩子。

当我们真正知道“我是一个什么样的人”“我究竟在寻求什么”之后，又仍可以做个孩子了。这里的“孩子”，指不被诸多顾虑束缚，简单、大胆地活出自己的“孩子”状态，而又与真正的幼童不同。毕竟，我们长大了。我们已然成年，我们的见识与自我探索的广度甚至在某些方面已超过父母。我们已经是有理智、有原则、有智慧的成年人了。那么在这个基础上，或许我们可以慢慢尝试，以成人的心智，保持良善，“不逾矩”而“随心所欲”。

或许，我们的父母，也还是个孩子。

幼时的你看来，爸爸妈妈似乎无所不知、无所不能。为什么呢？因为他们是爸爸妈妈呀！那时的我们，听着“青少年”一词都觉得很厉害，更何况是“大人”呢。幼小的孩子不知道，爸爸妈妈也是别人的孩子呀。如果以婴儿视角来看，爸爸妈妈是瞬间变幻出来的全能大人。可是如果我们跳出幼小的孩子视野，以大人的身份来观照这一切，我们会发现，爸爸妈妈也是一路从婴孩成长来的，他们也有着完整的生命故事，如今的他们是无数个过去因的果。我们会发现，他们的成长历程也并不是一帆风顺，甚至充满坎坷。此时的你，或许会叹息，唉……原来他们很不容易。你会明白，他们亦如你一般，有一个深藏心中的小孩子，有着困扰自己的生命课题，他们也在学习，亦未达到圆满，也还需成长。

所以，“人生是一个人的修行”。

（三）叙说之“完满”

在做此篇叙事时，我与阿寻所聊并不拘泥于本文中的话题，因已相识 13 年，有太多太多事件可借由文中的“觉醒”以进一步剖析。包括当下，我亦会延续疫情叙事期间的探索模式，经常将对自己与母亲关系的觉察与阿寻讨论，当我的经验对其产生启发时，她便会将她的觉察与我探讨。比如就在不久前，我发现我有很多无感的童年记忆，这些记忆片段令我印象深刻，但不论是当时的我还是事后每每回忆起的我，都是没有情绪波动的——我并不认为我需要难过或委屈。但是，那天偶然间我发现，它们竟似乎与我的诸多思维倾向与行为表现等存在着联系。我才顿悟，或许只是我以为我不在意。或许这些场景造成的伤害，出于自我保护，在我尚未意识之前便被潜藏在了无意识中，成为塑造我此后人格的一部分——客观事件或于不经意间让我发现它与无意识之间的某种联结，以及在我身上留下了何种印记，由此帮助诠释当下的我。而当下的我会带着此番新收获，继续于未来生活中实践，以帮助自我的进一步整合。当我将这一收获分享与阿寻时，我们由此开端从那日 14 点探讨到 17 点 30 分。而此中对我们震撼最大的，竟是对阿寻母亲的新发现，我暂称其为选衣风格与“红的意象”。从一开始的迷茫，我们一遍遍小声重复着困惑着，到突然的灵感闪现以及阿寻的记忆唤醒，渐渐二十多年来的诸多细节被串了起来，那时的我感到浑身发冷，阵阵打寒颤，而阿寻的眼眶已经充满了泪水。其中具体内容因阿寻尚不愿公之于众，故而暂不细说。但它淋漓展现了荣格所说的“女性的无意识是同时向下和向上延伸的……每一位母亲身上都有其女儿，每一位女儿身上也都有其母亲”（Jung，2011：14）。只是这个“红的意象”，背后实在有太多太多意识与无意识仍需挖掘，我们仅只揭开冰山一角便已呆若木人。

此时我隐约感受到，阿寻母亲于其成长过程中的缺位或许并不仅仅是上文解释的尚未准备好做母亲那么简单，这其中是否蕴含着她对自小所经受的重男轻女伤害的某种投射？这个认为阿寻如男孩子般坚强、顽固、脾气差、不会撒娇的错误刻板印象，到底是阿寻的“小男孩”让他们产生误解，还是其中亦有其母的某种意识的推动？换句话说，这个“小男孩”的诞生，是否多少存在些阿寻母亲无意识的有意为之？阿寻母亲身上的“小男孩”与“小女孩”与此存在何种联结？想着这些，我陷入了沉思，阿寻亦于电话中沉默了许久，在叹了几口长气后说：“桐，我不怪她了，我这次真不怪了。妈妈比我难。她小时候比我难多了！困扰她的问题，比我多多了，她不容易啊！我理解她了……或许……她已经在尽其所能地爱我了。”说到这里，阿寻哽咽，再次陷入沉默。

而这，是一个节点。在此之前，阿寻站在自己的生命之河上往后回溯，向前展望。而这次，阿寻第一次脱离渴求母爱的孩子视野，走出自己的生命之河，带着已有的自我诠释经验，走到母亲的生命河边，碰触了母亲的生命河流。她开始真正意识到，母亲也是有着完整的生命故事，母亲也有着带着伤痕的过去。她开始以自我伤痕之痛，去尝试理解母亲之痛，尝试与其真正进行生命的交汇，重新诠释自己的母亲。

那么回观我与阿寻的整个叙说过程，现在看来可分为四个阶段。2020 年 2 月至 4 月间，我们主要集中在此三月间的居韩防疫叙说；但从第三封信中可看出，4 月初的我们已经开始具有向过去回溯的意识。2020 年 5 月起，我们正式进入阿寻童年成长记忆中寻根溯源，并有了初步基于已有诠释展望未来之意识（见第四、五封信）；此时我们溯源根基还停留在第一阶段的疫情叙说于当下生活之中。2020 年 8 月起，我们的溯源探索开始跳出疫情叙说，由前面两个阶段的总体收获向过往其他生命记忆扩散，进行更大范围的自我整合。所得新的自我诠释亦会反过来充实前两阶段的诠释构建。2021 年 4 月起，我们开始不再执着于孩子身份，带着已有的自我诠释经验，走出自己的生命河流，尝试走进重要他人的河流。没有真正进入他人生命，就谈不上真正的了解，亦无法跳出个人角色限制，以悲悯之心观照他人的生命故事。而此，或是促成真正释然的必经之路。

因此，虽然 2020 年 4 月 13 号谈及此番成长时，阿寻曾总结说“一是比之前更能意识到这些行为如何对应到相关的结论中，二是抗压全程靠自己”，当时的我想将此放入到自我同一性视角解读；但 2020 年底阅读荣格的《自我与自性》以及《原型与无意识》时，我选择了自性化。在这个过程中，我与阿寻更多是基于当下的自我表层特征，先剖析意识层面的需求与动机，回归自我加以诠释；又经常于机缘巧合时发现无意识层面与意识的联结。由此重新审视“阴影”，重新审视自我，听到更多新的内部声音，继而在叙说中不断构造、整合新的自我，在生活行进中思考着如何平衡自由与责任的平衡——一如过去，一如当下。从这个层面上来讲，既然自性化本就是人类一生的使命，那不如说，生命叙事帮助我们踏上自性化的历程，亦是之后辅以我们于此征途继续前进的重要力量。而我们，刚刚在路上。

在此意义上，或许生命叙事“完满”有二：一是主题性叙事的阶段性完满；二是随一生叙事中的自性化历程的完满。

书写至此，本欲停笔，不料网易云音乐刚好切放到莱昂纳德·科恩（Leonard Cohen）的《颂歌》（*Anthem*）。听到“There is a crack in everything, that's how the light gets in"（万物皆有裂痕，那是光进来的地方），我又有一瞬间的触动。如果说世界上没有从始至终未曾受伤的孩子，如果说我们每个人的内心都有着裂痕，它固然让我们痛苦，但从另一层面讲，倘若我们有自我觉察的动力，那它亦会是了解自我的契机。当自我觉察的阳光随裂缝流入阴影，我们便由此慢慢揭开自我潜意识的帷幕，当阳光最终充盈内心，便是勘透自我之时，疗愈亦早于此间默默发生。"Forget your perfect offering"（忘记你那完美的供品），放下对自我的苛责与束缚，放下对展现完美自我的执著——这未尝不是一种回避，大胆地直视自己的裂痕吧，须记住"There is a crack, a crack in everything. That's how the light gets in."（裂痕存在于万物之中，而这，正是光照进来的地方）。

参考文献

马丁·布伯（2015）. 我与你（陈维刚译）北京：商务印书馆.（英文版 1937 年）.

杰罗姆·布鲁纳（2006）. 故事的形成：法律、文字与生活（李玟璐译）. 北京：教育科学出版社.（英文版 2001 年）.

卡尔·古斯塔夫·荣格（2011）. 原型与集体无意识（徐德林译）. 北京：国际文化出版社，9.（德文版 1985 年）.

C. G. 荣格（2014）. 自我与自性（赵翔译）. 北京：世界图书出版公司北京公司.（德文版 1969 年）.

卡伦·霍妮（2020）. 自我分析与自我实现（林萱素，邹一祎译）. 天津：天津人民出版社.（英文版 1994 年）.

罗洛·梅（2008）. 人的自我寻求（郭本禹，方红译）. 北京：中国人民大学出版社.（英文版 1953 年）.

赖诚斌，丁兴祥（2005）. 自我书写与生命创化：以芦荻社大学员番薯的故事为例. 应用心理研究，(25)，73－114.

李文玫（2015）. 相遇与交融：研究者、研究方法与研究参与者互为主体性的开展性历程. 生命叙说与心理传记学，(2)，25－53.

李文玫，丁兴祥（2008）. 剪断肚脐带，要做大人样：一位客家女性生命处境中的"困"与"寻". 应用心理研究，(39)，121－164.

潘建平（2007）. 儿童忽视的分类和表现以及预防工作进展. 中国全科医学，(03)，189－191.

王争艳，刘迎泽，杨叶（2005）. 依恋内部工作模式的研究概述及探讨. 心理科学进展，(05)，629－639.

易春丽，钱铭怡，章晓云（2004）. Bowen 系统家庭的理论及治疗要点简介. 中国心理卫生杂志，(01)，53－55.

岳建宏，王争艳，文娜（2010）. 从非母亲看护与亲子依恋的关系看中国当前的祖辈看护及启示. 首都师范大学学报（社会科学版），(03)，121－127.

张慈宜（2013）. "出名要趁早"：张爱玲之成名情结? 生命叙事与心理传记学, 63 – 104.

Bowen Murray. (1966). The use of family theory in clinical practice. *Comprehensive Psychiatry*, 7 (5), 345 – 374.

Jay Belsky. (2001). Emanuel Miller Lecture Developmental Risks (Still) Associated with Early Child Care. *Journal of Child Psychology and Psychiatry*, 42 (7), 845 – 859.

Kosslyn, S. M. & Rosenberg, R. (2006). *Psychology in Context* (*3rd ed.*). Pearson Education, Inc.

Rutter Michael. (1987). Psychosocial resilience and protective mechanisms. *The American journal of orthopsychiatry*, 57 (3), 316 – 331.

Harvey Skinner and Paul Steinhauer and Gill Sitarenios. (2000). Family Assessment Measure (FAM) and Process Model of Family Functioning. *Journal of Family Therapy*, 22 (2), 190 – 210.

A Journey of Self-awakening under Emergencies —The Life Narrative of Miss Xun, A Chinese Girl Studying in Korea

Sheng Xiaotong　Chen Jianwen
(School of Educational Sciences, Huazhong University of Science and Technology, Wuhan, 430074)

/ Abstract /

Since the beginning of 2020, the epidemic of novel coronavirus pneumonia has rapidly swept the world, causing great impact and threats on human health, production and life. As a result, the life track of countless people has been changed, and the life stories of countless people have been rewritten subsequently. For Chinese students stranded overseas, living alone in a foreign country with the outbreak of the epidemic, they may feel more frightened and helpless, which may undoubtedly have a great impact on their psychology.

This life narrative is based on five letters written by Miss Xun ("Xun" is her pseudonym, and it means "seek"), a Chinese girl studying in South Korea during the epidemic. These five letters recorded her real experience, involving what she thought, saw, felt and did when the epidemic broke out in South Korea. In these letters, Miss Xun's various emotional experiences and psychological traumas at that time were truly reproduced, as well as how she saved herself in the crisis and grew up after the trauma.

Through her personality traits in the process of coping with the epidemic and psychological crisis, the author traced back her childhood growth experience in depth, and explored the roots of her personality development, so as to show Miss Xun's self exploration process.

/ Keywords /

Chinese International Students, novel coronavirus pneumonia, self-narrative, Inter-subjectivity, narrative interviews, individuation

化文成信：研究生张新文化自信的叙事心理学分析*

吴　良　毕重增**
（西南大学心理学部心理学与社会发展研究中心，重庆，400715）

／摘　要／

文化自信是个人自信在文化上扩展的表现，认识和理解个人文化自信是构筑国家、民族文化自信的前提。文章通过使用生命叙事法的程序和方法，描述研究生张新的文化自信的概念内涵、形成与发展路径和影响因素。经过反复阅读文本、概括主题元素、提炼基调和认同状况等做法，发现张新通过复合文化和自信来定义文化自信，认为文化自信是主体性、历史性和时代性的统一；张新的文化自信叙事不但受到其身份认同的影响，更富有心理本质论的认识论色彩，表现出关注文化自信的精神内核、叙事主体角色具有类别化等特点；张新的文化自信叙事中的事件

* 基金项目：本文受国家社科基金一般项目“文化自信的心理表征及其提升策略研究”（项目编号：19BSH128）的资助。

** 通讯作者: 毕重增，西南大学教授，E-mail：alphapsy@163. com。

和人物依托，则体现了其文化自信建构生动性与理论性的统一。

/ 关键词 /
文化自信，叙事分析，身份与自我认同，心理本质论

一、研究问题的提出

文化是人追求自我意义的来源，有助于抵御那些影响心理健康的外在威胁（Heine et al.，2006；van den Bos et al.，2007）；文化自信则是个人在文化上增进、扩展自我的表现，是个人对文化持有的积极心态和价值诉求（廖小琴，2012），它的一个基本功能就是在实践活动中肯定心理与行为的价值，从而使人获得具有适应性的个性特征（周婷，毕重增，2020）。全球化的文化交流、文化碰撞带来了众多机遇与挑战，既可以向人们提供丰富的精神生活内容，也可以使人们面临文化选择、价值取向难题。

文化自信是更基础、更广泛、更深厚的自信（习近平，2016），现已成为公众的共识（人民论坛课题组等，2017）。在抗击新冠肺炎疫情期间，我国取得的非凡成就离不开全国人民生命至上、举国同心、舍生忘死、尊重科学、命运与共的抗疫精神（习近平，2020），这种抗疫精神正是当代社会主义文化自信的生动展现（陈世阳，2020）。探究文化自信的内涵及其构建方式对于更好地把握这一时代命题具有重要意义。

文化自信是国家、民族和个人对于中华文化的自信，具体表现为对中国优秀传统文化、革命文化与社会主义先进文化的自信（邹广文，王吉平，2021）。它是一种文化自觉，包含着对自身文化的认同和积极情感（蔡瑛，2020；陈咏

媛，韦庆旺，2020；周婷，毕重增，2020），是民族性、时代性和历史性的整合（林雅华，2017），也是物质性和精神性的有机统一（李来容，2019）。从主体构成上来看，个人的文化自信是转化为国家、民族的文化自信的必备要素，认识和理解个人的文化自信是形成全社会、各民族文化自信的出发点（戴锐，徐菲，2021）。然而调查却发现，公众的文化自信表现出“认同高，认知低，践行弱”的特点（人民论坛课题组等，2017；杨晓杰，2018）。那么，个人如何理解和形成文化自信，其认知、认同如何与个人生命经验整合，尚未见报道。鉴于此，本文采用叙事分析方法，探究个体文化自信认识的内涵及其形成和发展。

叙事在心理学中被用来研究自我认同与人格，探索个人认同与某些自我概念的关系（何承林，郑剑虹，2016；司欣芳等，2012；郑剑虹等，2016；Stephen & Breheny，2013）。文化自信本质上是一种自我对文化认同的心理状态（刘林涛，2016），使用叙事分析有助于把握个人对文化自信的认识，了解将文化自信建构为“大我”的历程。另外，叙事分析不仅关注个人认同是什么，也关注它是如何形成的（Stephen & Breheny，2013）。个人诉说自己的生命故事是一个自我认同的社会建构过程，是社会互动的结果，当一个人向别人讲述自己的故事时，故事就已经不再仅为自己所有，而是成为整个社会化的一部分（Bruner，1991；Murray，2003），其中渗透着环境的塑造、群体性的生成。有关个人文化自信的叙述也是一个社会化过程，叙事分析有助于揭示个人文化自信的形成与发展，也因其生活性和生动性为他人所理解，引起共鸣，从而作为理解自己、理解生活，将自我在丰富多彩的生活中展开的参照。因此，理解一位青年关于文化自信“平凡”的叙事，既展示了具有个人风格的生动鲜活的自我认同历程，也具有社会共同叙事的普遍意义。

二、方法

（一）研究对象

本研究采取目的取样原则，选取西南大学2020级在读研究生张新（化名）作为研究对象。张新，24岁，从小生活在河南林州市，听着姥姥的革命年代经历和红旗渠精神长大，高中选择文科，本科求学于湖北工业大学（2016－2020年），专业为信息管理与信息系统，2019年正式成为一名中国共产党党员，期间担任过党支部宣传委员，2020年考上西南大学研究生，专业为图书情报与档案管理专业。作为一名研究生，他具有比较高的知识水平，语言表达能力清晰；青少年时期所受的精神熏陶，在专业选择上由高中时期的文科到本科时期的理科再到研究生时期的文理兼具，异地求学，这些经历使他对本研究的主题能够有自己的思考和理解；在预先采访中，他也表示对文化自信的主题很有兴趣。综合以上因素，选择他作为研究对象。

（二）研究方法

参照郑剑虹等（2016）使用的“生命故事访谈技术”设计有关文化自信的访谈问题。核心问题：你觉得文化自信是什么。这个阶段属于开放式的访谈，旨在引导张新叙说自己关于文化自信的故事与体验。补录问题主要针对访谈对象没有讲清楚的内容，包括：文化自信的关键因素（比如你认为文化自信的特点是什么？特点之间的关系是什么？什么影响着文化自信？如何建立文化自信?）；核心情节问题，包括高峰点（中华文化中最令你感到自信的内容?）、低谷点（中华文化中最令你感到悲哀的内容?）。本研究引用的访谈内容，楷体字为原始文本，小括号“( )”为研究者根据语境补充的内容，中括号“[ ]”为研究者根据语境替换的内容。

（三）研究过程

在征得张新的同意后，对整个访谈全程录音，访谈过程没有任何中断和打扰。研究者每问完一个问题，不再提出任何问题或者打扰，若访谈对象不理解问题，重复问题但不作过多解释，并用专注温暖的目光和表情鼓励访谈对象诉说其对文化自信的看法。在录音过程中研究者同时也做一些笔录，记录访谈对象的表情语气和肢体语言。

研究者根据生命故事访谈法的程序和要求（郑剑虹等，2016），在安静的会议室对其进行历时 1 个小时 3 分钟的访谈，后期通过电话又补录了 26 分钟。访谈结束后，将录音誊抄为文本材料。

研究报告完成后，返回张新就真实性和完备性进行评价和反馈。

二、张新文化自信叙事的主题分析

（一）文化自信的内涵

研究者提出的核心问题“你觉得文化自信是什么”指向文化自信的定义。对此，张新的叙述包括两个方面：一个是文化，另一个是自信。

文化是文化自信的对象，包括物质文化和精神文化：

“我觉得文化自信分为两个方面：一个是文化，一个是自信。文化说的就是我们从古到今的那些不管是物质的还是精神的，它（们）都是文化的一种。然后自信的话，是相对于个体来说，我们自己对于我们的文化这个客体……的一种态度吧！自信，就是对前面［所说的］文化的一种肯定、一种褒扬，我比较认可这个东西（文化），我觉得这就是文化自信的一个含义吧！这是我所认为的文化自信。”它有两个主要特点：一是时间跨度大，囊括从古至今的各种文化；二是涉及的内容广。

自信是主体对文化表现出来的一种认知与情感状态，是“我”对“文化这个客体的一种态度”，一种肯定、一种褒扬”，是“我”“比较认可这个东西（文化）”。

对补问阶段“你觉得文化自信有什么特点”的回答，张新眼中的文化自信有两个显著特点：

“首先我觉得第一点非常重要。怎么说呢？就是人发自他自己的那种意识，那种以前那个政治哲学里面说的主观能动性。就是……你要从自己的角度，打自己心底里认可它。首先的话（文化），肯定需要人去认可它的，我觉得这是［它的］一个特点。”这表现了文化自信的主体性，是指人在树立文化自信时主动认可文化，而非不假思索地、被动地认同文化。这一特点深化了他对于文化自信中“自信”的理解。

第二个特点为历史积淀性。“文化自信不是暂时性的，是需要长时间的积累才可以发展起来。（这样）我才觉得我可以认可［这种文化］，就比如说我们中国的上下五千年。就算是印度的话，它本身是比较落后的，但是印度文明本身也是比较早的。虽然他们自己的那种生活态度，［我们］觉得他们是比较落后的，但是在他们自己的世界观里……我觉得他们对自己的文化还是蛮自信的。”文化自信“不是暂时的”，而必须经过“长时间的积累才可以发展起来”。这是上一个特点的前提，因为只有经过“长时间的积累”，“我”才觉得“可以认可这种文化”。

对于研究者又补问的“你觉得除了这两个点之外，文化自信会不会有其他的特点”，张新又提出文化自信的第三个特点“时代性”。不过，他并没有像前两个特点一样直接给“时代性”下定义，而是以划分历史阶段的方式来解释。他为文化自信的“时代性”划分了6个阶段：一是鸦片战争之前闭关锁国时期，此阶段表现为天朝上国的文化优越感；二是鸦片战争后到中国共产党诞生前的文化自信“丧失”阶段；三是中国共产党诞生到新中国成立时期红色革命精神占主导的阶段；四是“文革”时期封闭的文化自信阶段；五是1978年到2000年外来思想入侵阶段；六是2000年以后国家重视精神文明建设、重拾文化自信阶段。

鸦片战争前我们的文化自信表现为文化优越感，“首先是那个时代［没有被外国人打开以前］，虽然是闭关锁国，不跟外界接触，但是在整个封建制度的发展过程之下，确实形成了很多非常优秀的文化，就像那个儒家的社会和谐，还有我们自己所发明的一些器物，那些物质文明和精神文明确实改变了整个古代人民的生活，对他们的文化自信产生很大影响吧，像当时自称天朝什么的。”半殖民半封建的中国落后挨打，文化自信失落，文化自卑产生，“就是被打开（国门）之后，反正就是咱们共产党没有产生之前，这一段时间就是天天挨揍，可以说文化自信已经没有了吧。基本上在整个世界的浪潮中，我觉得真的是跟西方资本主义比起来，那是非常落后的。”而一个时代的文化自信也会影响文化认同和社会生活：“改革开放以后与别的国家进行文化交流……外边的思想文化入侵很多，［这种］文化入侵对咱们当时那个思潮确实产生了很大的影响。”

（二）文化自信的内容

对于文化自信内容的叙述，主要体现在对三个补问问题的回答上：（1）当代文化自信有哪些表现？（2）它与以前的那些“文化自信”有什么不同？（3）文化中令你感到最自信或最不自信的内容？

当代文化自信包含精神文化自信和物质文化自信。精神文化自信包括“2005 年还是零几年时候的感动中国人物、2008 年的奥运精神、后面的航天精神，再到女排精神以及一系列［精神］，还有‘不忘初心，牢记使命’”；物质文化自信表现为“C919 那种大飞机，还有其他的一些量子计算技术”。

当代文化自信与以前的“文化自信”有区别，也有联系：“首先就拿后两个时代跟天朝上国（时代）比。我要认可自己的国家，但是我不能在认可自己的基础上蔑视其他的国家。这种（天朝上国式的文化自信）肯定是被我们抛弃了。我们只能在认可自己的角度上去认为自己是非常优秀的，（我们的）文化是值得肯定的。另外的话，就是中间红色年代的红色精神文化和后面的那个改革开放以后，它（们）其实是一个相互联系的文化。”

为了说明文化自信之间的传续性，他举了林县（现林州市）开凿红旗渠的例子：“你知道就是三年自然灾害那时候，我们林州那个地方非常缺水……当时我们那个书记（杨贵）就带领10 万群众，真的是10 万，在山上作业，把太行山上硬生生地给凿出来一条渠，把漳河水给引过来。在那个过程中，他们喊的口号就是‘艰苦奋斗’，最核心的就是‘艰苦奋斗，自力更生’这 8 个字。这种精神真的是支撑了他们那一代人。从挖这条渠花了 10 年的时间，弄好之后（19）70 到那个 2000 年，可能说还不是很准。那时候这条渠发挥的主要作用是灌溉。2000 年以后随着我们当地经济的发展，国家对文化旅游以及第三产业的重视，我们整个省里面也比较重视红色精神的建设，把红旗渠直接划为红色爱国教育基地、红色旅游基地（等）各种称号，后来又设为景区，再到现在的全国文明城市，我们县是去年评的，就是 2020 年，整个一系列传承下来。”

最令他感到自信的内容是中国人民在面对困难挫折时不断体现出来的家国情怀，它已经成为当代中国人最不可或缺的精神养分，是个人的小我与国家、民族的大我之间的情感联结。“从 2008 年地震，再到现在的新冠肺炎疫情，中间基本上隔了 12 年。这 12 年虽然特别长，但是整个疫情期间，我们国家所体现出来的这种整体的家国情怀跟 2008 年的家国情怀，我觉得是一模一样的。因为这种整体的家国情怀已经深深地刻在我们中国 99% 的人的骨子里了，你才会看到，［我们解决了一个又一个的困难］，所以说我觉得这是最重要的一个。”最令他感到不自信的内容是一些传统文风的遗失，它代表着一个时代的消散，也是他对于文化自信时代性的再次重申。“我觉得那种民国时期的文学艺术、那种风格，好像确实是完全消失了……我觉得这个事不能说悲哀，反正我觉得是很可惜，很可惜的。有些东西是很可惜的，没保存下来，但是这也没办法。”

(三) 文化自信的形成与发展路径

张新通过三条路径形成和发展文化自信，分别为教育、学习和交流。这是张新自我扩展，将自我经验与文化自信叙事整合的主要契机和线索。

首先，教育培养了他对文化的理性认识，是他形成和发展文化自信的前提条件，“经过整个科学的教育，有了自己的那种世界观，就那种世界观人生观价值观之后，你就会对它［文化］有一个理性的认识。”在培养这种理性认识的过程中，图书情报与档案管理专业的教学方式给了他莫大的帮助。“我们上了一门课叫科学研究方法。这门课的老师非常强调逻辑，什么概念的划分，还有就是那种科学问题的研究。在她向我传授这些知识的过程中，可以培养我（的）理性思维方式。（当我）具有理性的能力后，再去了解网上关于文化自信的或者关于那种国外事件的那些言论，我都会有非常理性的观点。我可以从中看到我们国家值得肯定的地方、做得不好的地方，别的国家做得好的地方、做得不好的地方。”

学习是个人主动提高认识文化的思想意识和能力："然后（我）学的知识也比较多了，后来慢慢也会看书，在整个过程中算是思想意识、个人能力方面都［有］一个自我提升，算是自己对我国的文化有了一个理性认识，不再那么偏激，不再那么盲目了。"

交流包括"与人的交流"和"与外界的交流"，它能拓宽个人的认识，提升对自身文化的理解。他以自己对旅游的认识来类比个人对文化的认识："现在有这样一种现象，以前我自己就有……我生活在那个北方嘛，那边就是靠近河北，［有］雾霾之类的，2010 年前还是没有……2010 年之后发展特别快，雾霾特别严重，整个环境特别恶劣。我自己再去看一下国外视频，看别人那种 Vlog，我就发现别人的整个街道是多么干净，天空的是多么清澈，夜晚的星星是多么明亮。我自己在这个过程中会对我自己的生活环境产生质疑，肯定就会对其他方面比如说生活、文化……制度要提出批评，在这个过程中我就渐渐丧失了对自己文化的认可。"

"但是如何去打破这种对自己文化不认同，就是通过交流……比方说，你去外面旅游。想看星星，自己可以去西藏等天气比较好的一些城市旅游。还可以去海边，什么厦门啊，宁波啊！去那些地方旅游。你就会发现原来我们中国发展好的地方确实也可以做到跟国外一样，只是北方现在发展不好。我们现在是这样，我也没必要，就因为我的环境来直接［否定］文化。其实我们中国很多地方都是特别好的，（只）是你自己不去发现，就像很多传统美德（和）传统文化一样，它（们）都是特别好的，（只是）我们自己没有发现而已"。

（四）影响文化自信的关键事件和重要他人

1. 关键事件

在张新的文化自信形成和发展中，有五个关键事件伴随着个人文化自信认识的起伏。

（1）2016 年中央正式发布“四个自信”，初次了解文化自信概念。“我的背景就是中共党员，‘四个自信’出来之后，一个月之内我肯定写这个东西。你可以把这个时间确定一下。因为中央只要出了什么特别重要的政策，一月之内全中国的所有党员必须要学的。我们学这个文化自信好像就是结合感动中国，先讲完文化是什么，传统的、现代的、物质的、精神的，然后说我们现在的，最后又放了一个纪录片之类的让我们看，了解文化自信，（我）看了非常感动。”

（2）2016—2017 年进入大学不久，受到网络上外来思想宣传的侵扰，文化认同降低。“刚入学校的时候，我天天在那瞎搞，什么连国外的网看一下 YouTube 啊……再看一看那种就是很多关于以前历史的维基百科。对那些东西了解之后，我在当时吧，就感觉咱们国家这是怎么回事，天天搞得感觉确实被人家宣传的那种思想意识［给洗脑了］，对自己的文化认同就降低了。”

（3）2017 年与团委书记的谈话使思想发生改变。“但是后来就是因为这个（盲目的状态），我跟我们团委书记还比较熟，跟她聊一聊。她就跟我说：‘你去过香港吗？你去过台湾吗？你天天看些什么书啊？’我都没去过，也没看过什么书。她说：‘你根本不去培养你个人的素质，无论是那种思想、能力上，还有业务上的素质，天天去搞这些乌七八糟的东西，你肯定会被他们洗脑啊！’她还跟我说：‘人家想让你看到的，就是人家想要去蒙蔽你的。’我跟她聊完之后，感觉她说的还挺对的。”

（4）2017 年以后自我的学习和交流促进理性认识。“从 2017 年以后自己慢慢变得忙碌起来，去找事情做。在整个过程中自己接触的人比较多了，就像我刚才跟你说的与外界交流！然后学的知识也比较多了，后来慢慢也会看书，在整个过程中思想意识、个人能力都有了一个提升……整个过程算是自己对中国的文化有了一个理性认识，不再那么偏激，不再那么盲目了。”

（5）2020年新冠肺炎疫情之后，国内外防控对比加深了文化认同。“再加上现在国外的这种疫情乱套的情况，整个过程下来，我现在觉得咱们国家整个制度、整个理论、整个文化，整个其他物质之类，是非常好的。”

2. 重要他人

在整个叙事过程中，浮现出七名对张新形成和发展文化自信影响较大的重要他人。

（1）生长于革命年代、认可革命精神的姥姥：“我姥姥是1937年出生的，我小时候跟她谈话，就算是到了初中、高中，我也经常跟她聊以前那个革命年代，她那个时候确实就是对革命文化是非常认可的。”

（2）带领10万群众开凿红旗渠的林县县委书记杨贵：“当时（20世纪五六十年代）我们那个书记带领10万群众，把太行山上硬生生凿出一条渠，把漳河水引过来。”

（3）怀揣崇高科研梦的中国地质大学老校长：“像我当时听了我们本科学校湖北工业大学［20周年］的讲座，请了中国地质大学的老校长，中国工程院院士……他跟我们说他们那一代人是非常有那种理想主义的……他说美国那种技术、那种物质文明，那有什么呢，我们这一代人特别理想，你们美国人能搞成这样，我们中国人也可以搞成这样。（他们）是非常自信，非常认同自己。”

（4）受青年敬仰的当代计算机行业领军人物雷军：“我当时在武汉上学，我们有几个学校（的同学）当时非常崇拜雷军。雷军是很厉害的……在我们中国互联网行业真是最顶级的程序员……所以说他们就是对这种人非常非常敬佩、非常崇拜的。我们不用再去敬佩什么乔布斯、比尔·盖茨之类的世界首富或者他追求的那种极致的理念。我们中国就有这样的一个人物，而且是在我们中国自己的经济背景、文化背景下发展（起来的）。去向这种人物学习就可以了，没有必要再去崇拜国外一些人物了。”

（5）游历港台、体验文化遗韵的同学：“我有个同学（和我）玩得特别好，他去香港玩过。他就跟我说香港、台湾那些地方，民国时期的那种文章、那种艺术风气保存得非常完好。但是我也没有实地考核过。再看一下我们现在这种媒体报道或者写出来的文章，我觉得那种民国时期的文学艺术、那种风格，好像确实是完全消失了。”

（6）给予正向思想引导的团委书记：“她说：‘你根本不去培养你个人的素质，无论是那种思想、能力上还有业务上的素质，天天去搞这些乌七八糟的东西，你肯定会被他们洗脑啊！’她还跟我说：‘人家想让你看到的，就是人家想要去蒙蔽你的。’我跟她聊完之后，感觉他说的还挺对的。”

（7）培育理性思维的科学研究方法课程老师：“科学研究方法…的老师是非常强调逻辑，非常强调逻辑学……她［向］我传授了这些知识的过程，可以培养我的理性思维方式。”

四、影响张新文化自信叙事的社会心理因素分析

分析叙述文本可以发现，身份认同、心理本质论的认知方法、关键事件和重要他人，对张新文化自信叙述内容和叙述风格产生了系统性的影响。

（一）身份认同

身份及其认同内化于叙述的角度、语句以及修辞之中，对于个人文化自信观念的形成起到了关键作用。

首先，中国共产党党员的身份是塑造张新文化自信的源动力。尽管在青少

年时期就已经对一些多少涉及文化自信的事迹耳濡目染，但他初次接触和认识文化自信还是因为自己是一名党员，他对这一身份深表认同，“我是党员，这个可以加入你访谈中，我的背景就是中共党员。‘四个自信’出来之后……党员必须要学。”他由本科入学时的不自信转变为自信的转折点也是因为作为党员的他比其他非党员同学更能够近距离地接触团委书记，可以和团委书记深入交流自己的所思所想。

其次，研究生身份和图书情报与档案管理专业为他的文化自信注入了理性的力量。研究生时期上过的科学研究方法课程培养了他对文化的理性认识，实证分析导向的专业助力他树立理性的文化自信，“我们这个专业是非常讲究实证分析的，就是那种理性的、非常缜密的逻辑思维的培养，（这）也可以帮助我很客观地看待关于文化的事情，形成一个比较完整、比较公平、比较理性的文化观来认识我国的文化或者外国的文化，从而把自己的文化自信给建设好”。

再次，户籍身份认同赋予张新文化自信的生活性和真实性。他所在的河南省林州市是红色革命根据地之一，也是“自力更生、艰苦创业、团结协作、无私奉献”红旗渠精神的发源地。张新从小生活在这里，既能与那些亲身经历过红色革命年代的老人交流，比如他通过姥姥体会到革命年代的人们对红色革命精神的信奉，“她那个时候确实就是对革命文化是非常认可的”，也能受到一些当地流传下来的红色精神典型事迹的熏陶，“当时我们那个书记（杨贵）就带领10万群众，真的是10万，在山上作业，在太行山上硬生生地给凿出来一条渠，把漳河水给引过来”，从而形成了生动鲜活的文化自信，其中既包含浓浓的生活气息，又蕴藏着深深的情感依恋。

（二）心理本质论的认知方法

张新文化自信叙事中广泛存在心理本质论的认识方法。心理本质论是指事物不一定有本质，但人有认为万事万物存在本质的信念，在这些信念里，那些更深层、更中心的概念（核心表征）制约着表面的现象和概念（Medin & Ortony，1989）。日常生活中，人会采用这种心理本质论视角来认识某些涉及社会属性的类别化概念，譬如社会、群体等（Bradley，2018）。个人在认识文化及其相关概念时，离不开鉴别不同文化之间的本质，借助文化的本质化过程，将文化具象与自身经验连接起来，因而能够认知、体验和评价文化（毕重增，2020；周婷，毕重增，2020）。

在整个叙事过程中，张新已经感知到自己的文化和其他文化存在着本质差异，因而从“文化”和“自信”来定义文化自信。在心理本质论思维影响下，张新明显表现出文化自信主体角色类别化及对自我文化身份的关注。在他眼中，文化主体指向群体性的“我们”和“他们”。文化“说的就是我们从古到今的那些不管是物质的还是精神的，它［们］都是文化的一种”。在谈及文化自信的特点时，他说道，“就比如说我们中国的上下五千年。就算是印度的话，它本身是比较落后的，但是印度文明本身也是比较早的。虽然它现在……他们自己的那种生活态度，［我们］觉得他们是比较落后的，但是在他们自己的那种世界观里他们对自己的文化还是蛮自信的”。自信的主体是个体性的“我”。“自信”的定义是“我”对文化的“一种肯定、一种褒扬”，是“我”“比较认可这个东西（文化）”，是“我”对文化的认知和情感。

心理本质论认知方式还使得张新更加关注文化自信的精神内核。在提及文化自信的特点“时代性”时，他集中论述文化自信中的精神文化。“当国家渐渐重视……文化自信以及精神文明建设，像八荣八耻，然后就是感动中国，还有各个阶段［比如］抗疫精神，然后就是那种航天精神等等一系列符合我们这个国家建设主题的这些东西”。当研究者询问他什么是当代文化自信时，他首先回答的也是精神文化自信。虽然他谈到了物质文化带来的自信，比如当前我国顶尖的量子计算机技术、飞机制造技术，但相比于精神文化，他对这部分叙述非常言简意赅，甚至透露出些许不自信，“虽然很多高精尖技术被卡脖子，但我国仍在加紧时间地攻关”。

不同时代文化自信间的“扬弃”关系也体现了本质化的认识特点。具体表现为去除旧“文化自信”中的精神糟粕，当代文化自信抛弃了封建时代的那种文化优越感（天朝上国的封建思想），转而对其他文化兼容并包，“不能在认可自己的基础上蔑视其他的国家”，并在此基础上认同自己的文化，“我们只能从认可自己的角度上去认为自己是非常优秀的，［我们的］文化是值得肯定的。”与此同时，继承以往的优秀精神文化，将红色精神文化（艰苦奋斗的革命思想）结合当今时代发展要求，形成当代独具特色的文化自信内容，“那种绿水青山就是金山银山的发展理念和这种（不忘初心、艰苦奋斗）的红色精神结合起来”。

（三）关键事件和重要他人

关键事件是指那些对于个人发展十分重要的事件，最典型的包括转折点和危机（McAdams et al.，1996；Pasupathi & Mansour，2006）。转折点是指那些使个人的生活或者观念发生改变的事情；危机常常伴随着对自我的怀疑（Pasupathi & Mansour，2006）。张新从文化不自信转变为文化自信，大体经历了五个关键事件与两个转折点。

从2016年初入大学时通过网络接触各种意识形态而对自身的制度及文化盲目质疑，到2017年以后加强自身学习开始形成理性认识，转折点是他和团委书记的一次谈话。他对书记所说的“人家想让你看到的，就是人家想要去蒙蔽你的”一番话深表赞同，在不断提升自身能力和思维的过程中，经过对自我反思，逐渐发展自己对文化的理性认识，他开始“对我国的文化有了一个理性认识的一个过程，不再那么偏激，不再那么盲目了”。

另一个转折点是新冠肺炎疫情。他说，“疫情也是在这种精神观念（家国情怀）之下，在这种强有力的组织领导之下。肯定是人民首先对整体的家国文化观念是比较认可的，他才会听从。就像疫情期间，让你待在家里，你就真的待在家里，这就是一种国家整体观念”“再加上现在那种国外疫情都乱套的情况，整个过程下来，我现在觉得咱们国家整个制度、整个理论、整个文化、整个其他物质之类是非常好的”。疫情引发了他的思考，激发了他对于集体主义价值观（家国情怀）的认同，强化了他的文化自信。

重要他人影响个人观念的形成（Adil Saribay & Andersen，2007），这些重要他人既可以是现实中的人物，也可以是历史人物；既可以是与自己密切相关的人，也可以是与自己关系不大或者未接触过的人。在这些人中，有的素未谋面却因为张新本科时期所学专业（信息管理与信息系统）的关系，成为他精神上的崇拜对象（中国计算机行业领军人物雷军），或者因为他从小生活在革命精神的宣传地附近，令其深受红色精神的感召（带领十万群众引漳河水、开凿红旗渠的林县县委书记杨贵）；有的不过因为一次谈话便能明其心智，使其在思想观念上发展巨大的改变（大学时代的团委书记）；有的也可能只是谈及中华文化中“失落的文风”，就可使之陷入对文化的遗憾与悲伤（他的大学同学）。这些人中，有的生活在他的周围对他直接产生影响，比如姥姥、学校团委书记和同学，有的与他没有直接接触，却也对其产生了影响，比如开凿红旗渠的林县县委书记、中国地质大学老校长和雷军。他通过与这些人的互动分享和平等对话，获得了关于某些中华精神和物质文化的体悟（许莜靖，2017），进而形成和发展文化自信。他对于这些重要他人的整体基调是认同、感激和钦佩，这是一种正面的情感基调，所以他的文化自信也是积极向上的。

五、结语

本文采取叙事分析的方法和程序，探讨张新个人文化自信的概念内涵、生成途径及影响因素，发现他对文化自信的见解，深受生活经验、身份认同、心理本质论的认识方法以及关键事件和重要他人的影响。张新的文化自信概念聚焦精神内核，但并非对抽象文化自信概念的翻版，而是在与他人和社会交互过程中形成的个性化理解和认识。这种个体层面文化自信表现出来的特异性、丰富性与生动性特点，与群体的、社会的文化自信之间相互补充，对理解个体与群体或社会的文化自信互动具有价值。张新从文化质疑、自卑，“不分青红皂白、不明事理地认可另一方，诋毁另一方”，到既能够意识到自身文化的不足，又能发现其优秀且值得赞扬的地方，“对它产生一个理性的认识”的过程，以及塑造和影响张新文化自信的心理社会因素，也正是普通人生活中可遇到、可经历的，这使得张新的个人经验具有了一定的普遍意义。同时，他是一名硕士研究生，有丰富的知识储备、较高的表达与理解能力，是未来社会精英的预备成员，这也使得其叙述彰显着独特的魅力。

本文具有启发性，但也存在着一定的局限。首先，文化自信的对象是复杂的。文化是一个具有多维度的内嵌结构，这使得说明文化自信极容易陷入两难境地：要么使文化自信的概念泛化、实质性内涵抽离、意义消解，使人们并非确立了实实在在的文化自信，而只是确立了一个概念空壳；要么过于注重文化结构，强调文化的微观层面，形成文化自信对象的片面性理解。从叙述分析的过程中来看，研究对象在叙述时也无法摆脱这种思维困境，因而本文意在减少这种基于文化本身结构的视角，力图从自信的认知状态结构出发，在进行叙事分析过程中将文化自信视为一种整体性、生成性和发展性的个人与社会互动过程（戴锐，徐菲，2021）。

其次，文化自信的主体是多元的，对此的叙述既可以表现为群体宏观的认知过程，也可以是个体微观的认同与建构。本研究仅仅从张新个人叙述探索文化自信的内涵与生成，并未直接揭示国家、民族层面的文化自信，也就无法进一步证明国家、民族与个人之间的文化自信存在着何种关系。

最后，本文使用的分析方法之间存在着交叉关系。这既是因为文化自信概念本身的抽象性，文化自信这一概念从政治中传播开来，成为思想政治教育的一部分，使得个人在叙述其概念、内容等较为抽象的部分时必然受其影响，呈现出少叙事、多观点的特点；还因为叙事研究尚处在相对较新的阶段，没有一个较为明确的体系能够将叙事分析与其他形式的质性研究分析区分开。因而，有关张新的文化自信叙事，不像典型的个人生命故事那样具有鲜明的叙事主题、叙事线索和叙事风格，研究中可以看到张新对于文化自信的叙述，具有诠释现象学的特点，也就是个体化的生命经验、历程和意义，在突出文化自我、身份认同与经验叙事之间难以非此即彼。

参考文献

毕重增（2020）. 文化的间距感和正念与文化自信. 西南大学学报（社会科学版），46（6），122－129，213.

蔡瑛（2020）. 中国制度之治的文化底蕴及“内生性”文化自信研究. 山东社会科学.（8），181－185.

陈琳，贾晓芬（2016）. 中国公众的文化自信指数调查报告. 人民论坛，（36），122－125.

陈世阳（2020）. 打赢疫情阻击战彰显“四个自信”. 光明网.

陈咏媛，韦庆旺（2020）. 流动性社会下文化自信的心理建设进路. 广西师范大学学报（哲学社会科学版），56（4），117－132.

戴锐，徐菲（2021）. 文化自信的构成与中国特色社会主义文化自信的社会生成. 河海大学学报（哲学社会科学版），23（2），1－8.

何承林，郑剑虹（2016）. 叙事认同研究进展. 中国临床心理学杂志，24（2），376－380.

李来容（2019）. 文化自信内在特质与发展理路的多维探析. 天津社会科学，（6），71－74.

廖小琴（2012）. 文化自信：精神生活质量的新向度. 齐鲁学刊，（2），79－82.

林雅华（2017）. 文化自信是民族性、历史性与时代性的统一. 光明日报.

刘林涛（2016）. 文化自信的概念、本质特征及其当代价值. 思想教育研究，（4），21－24.

人民论坛课题组，陈琳，于飞（2017）. 2017中国公众文化自信指数调查. 人民论坛，（17），12－15.

司欣芳，刘姝丽，凌辉，张建人，李新利（2012）. 职业中专生自我同一性与自我概念的相关研究. 中国临床心理学杂志，20（03），387－389.

习近平（2016）. 在庆祝中国共产党成立95周年大会上的讲话. 党建，（7），4－11.

习近平（2020）. 在全国抗击新冠肺炎疫情表彰大会上的讲话. 求是，（20）.

许莜（2017）．大学生文化自信的生成机理及涵育路径．教育评论，（09），104－108.

杨晓杰（2018）．新媒介视域下当代大学生文化自信现状及培育——基于桂林5所高校的调查．浙江树人大学学报，18（4），104－111.

郑剑虹，潘枫，梁惠飘（2016）．特殊教育学校盲生的自我认同研究．现代特殊教育（高教），（20），21－26.

周婷，毕重增（2020）．文化自信问卷的编制．心理研究，13（3），214－220.

邹广文，王吉平（2021）．论文化自信的社会心理基础．河北学刊，41（4），20－29.

Adil Saribay, S. & Andersen, S. M. (2007). Relational to collective: Significant-other representations, ethnic categories, and intergroup perceptions. *Personality and Social Psychology Bulletin*, 33 (12), 1714－1726.

Bradley, N. (2018). Essentialism in the concept of culture: Gauging belief. *Journal of Intercultural Communication*. (21), 1－21.

Bruner, J. (1991). The narrative construction of reality, *Critical Inquiry*, 18, 1－21.

Heine, S. J., Proulx, T. & Vohs, K. D. (2006). The meaning maintenance model: on the coherence of social motivations. *Personality and Social Psychology Review*, 10 (2), 88－110.

McAdams, D. P., Hoffman, B. J., Mansfield, E. D. & Day, R. (1996). Themes of agency and communion in significant autobiographical scenes. *Journal of Personality*, 64 (2), 339－377.

Medin, D. L. & Ortony, A. (1989). Psychological essentialism. In S. Vosniadou and A. Ortony (Eds.), *Similarity and Analogical Reasoning* (pp. 179－195). Cambridge University Press.

Murray, M. (2003). Narrative psychology and narrative analysis. In P. M. Camic, J. E. Rhodes & L. Yardley (Eds.), *Qualitative research in psychology: Expanding perspectives in methodology and design*. American Psychological Association. (pp. 95－112).

Pasupathi, P. & Mansour, E. (2006). Adult age differences in autobiographical reasoning in narratives. *Developmental Psychology*, 42 (5), 798－808.

Stephen, C. & Breheny, M. (2013). Narrative analysis in psychological research: An integrated approach to interpreting stories. *Qualitative Research in Psychology*, 10 (1), 14－27.

Van den Bos, K., Euwema, M., C., Poortvliet, P. M. & Marjolein., M. (2007). Uncertainty management and social issues: Uncertainty as an important determinant of reactions to socially deviating people. *Journal of Applied Social Psychology*, 37 (8), 1726 – 1756.

What is Cultural Confidence? A Personlized Narrative Analysis

Wu Liang　Bi Chongzeng

(Research Center of Psychology and Social Development, Southwest University Faculty of Psychology, Chongqing, 400715, China)

/ Abstract /

Cultural confidence is the expression of personal self-confidence extended in culture. Knowing and understanding personal cultural confidence is a prerequisite for constructing national and ethnic cultural confidence. The current study uses procedure and method of life-story narratives to reveal personal cultural confidence and its development after interviewing a post-graduate, Zhang Xin. By reading the original text, summarizing thematic elements, and extracting tones, this study finds that he defines cultural confidence from two parts: one is culture, which is the objective representation, and the other is confidence, which is the subjective awareness; and considers it as the unity of three natures of subjectivity, historical accumulation, and times; his narratives about cultural confidence are not only influenced by his role identity, but also rich in the epistemology of psychological essentialism, showing features such as the attention to the spiritual core of cultural confidence and the categorization of the role of narrative subjects; those events and characters in his narratives reflect vividness and theoreticality of his cultural confidence construction.

／Keywords／

Cultural confidence, narrative analysis, self-role identity, psychological essentialis

什么“阻碍”了学生写作业？——一项关于中学生学业拖延的质性研究

王雪婵[1,2]　舒跃育[2,*]

（[1]民权职业技术教育中心，商丘，47600）

（[2]西北师范大学心理学院心理传记学研究所，兰州，730070）

／摘　要／

当前，初中生的学业拖延已经成为一个严重的问题。为了揭开中学生学业拖延背后的谜题，本研究通过《Aitken 拖延问卷》招募 11 位高拖延学生（男 4 人，女 7 人）为研究对象，通过半结构访谈的方式探究“中学生学业拖延的原因”和“学业拖延对中学生的影响”。使用 NVivo（11）软件对收集的资料进行分析，结果发现：中学生学业拖延受到缺乏知识技能、缺乏兴趣、逃避困难、遗忘、消极感受等内部原因的影响，同时也受到人际关系、外部监督、家庭事务、娱乐吸引等外部原因的影响；

* 通讯作者：舒跃育，教授，博士生导师，E-mail: shuyueyu@nwnu. edu. cn。

另外，学业拖延对中学生的学业、心理、生活都产生了不良影响。家校合作无疑是解决学业拖延的一个好办法。

/ 关键词 /
学业拖延，中学生，拖延原因

一、问题提出

本研究起始于作者对自己人生的疑惑。在我初中的时候，我的学业拖延十分严重，以至于我中考失败，只能就读于当地一个最差的高中。在父母的建议下，我开始了复读生活。复读那一年，我严重的学业拖延就突然消失了，好像从未出现过。一年的努力，我最终考上了当地的重点高中。事到如今，我也一直很好奇我的学业拖延是如何出现又如何突然消失的？

研究发现，学业拖延是学校教育中常见且严重的问题（Fulano et al.，2018；单泓博等，2016），持续的学业拖延行为会带来的消极、负面的影响与结果，如：学业成绩降低，逃课与辍学机率增加，产生焦虑、沮丧等负面情绪，增加家庭中的冲突等（Blunt & Pychyl，2005；Chu & Choi，2005；Ferrari & Scher，2002；Fulano et al.，2018）。对学业拖延的关注，就是对学生心理健康与学业发展的关注，这将为学生未来的发展奠定良好的基础。

以往关于学业拖延的研究大多数都是通过定量范式（多以问卷的方式）展开，质性研究仅占据少部分（Abramowski & Anna，2018；Steel，2007）。量的研究“将事物在某一时刻凝固起来”（陈向明，2000），对此时此刻的学业拖延问题进行探究，证明了学业拖延与个体内部机制（如自我调节、自我效能感、自尊等）间的关系（Park & Sperling，2012；Klassen & Kuzucu，2009），提供了重要的普遍性、代表性信息。然而，尺有所短寸有所长，学业拖延行为不是一天形成的，这种方式忽视了在时间流动中学业拖延的发展变化，以及限制了可能对学业拖延产生影响的核心方面细节的洞察与理解。目前的研究中，成长环境如何在时间长河中，于一言一行等细节之处影响学业拖延的研究尚待补充。因此，本研究采用质的研究方法，关注学生的叙述，倾听他们的声音，去探究学业拖延产生原因。在以往的研究中，研究对象以大学生（包括高职生和大专生）为主，而中小学与研究生群体只引起了小部分研究者的关注（Fulano et al.，2018；Klassen & Kuzucu，2009；江梅，2019）。这并不意味着中学生群体不重要，相反，中学生的学业发展十分重要，它为进入何等层次的高等教育院校夯实了基础。因此，本研究以初中生为研究对象，以丰富当前对初中生学业拖延的研究，同时也解开作者心中之谜。

基于以上情况，本研究将研究问题确定为：了解 Z 镇中学学生的学业拖延的原因有哪些？学业拖延会给学生带来什么样的影响？

本研究从质性研究的角度看待中学生的学业拖延问题，通过访谈的方式回溯学生的学习生涯，不拘泥于“此时此刻”，在时间与空间的长河中发现影响学业拖延的关键生活情节，研究结果可以对家长和学校形成警示，在生活中以更适合的方式教育和影响学生，并预防学业拖延的形成。本研究补充了学业拖延的质性研究不足，同时也为中学生学业拖延的原因提供了新的解释。

二、方法

（一）研究取样

为了保证受访者是具有高学业拖延特征的学生，本研究对河南省商丘市 Z 镇中学的全体初中生发放《Aitken 拖延问卷》（刘明珠，陆桂芝，2011），发放问卷 286 份，共回收有效问卷 267 份（男 128 人，女 139 人），有效率达到 93.3%。对问卷结果进行筛选后，开始招募愿意参与本研究的初中生，最终招募了 11 名总分值皆高于班级平均分值（M = 30.57）的学生（见表 1）。

表 1　受访学生信息表

姓名	年龄	班级	《Aitken 拖延问卷》分值	访谈方式
SB1	15	九年级	49	面谈
SB2	14	八年级	49	面谈、QQ 文字
SB3	14	八年级	52	面谈
SB4	13	八年级	47	面谈、QQ 文字
SG5	12	七年级	46	QQ 语音
SG6	14	八年级	49	面谈
SG7	14	八年级	46	面谈
SG8	12	七年级	46	面谈
SG9	13	七年级	46	QQ 语音
SG10	14	九年级	41	面谈
SG11	14	八年级	44	QQ 语音

注：1、第一个字母代表身份，“S”为学生；第二个字母代表性别，“B”为男生，“G”为女生；第三个数字代表受访者的序号。

（二）资料搜集

本次研究主要以访谈法为主，其结构为半结构式访谈，通过一些开放式的问题了解中学生学业拖延的原因。访谈提纲参考了多人（如：Fulano et al.，2018；Hannok，2011；朱飞雪 等，2019）的观点。在形成初步访谈提纲后，寻找了 4 名初中生进行预访谈，根据对访谈资料的分析，再次对访谈提纲进行修改，最终形成正式的访谈提纲。访谈内容围绕“学业拖延的原因”这一核心主题展开，邀请高学业拖延的初中生们谈谈作业的完成情况、拖延作业的原因、拖延作业带来的后果等问题。在与受访者交谈的过程中，访谈提纲只是一个参考，对于正式交谈中的其他相关问题将通过追问的方式获得更多信息。正式访谈的地点安排在该初中学校的闲置办公室，访谈时间根据学生的空余时间进行安排，每次访谈时长25—45分钟不等，在征得本人同意后，对访谈内容进行录音。为获得完整且丰富的资料，每位学生需要接受2—3次的访谈。在现场收集并分析资料的过程中发现，在对第9、10、11位同学收集资料时，所收集的资料与前面几位受访者出现了内容上的重复，并没有新资料出现。因此判定为资料饱和，退出研究现场。

（三）资料分析

本研究基于扎根理论，在熟悉文本的基础上，通过三级编码（开放式编码、关联式编码、核心式编码）的方式对资料进行分析与归纳（Strauss & Corbin，1990）。首先是开放式编码，反复阅读资料，以“影响拖延的因素”为核心提取有意义的单元，直至资料饱和，经过两位研究者的编码，最终得到25个概念，共计160个参考点；其次，关联式编码将隶属于同一概念的开放式编码进行归类，将160个开放式编码分析归纳出9个范畴；最后，对9个关联式编码进行归纳概括，提取出更上位的概念，抽象出两大核心式编码完成核心式编码。同时，本研究借助NVivo（11）软件，帮助研究者对资料进行编码分析。

三、结果

（一）对学生学业拖延事实的求证

在《Aitken拖延问卷》筛选的基础上，本研究对受访者“学业拖延状况”

进行了再次调查，以求达到三角验证。其结果证明，参与访谈的11位学生确实存在学业严重拖延事实（见表2）。

在这11位受访者中，多数学生将星期天作业延迟到周日下午或晚上开始动笔；更为严重的同学直接拖延到老师检查作业的当天，在周一开始急急忙忙地补作业；一些学生在完成课下作业时也存在拖延；有些学生是对所有作业拖延，而有些学生则是在某些科目上拖延严重。

表2 学业拖延事实举例

受访者编号	原始资料
SB1	“我现在（周一早上）就写着（星期天作业）呢。”
SB2	“都是星期天最后一天写（作业），吃完午饭，下午写。” “有（搬凳子出去写作业）……都是物理作业。”（严重情况，老师让搬凳子出去补作业）
SB3	“今儿吧（周一），今天补的（星期天作业）。”
SB4	“经常补（作业）……写不完就得搬凳子出去补……我得有六七次了（搬凳子出去补作业）”
SG5	“我都是在开学前一天晚上赶紧写，写到很晚，写完再睡。然后第二天就去上学。” “我就是写不下去（笑），就是……在学校想先把作业写完，结果到家看见手机就写不下去了。”
SG6	“（过去一年）大部分时间都在补（作业）。” “周一的时候就会补练习册（星期天作业）。”
SG7	“都是马上该上学的时候（周日），黑了（晚上）写。” “从六年级开始，来到家就是先玩手机，俺姐姐喊我吃饭，我也不去，俺姐喊我写作业，我也不下来写。就是该上学的时候，我再写，第二天上学的时候交上去。”
SG8	“平常老师布置的作业，我得搁（搁置）一会再写……周末作业我得拖到星期日吧，星期日下午或者晚上写。”

（续表）

受访者编号	原始资料
SG9	“就是每逢假期的时候，放一个小长假，然后那个时候吧（笑），老师布置的作业……真是放假的每一天都有作业，每天任务都特别艰难，这种时候就不想写。然后每次到了最后的时候，就是小长假放到了最后，一半多的作业都没写，都没有做完，好像就是每回都是这种情况下作业就拖得特别严重。”
SG10	“不能（短时间写好），得拖，（周末作业）得拖到星期日下午再写。”
SG11	“（星期天作业）就是……到星期一或周末的时候吧……周日晚上再写。” “有一两次吧，作业也挺多吧，就是不想写，就想玩手机啊，看电视啊，然后最后一天就要开学了，还是写不好。然后……就是早上凌晨三点多起来，再补语文作业。” “就是不想写，老师在课堂上布置的吧，我们还是不写。”

（二）学生学业拖延的原因

将访谈收集的资料转换成文本，对文本进行编码分析，初步产生与“学业拖延原因”有关的开放式编码25个，主要为：不想写、玩游戏、困、作业难等。从开放式编码中分析出关联式编码9个，分别是：缺乏知识技能、缺乏兴趣、逃避困难、遗忘、消极感受、人际关系、外部监督、家庭事务、娱乐吸引。从9个关联式编码中抽象出两大核心式编码，分别是：内部原因、外部原因（见表3）。

表3 中学生学业拖延原因要素编码表

核心式编码	关联式编码（A/B）	开放式编码	资料来源（个）	参考点（次）
内部原因	缺乏知识技能（8/22）	作业难、不会	6	14
		上课听不懂	4	8
	缺乏兴趣（8/24）	不喜欢这个课	3	3
		不想写	7	13
		不想学	4	8
	逃避困难（4/11）	作业多	4	11
	遗忘（5/5）	忘带作业	1	1
		忘记作业	4	4
	消极感受（6/16）	烦	3	6
		累	1	2
		懒	2	3
		困	4	5
外部原因	人际关系（7/15）	朋友约定	1	1
		怕老师	2	4
		不喜欢老师	5	10
	外部监督（9/25）	家长放松学习管理	8	17
		家长管不住学习	2	2
		老师抽查作业	1	4
		老师纵容	1	2
	家庭事务（4/7）	停电	1	1
		家里有事	3	3
		家务	2	3
	娱乐吸引（11/35）	玩手机（社交、游戏、视频等）	11	29
		看电视	2	3
		和朋友外出	3	3

注：关联式编码A/B中A是指资料来源的总数，B是指提及此编码的总次数，如“缺乏知识技能（8/22）”是指“缺乏知识技能”编码有8人提及22次。

1. 学业拖延的内部原因

学业拖延的内部原因是受访者最多提及的因素。在内部原因中，被多次提及的有作业太难、不想写、作业多、学不会、烦等12个开放式编码。对这些开放式编码认真分析与归纳，最终得出关联式编码5个，分别是：缺乏知识技能、缺乏兴趣、逃避困难、遗忘、消极感受。

（1）缺乏知识技能。从资料来源和参考点可以看出，共有8位受访者22次提到了缺乏知识技能对学生学业拖延存在影响。其中，6位受访者14次提到“作业难、题不会”；4位受访者8次提及“上课听不懂”，如：

> 数学作业有的时候不会……写作业累呀，没有会的（题）。(SB3)
>
> 听不懂，也不喜欢上数学课，真听不懂，听老师的课就像听天书一样。(SG10)
>
> 我对生物学科不是特别的理解。感觉生物好像……知识点特别碎，明明是一个整体，但知识特别碎，每次记的时候，感觉都会记混。然后，生物老师每次没他的课的时候，他只会发卷子，而不会布置抄写的作业。然后发了卷子嘛，我看到那些题就是感觉什么都不会，我写的时候就感觉好烦啊……我就觉着，我的天啊，生物怎么可以这样子。我不想写了，就是这种感觉。(SG9)

在与这些同学的教师进行沟通的时候，他们也表示学生的知识基础比较差，更容易对作业拖延。

> 如：一般这样不完成作业的都是学习成绩不太好的。他学习不太好，他又学不会，他就不想学。你知道吗？他只要能学会，一般他都能完成作

业。像这学习不好的，你要是督促他，经常督促他，后来他也就是越来越皮（不听老师话）了。（英语老师）

拖延的学生不少，本身就是农村学校，好的生源都去城里了。农村学生的学习基础都差一点，肯定会拖延。（数学老师）

通过了解发现，多数学生拖延作业的一个原因是作业不会写，认为作业内容很困难，为了逃避这种困难，他们选择不去面对，把自己置身于其他的事情之上。很多老师也想帮助和改变这些学生，然而一些学生的学业从初一甚至小学就基础不扎实，在有限的时间和精力下，老师们也不知要从何帮起。就像一团乱麻，找不到开始的节点。

缺乏知识技能是学生学业拖延的一个重要因素，知识的缺乏就导致了对该科目内容难以理解，从而产生消极情绪，不愿意学该科目，从而知识更加缺乏，形成一个恶性循环。而知识技能的获得与周边环境紧密相关，如师生关系、对学习监督、家长或老师的期望等，消极的师生关系和家长/老师期望不利于学生知识技能的获得。总之，知识技能并不是只受学生内在因素的影响，成长环境也发挥着重要的作用。

（2）缺乏兴趣。根据资料来源和参考点，8 位受访者共 24 次提到。其中，7 位受访者 13 次提到“不想写”；4 位受访者 8 次提到“不想学”；3 位受访者 3 次提到“不喜欢该课程”。

这种兴趣的缺失一方面是受缺乏知识技能的影响：

……也不喜欢上数学课，真听不懂，听他的课就像听天书一样。（SG10）

另一方面也受缺乏学习动机的影响，不想学习：

就是不想写，老师在课堂上布置的（作业）吧，我们还是不写。他要是检查的话，我们就立马抄别人的，然后我们坐到那边（最后检查的位置），反正我们能抄的及时……有个关于画画的，我不喜欢，我就不画，我就趴在那里睡觉。（SG11）

有时候不想学，有时候能学会就是不想学。（SG7）

在访谈中发现，初中毕业后去打工是多数人的选择，他们找不到学习书本知识的意义和认真学习的动力，他们对枯燥的课本提不起任何兴趣，宁愿睡觉也不愿意听老师讲课。

其实，他们对学习的不喜欢体现出的是对未来的茫然，不知道自己喜欢什么，不知道想要成为什么样的人。打工甚至不是他们的选择，而是家长为他们做出的选择。

上完高中（家长）让我去当兵。（SB2）

俺姥爷说啥都学不会，还上啥……初中毕业，跟我爸去澡堂搓背。（SB3）

（家长）让我学理发去。（SB4）

而家长为他们做的选择不需要任何门槛，只需要等，等到毕业就可以了。学不学习、写不写作业都不重要。在这样不受束缚的一段时间里，迷人的网络世界更能吸引他们，枯燥的书本以及需要付出汗水的知识被舍弃一边。想要让学生重建学习动力、重新对课本抱有好奇心，学校开展职业规划活动或是一个好的办法，为了自己想要的、渴望的、梦想的未来而努力。

（3）当学生缺乏知识储备的时候，面对复杂困难的作业，一些学生通过拖延的方式来逃避困难。从资料来源和参考点可以看出，4 位受访者共提到 11

次。主要表现为个体感到作业繁重、困难而选择拖延。如：

有时候（作业）多的时候，我就不写，作业少了就写。(SB2)

他（老师）让我们抄重点，就是课本上画的重点，然后就是太多了，一个要抄两遍，我们就没写。(SG11)

放假的每一天都有作业，每天任务都特别艰难，那时候就不想写。然后每次到了（假期）最后的时候，就是小长假放到了最后，就是一半多的作业都没写，都没有做完。(SG9)

逃避任务是学术拖延的普遍原因，个体越反感某项任务就越有可能去逃避它（Solomon & Rothblum，1984）。而个体对任务的反感可能是由任务的特征引起的（Lay，1986），比如作业量大、作业枯燥、困难等。Z 镇中学生对作业逃避的深层原因则是他们认为自己不具备完成这些作业的能力（自我效能感低），作业中的难题他们无法解决，这又与“缺乏知识技能”密切相关；同时对学习任务的反感也使得学生选择逃避。

（4）遗忘。从资料来源和参考点可以看出，共5 位受访者提到5 次。只有一位受访者是忘记带作业本而导致作业拖延，这是由于事情烦琐而导致的忘记。

有一次周记本忘带了，又在宿舍里面补的。(SG8)

其他四位受访者则是在做其他的事情的过程中将作业忘记了，这种忘记也有一种逃避的姿态，遇到困难与麻烦之后的应对措施。

……然后不知道为什么，我把生物一放下来，好像什么都不知道了。

就开始管其他的了。等到下一节课上课的时候，我才意识到“天啊，我的生物试卷还没写呢”，然后就开始急。（SG9）

有的时候拖着、拖着就忘了，就早上来到学校再补（作业）。（SG10）

（5）消极感受。从资料来源和参考点可以看出，共6位受访者提到16次。主要表现为“困”（4位受访者提及5次）、“烦”（3位受访者提及6次）、“懒”（2位受访者提及3次）、“累”（1位受访者提及2次）。如：

上课就困，就在那儿睡觉，睡醒再学。（SB2）

不知道怎么回事，一写作业的时候，我就特别困，不想写……到家就是玩手机，啥都不做，俺姐就把我手机拿走了，拿走我也不想写，就觉着心里烦得慌……感觉心烦，看到那些字啊，脑子都疼。（SG7）

然后发了卷子嘛，看到那些题就是感觉什么都不会，我写的时候就感觉好烦啊……我就不想写了。（SG9）

个体所感受到的这些消极体验与“缺乏知识技能”等因素相关。如受访者SB3谈及写作业很累，在追问过程中发现这种累并不是体力劳累，而是由于作业不会写而产生的累，认为写作业时是费脑筋的事情。这种感受与SB9感觉相似：

……得需要思考啊，就是感觉前期思考很麻烦，让时间过得很久，感觉写这些很费脑筋。

个体情绪的产生是对情绪刺激物的评价，良好积极的评价引起愉快体验，促进目标的实现；障碍的、有威胁的不良评价会引起负面情绪，并引起趋近或回避的行为倾向（郭德俊，2017）。中学生对学业任务做出困难、麻烦等负面评价，则引起烦躁等消极感受，最终选择回避学习任务。

根据詹姆斯的观点，“情绪主观体验来源于个体对反应于各种情绪刺激的躯体生理反应的知觉和意识”，“在整合情绪主观体验的过程中，情绪生理反应过程和情绪知觉/认知过程可能是两个关键的过程”（郭德俊，2017）。中学生在面对学业任务时感受到的“懒”“困”等生理反应，也正是个体主观情绪的一个反应。

2. 学业拖延的外部原因

在学业拖延的外部原因中，被多次提及的有“玩手机”“家长不管”“家长管不住”“不喜欢老师”“害怕老师”等13个开放式编码。对这些开放式编码认真分析与归纳，最终得出关联式编码4个，分别是：人际关系、外部监督、家庭事务、娱乐吸引。

（1）人际关系。从资料来源和参考点可以看出，共7位受访者提到15次。其中，5位受访者10次提到“不喜欢老师”；2位受访者4次提到“害怕老师”；1位受访者1次提及“朋友约定”。

同伴关系对学业拖延具有影响（万文静，乜勇，2020），学生为了融入某个群体，和群体的人建立良好的关系，就会遵守群体的约定。

> 大家（朋友们）都不写（作业），商量好的不写。（SG11）

师生关系也会影响学生学业任务的完成，学生对某个老师威严的恐惧，或者是以往的经历也会使学生不敢问老师问题，从而造成“知识技能缺乏”。

> 我对语文老师是比较有偏见的，我真的不喜欢这个语文老师啊，可能

是有点古板的感觉……对于他的课，我真的是特别反感，他让我干什么我都不想干。（SG11）

有的听不懂，也不敢问老师，不知道咋回事……小时候，那（小学）老师在俺那边，那老师打（学生），就感觉一问老师就害怕。”（SG7）

不敢问数学老师，我怕他骂我。（SG8）

当问到是否敢问老师问题时，这几位同学都由于各种各样的原因而不敢和老师交流讨论。有的老师即使很温和，从未批评过自己，但还是对老师充满害怕。在这种不太安全的关系中，学生也不愿意暴露自己的短板，以防止老师对自己产生坏的印象。

人际关系对学生的学业发展有着重要的作用。良好的师生关系可以促进老师和学生之间的沟通，使学生获得更积极的回应，从而提高学业成绩（Xu & Qi，2019）。当中学生对老师存有害怕、讨厌等负面情绪时，将会影响双方的沟通，学生不愿向老师寻求帮助，从而导致学业拖延以及学业成绩下滑。

（2）外部监督。从资料来源和参考点可以看出，共9位受访者提到25次。其中8位受访者17次提到“家长放松学习管理”；2位受访者2次提及“家长管不住学习”；1位受访者4次提及“老师抽查作业”；1位受访者2次提及“老师纵容”。

家长放松对学生的学习管理，或者说不重视学生的学习。比如SB1的家长更重视孩子的饮食，而对孩子的学习没有多加关注，SB1提及他的父母：

之前（小学阶段）管学习，现在学习差了就不管了，

希望他上到高中就去找个工作，学个技术；SB3与姥爷一起生活，姥爷对他的学习是：

不咋（怎么）问。

外出打工的父母对他的学习管得更少，家里人计划让他初中毕业就跟着爸爸外出打工。

SG8 与妈妈一起生活，妈妈平常不检查她的作业，也不支持她购买学习资料：

一到买资料的时候，她就嫌贵，老嘟囔我。

SG8 的爸爸认为如果学不好，初中毕业就应该去跟她的小姨去美妆店里工作。

如果将“家长不管学生的学习”换一种说法，那就是家长已经放弃了学生的学业发展，只等孩子到了合适的年纪去寻求另一条出路。

在和老师、家长交流的过程中，研究者发现中学生外出打工是一件常见的事情，家长都认为很合理。在家长的意识中，他们觉着你既然学不会，为什么要浪费钱交学费呢？不如早点去挣钱，积累一些经验。

家长们不重视学生的学习，同时他们也管不住学生的学习。如：SG11 是跟着爷爷奶奶生活，平常奶奶会坐在一边看着她写作业，但是：

在写着（作业）的时候，我去厕所，就一直不回来，拿着手机在里面玩。

在与老师们了解情况时，他们也提及即使家长坐在旁边，也不能保证学生在认真学习，在调查中一位英语老师就提及：

家长还是溺爱、偏爱（孩子），有时候他们问（“管”的意思）不了学生。学生进入青春期，（家长）就算坐在那里看着他（写作业），家长也不会、不懂，就看着学生在哪儿“盲”（“乱写，猜答案”的意思）。

教师管控也是影响学业拖延的外部因素之一，直观的表现就是教师检查作业的方式。教师对学生的态度往往也可以在检查作业的过程中被学生们窥得一二。

学生 SG11 提道：“我们数学老师主要检查那四五个学生，一般不检查我们的作业……老师只会检查那几个人的作业，就是学习好的、考试好的那几个……我是十几名吧，都不抽查我”。这种检查作业的方式让 SG11 存在侥幸心理，不愿花费时间完成数学老师的作业，每次检查完作业她就会感觉“很开心，没有抽查到我，感觉很幸运（笑），逃过一劫”，而她更倾向于完成语文与英语作业，因为“语文老师很公平，所有人的作业都会检查，英语老师也是，和语文老师一样”。

教师们在教学过程中的“偏心”，很容易被其他同学捕捉到。而这种“不公平”也影响着学生的态度。既然你放弃了我，不检查我的作业，那么我也不写你的作业。青少年的叛逆心理很容易导致放弃行为，放纵学业拖延的形成。

老师纵容学业拖延现象也是教师管控不足的一个方面。老师的纵容会让学生有恃无恐，认为自己是“奉旨”不学：

有个关于画画的作业，我不喜欢，就都不画，趴在那里睡觉，老师都不管。（SG11）

数学老师会直接告诉学生“练习册有答案，不想写的都抄答案”（SG11），而受访者就不再思考，不再花费更多的时间在钻研难题上，最终选择“直接抄答案”。老师这种不管不问、直接让学生抄答案、只检查学习好的学生作业的行为，是不是对他们眼中“差生”的另一种放弃呢？

家长和教师的低期望在一件件琐事中被传递给学生，学生接收到了信号，“心安理得”地进行拖延，等待着毕业去打工。

（3）娱乐吸引。从资料来源和参考点可以看出，共11位受访者35次提到娱乐对他们的影响。其中，“玩手机”被11位学生重复提及29次；“看电视”被2位学生提及3次；“和朋友出去玩”被3位学生提及3次。

少数学生用手机接触新鲜事物，学习新知识，如：

> 我还是很喜欢画画啊，但又不想报班，我就天天看手机。就是还有时候，我加入绘画群聊，他们会布置什么作业，好长时间我为了完成（绘画作业）就有点拖延了吧。（SG9）

更多的学生则是将时间浪费在游戏与短视频上面，如：

> 作业也挺多吧，就是不想写，就想玩手机啊，看电视啊。（SG11）
> 周六周日我都是打游戏啊，看快手啊。（SB2）

也有一部分学生通过手机进行社交活动，如：

> 比如说在QQ上我加了很多同学。每次他们向我发信息的时候，我大部分都会回他们，只要他们一发消息我就会回他们，回着回着就觉着可能作业不重要了，就放在一边，就开始和他们聊起来了。（SG9）

总的说来，手机上的娱乐软件和社交软件占据了中学生更多的注意力与精力。中学生对手机的依赖非常严重。在我与SB4的爷爷交谈后，我发现这位同学晚上打游戏常常到凌晨，早上又睡到中午，醒来继续刷抖音、看快手。而他和姐姐各有一台手机，是外出打工的父母买给他们的。“我和同学打王者荣耀（游戏），有时候得打到晚上十二点多，有时候也打到（凌晨）一点、两点的。”（SB4）对图片、视频信息的快速获得，网上丰富而有趣的信息，让他没有耐心与兴趣专注于学业。而有这种情况的初中生，SB4并不是个例，他的许多游戏“战友”都是学校里的同学，他们一起守护游戏中的“塔”到深夜凌晨。

（4）家庭事务。从资料来源和参考点可以看出，共4位受访者提到7次。如：

有时候我姐喊我洗澡，就是刚回来，我都是等一会、等一会，每次都超过十点多才洗，也没法写作业了。”（SG7）“因为家里有事情……收拾收拾自己的东西……其他的时间就帮家里干点力所能及的事情。（SG6）

已有研究也明确了家务在学业拖延中的影响（Fulano et al.，2018），但在本研究中家庭事务虽然会占据一部分时间，但这并不是重要的影响因素，因为许多家长和学生都表示平常并不会因为家务而占据学习的时间，如：

就是帮我妈妈刷碗……干活时间不长。（SG8）

（三）学业拖延对中学生的影响

通过对访谈文本进行编码分析，初步产生与“学业拖延的影响”有关的开放式编码 24 个，主要为：抄别人作业、补作业、心里紧张等。从开放式编码中分析出关联式编码 7 个，分别是：教师惩罚、作业质量、消极情绪、低自尊、人际关系、生活作息、财产损失。从 7 个关联式编码中抽象出三大核心式编码，分别是：学业影响、心理影响、生活影响（见表 4）。

表 4　学业拖延对中学生影响的要素编码表

核心式编码	关联式编码	开放式编码	资料来源（个）	参考点（次）
学业影响	教师惩罚（10/18）	作业翻倍	2	3
		补作业	6	9
		老师批评	2	2
		罚站	1	1
		叫家长	2	3
	作业质量（7/11）	抄别人作业	5	8
		“盲”答案	1	1
		作业潦草	2	2
心理影响	消极情绪（9/16）	压力	1	2
		忐忑	1	1
		紧张	3	3
		心里不舒服	2	2
		后悔	1	2
		害怕	2	2
		烦	2	2
		丢脸	1	1
		不安	1	1
	低自尊（4/7）	没感觉	4	6
		高兴	1	1

（续表）

核心式编码	关联式编码	开放式编码	资料来源（个）	参考点（次）
生活影响	人际关系（3/6）	引起老师注意	1	2
		给老师留下不好印象	1	1
		和家人吵架	1	3
	生活作息（3/4）	熬夜补作业	3	4
	财产损失（4/7）	罚钱	4	7

3. 学业影响

学业拖延对“学业的影响”是受访者谈及最多的要素，师生们共 11 人提到 29 次。其中主要包括开放式编码 8 个：作业翻倍、补作业、老师批评、罚站、叫家长、抄别人作业、“盲”答案、作业潦草。8 个开放式编码经过分析又归纳为两个关联式编码：教师惩罚和作业质量。

（1）教师惩罚。从资料来源和参考点可以看出，共 10 位受访者提及 18 次，其中以补作业、老师批评为主。当学生由于拖延在规定的时间内没有完成作业时，学生往往面临着来自老师的惩罚，如：

> 因为我那次没有完成作业，她（老师）就让我在办公室补啊，她在班里上着课，然后她让我补完作业再回（教室）来。（SG9）
>
> ……让搬个凳子去外面写作业。（SB4）

（2）作业质量。从资料来源和参考点可以看出，共 7 位受访者提及 11 次，其中以抄袭他人作业和字体潦草等开放式编码为主。由于学生对作业的拖延，导致最后时刻急急忙忙完成作业，其作业完成的质量并不如人意（聂娇，2018）。如：

他（老师）要是检查的话，我们就立马抄别人的（作业），然后我们坐到那边（最后检查的位置），反正我们能抄得及时。（SG11）

不工整，有的能写对，有的写不对……会的就自己写，不会的就“盲”（指猜一个答案）。（SB2）

4. 心理影响

学业拖延对学生心理的影响也是受访者常常谈及的内容。对压力、紧张、害怕等 11 个开放式编码进行分析后归纳出“消极情绪”和“低自尊”两个关联式编码。

（1）消极情绪。从资料来源和参考点可以看出，共 9 位受访者提及 16 次，主要包括：压力、忐忑、紧张、心里不舒服、后悔、害怕、烦、丢脸、不安。如：

就是想为什么星期五还有星期六下午光玩，就不写作业，挺后悔……而且希望不要抽查到我……忐忑，就是别来、别来、别过来那种（感觉）。（SG11）

就是特别紧张的感觉……有点害怕。（SG6）

有时候，完成作业之后就特别坦荡，心里没什么放不下的，可以认真学习了。要是没完成作业回到学校，确实有那种压力感……心里就是非常的不安吧，担心老师会因为作业可能会……就是觉着很有压力。（SG9）

（2）低自尊。从资料来源和参考点可以看出，共 4 位受访者提及 7 次。当学生因作业拖延而受到惩罚时，一些学生表现出了不在乎老师的批评、对这种惩罚习惯了的态度，如：

全班都补（作业）……没压力。（SG10）

有点害怕，但是时间长了，也就那样吧……习惯了。（SG6）

心里就那（当地方言，“很平常、很一般”的意思），一直都这样（补作业）。（SB1）

（搬凳子去教室外面写作业）没有不好意思……就是挺高兴的（笑），不用听他讲课。（SG11）

这种表现出低自尊的学生多是长期拖延的学生，对老师的惩罚见怪不怪。

5. 生活影响

学业拖延对生活的影响主要体现在人际关系与生活作息上，共5位受访者提及17次。

首先是人际关系，因拖延而未完成作业将会影响老师对学生的印象（聂娇，2018），如：

就是表现不好给老师留下的印象不好。（SG5）

老师也有可能在每次上课的时候拿你这个事情（未完成作业，搬凳子出去补作业）说，让你好好学习、好好上课……那次补完作业之后，下了晚自习他又来找我……然后就开始提问我，但是我有点不会啊。唉（叹气），他看见我的表现不太好，又来说我。到了宿舍之后，我真的是特别不开心。以后，对于他的课，我真的是特别反感。（SG9）

除此之外，与家人的关系也会受到影响，如：

俺姐姐会会儿（当地方言“每时每刻”的意思）地问，一会就问……没有写好（语气凶）！俺姐每次问我（作业），我就装发脾气（笑），心里面就说“写写写，会会儿写作业”……俺姐问我，你写作业吗？我说不写，她说你不写我不管你了，然后等一会她又说，你作业写好了吗？写不好别吃饭，我说不吃就不吃，然后俺爸爸喊我吃饭，我也没吃。（SG7）

其次，学生的生活作息也会因为拖延作业而受影响，为了补作业而熬夜，甚至凌晨起床补作业，如：

我都是在开学前一天晚上赶紧写，写到很晚，写完再睡。（SG5）

然后，最后一天就要开学了，还是写不好。然后……就是早上三点多起来，再补（作业）。（SG11）

除此之外，老师也会采用金钱惩罚，用以警示学生，希望学生及时完成作业。而没完成作业的学生将面临财产损失。

还有罚钱……他自己没写好，他自己就交钱。（SG10）

四、讨论

在我们研究和讨论学生的学业拖延问题时，需要强调这样一个事实，即儿童的心理与行为是人与环境相互作用的结果，而学校与家庭则是学生成长最重要的微观环境（Bronfenbrenner & Morris，1998）。社会认知理论也同样强调了这一点，个体是内部主体性因素、外部环境以及过去与现在的行为三者交互作用的产物，外部环境对个体的内部因素有着重要的影响作用（郭本禹，姜飞月，2008）。因此当学生表现出学业拖延的倾向时，我们不仅要考虑学生的主体性因素，还需要将目光看向他的成长环境。

在学生成长的过程中，微系统发挥着重要的影响作用。比如师生关系，多数学生都提及因为讨厌某个老师，从而不听他的课，不写他的作业，这种结果导致的是知识储存不足，学习中的获得体验越来越差，越来越排斥学习。家长与老师对学生的学习态度也影响着学生的学业拖延，父母对学生的期望是影响学生成就动机的关键机制（李淑华，韩布新，2020），“罗森塔尔效应”也表明了教师对学生的期待影响着学生的学业表现，一些学者（Fulano et al.，2018）提出家校合作是解决学生学业拖延问题的一种良好方式。

学业拖延对学生的影响是弊大于利，除了可以通过家校合作的方式缓解之外，通过提高自我认识而达成“自助”也不失为一种好的方法。相关研究发现学业拖延与元认知技能相关，精通学习方法和目标导向的学生比规避目标的学生表现出更少的拖延（Howell & Watson，2007），所谓“元认知”就是指个体对思维活动的自我体验、自我观察、自我监控和自我调节，它对个体的学习、记忆、理解、注意等各方面的活动都有着重要的作用（董奇，1989）。当学生可以理解思维的功能时，可以有助于个体自觉地控制自己的思想、情感、动机和行为；当学生明白自己有能力控制自己的思维内容和过程，他们就可以激发自己的学习动机（麦库姆斯等，2002）。因此，学校可以提供相应的课程，让学生去体验心理资源的重要性、心理资源使用的办法以及控制自己思维过程的方式方法，从而有目的的解决学业拖延问题。

五、结论

中学生学业拖延受到个体学习动机和自我调节策略的影响，主要表现为缺乏学习兴趣、逃避困难等；也受到父母参与、父母期待、教师期待等因素的影响，主要表现为外部监督弱、师生关系差等。学业拖延又导致中学生的学业表现变差；产生消极情绪、低自尊；人际关系和生活作息也受到负面影响。

六、总结

做完这个研究，我最初的疑惑也慢慢解开。我的初中是在县城寄宿，在农村的父母一年也不会来学校一次，不了解我的在校情况（低参与）；我的成绩差，老师对我也不在意，安安静静不扰乱纪律就好（低期待）；我自己也认为我考不上县高中，而第二高中没有分数要求，多少分都能上，既然这样，我又何必天天努力学习呢（低学习动机）？于是，我就放任自己于小说和网络之中。

而中考失败准备复读那一年，一切都发生了变化。由于是复读，父母对我考上重点高中的期望增高，变成了最差也得考上县第一高中（高期待）；复读的新学校是全封闭的军事化管理，我也不能去网吧或者出去玩了；复读班的老师非常严格，甚至资料怎么放、笔记怎么做都要统一标准（外部监控）；最重要的是，我知道父母为我复读花了1000多块钱，我想着："都复读一年了，不能再去普通高中了，不能让父母在亲戚那里丢人……"（学习动机）。许多因素在复读的转折点发生了变化，现在回头看，每一个变化都是小变化，但都是很重要的变化，至少对于自制力不足、没有目标的13岁的我是重要的。感谢当时没有放弃我学业的父母，让已经放弃的我重新回到了赛场，取得如今的成就。

参考文献

巴巴拉·L.麦库姆斯，詹姆斯·E.波普（2002）．学习动机的激发策略，提高学生的学习兴趣（伍新春译）．北京：轻工业出版社.

陈向明（2000）．质的研究方法与社会科学研究．北京：教育科学出版社.

单泓博，张璐瑶，卫敏，辛永娟，全善爱，李晏（2016）．大学生自我控制在拖延与焦虑关系间的中介效应．中国心理卫生杂志，30（08），624－628.

董奇（1989）．论元认知．北京师范大学学报，（01），68－74.

郭本禹，姜飞月（2008）．自我效能理论及其应用．上海：上海教育出版社.

郭德俊（2017）．动机与情绪．北京：首都师范大学出版社.

江梅（2019）．2009—2018年我国学业拖延研究现状文献的计量学分析．林区教学，（6），34－36.

李淑华，韩布新（2020）．自我管理中介父母期望对大学生成就动机的影响．蚌埠医学院学报，45（03），391－397.

刘明珠，陆桂芝（2011）．Aitken拖延问卷在中学生中的信效度．中国心理卫生杂志，25（05），380－384.

聂娇（2018）．女硕士生学业拖延后果的扎根理论研究．长春教育学院学报，34（09），13－18.

万文静，乜勇（2020）．大学生在线学习中学业拖延归因研究——基于扎根理论的质性分析．中国医学教育技术，34（6），717－723.

朱飞雪（2019）．小学生学业拖延现象的研究．硕士学位论文，山东师范大学.

Abramowski & Anna. (2018). Is procrastination all that "bad"? A qualitative study of academic procrastination and self-worth in postgraduate university students. *Journal of Prevention Intervention in the Community*, 46 (2), 158－170.

Blunt, A. & Pychyl, T. A. (2005). Project systems of procrastinators: a personal project-analytic and action control perspective. *Personality Individual Differences*, 38 (8), 1771－1780.

Bronfenbrenner, U. & Morris, P. A. (1998). *The Ecology of Developmental Processes.* In

W. Damon & R. M. Lerner (Orgs.). New York: John Wiley.

Chu, A. H. C. & Choi, J. N. (2005). Rethinking procrastination: Positive effects of "active" procrastination behavior on attitudes and performance. *Journal of Social Psychology*, (145), 245 - 264.

Ferrari, J. R. & Scher, S. (2002). Toward an understanding of academic and nonacademic tasks procrastinated by students: The use of daily logs. *Psychology in the Schools*, (37), 359 - 366.

Fulano, C., Cunha, J., Núñez, J. C., Pereira, B. & Rosário, P. (2018). Mozambican adolescents' perspectives on the academic procrastination process. *School Psychology International*, 39 (2), 196 - 213.

Hannok, W. (2011). *Procrastination and Motivation Beliefs of Adolescents: A Cross-Cultural Study*. PH. D. Edmonton: University of Alberta.

Howell, A. J. & Watson, D. C. (2007). Procrastination: associations with achievement goal orientation and learning strategies. *Personality and Individual Differences*, 43 (1), 167 - 178.

Klassen, R. M. & Kuzucu, E. (2009). Academic procrastination and motivation of adolescents in Turkey. *Educational Psychology*, 29 (1), 69 - 81.

Lay, C. H. (1986). At last, my research article on procrastination. *Journal of Research in Personality*, 20 (4), 474 - 495.

Martin, A. J., Marsh, H. W., Williamson, A. & Debus, R. L. (2003). Self-handicapping, defensive pessimism, and goal orientation: A qualitative study of university students. *Journal of Educational Psychology*, 95, 617 - 628.

Park, S. W. & Sperling, R. A. (2012). Academic procrastinators and their self-regulation. *Psychology*, 3 (1), 12 - 23.

Rosário, P., Marta, C., Núñez José Carlos, González-Pienda Julio, Paula, S. & Antonio, V. (2009). Academic procrastination: associations with personal, school, and family variables. *Spanish Journal of Psychology*, 12 (1), 118 - 127.

Solomon, L. J. & Rothblum, E. D. (1984). Academic procrastination: Frequency and cognitive behavioral correlates. *Journal of Counseling Psychology*, 31 (4), 503 – 509.

Steel, P. (2007). The nature of procrastination: a meta-analytic and theoretical review of quintessential self-regulatory failure. *Psychological Bulletin*, 133 (1), 65 – 94.

Strauss, A. & Corbin, J. (1990). *Basics of Qualitative Research: Grounded Theory Procedures and Techniques*. Newbury Park: Sage.

Xu, Z. & Qi, C. (2019). The relationship between teacher-student relationship and academic achievement: The mediating role of self-efficacy. *Eurasia Journal of Mathematics, Science & Technology Education*, 15 (10), 1 – 7.

What "Gets in The Way" of Students Doing Their Homework? —A Qualitative Study on The Academic Procrastination of Middle School Students

Wang Xuechan[1,2] Shu Yueyu[2]

([1]Vocational and Technical Education Center School of Minquan, Shangqiu, 476000)

([2]School of Psychology, Northwest Normal University, Lanzhou, 730070)

/ Abstract /

Currently, academic procrastination among middle school students has become a serious problem. In order to unravel the mystery behind the academic procrastination of middle school students, this study recruited 11 students (4 males and 7 females) with high procrastination through the

Aitken Procrastination Questionnaire, and explored the "causes of academic procrastination" and "effects of academic procrastination on middle school students" through semi-structured interviews. The study was conducted by semi-structured interviews to investigate the causes of academic delay and the effects of academic delay on secondary school students. The data collected were analyzed using NVivo (11) software, and the results showed that academic procrastination was influenced by internal reasons such as lack of knowledge and skills, lack of interest, avoidance of difficulties, forgetfulness, and negative feelings, as well as external reasons such as interpersonal relationships, external supervision, family affairs, and recreational attraction; in addition, academic procrastination had negative effects on secondary school students' academic, psychological, and life. Home-school cooperation is undoubtedly a good solution to academic procrastination.

/ Keywords /

Academic procrastination, middle school students, reasons for procrastination

城市社区空巢老人心理支持需求与心理服务可及性个案研究[*]

张爱莲[**]　臧妍雯　宫云静

（山东理工大学 教育与心理研究所，淄博，255000）

／摘　要／

以华东地区Z市5个社区8位空巢老人为个案，采用半结构式访谈了解空巢老人的心理支持需求与心理服务可及性。结果表明，不同空巢老人对于心理支持存在程度不同的客观需要或主观需求。对于访谈中提及的不同心理支持形式，受访老人大多表示喜欢。目前这5个社区面向空巢老人的专业心理服务几乎为空白。为了更好地满足空巢老人的心理支持需求，需要加大对老龄事业的经费投入，完善相关工作体制机制，增加相关专业人才培养和供给。在专业心理支持不足的情况下，来自子女、同事、亲戚、朋友、单位和社区的非专业支持对于空巢老人获得精神慰

* 项目来源：山东省哲学社会科学规划研究项目（基金编号：19CSHJ09）。

** 通讯作者：张爱莲，教授，博士，硕士生导师，E-mail: zalbell928@163. com。

藉非常重要。同时应重视以需求为导向，为空巢老人提供个性化的心理支持。

/ 关键词 /
城市社区，空巢老人，心理支持需求，心理服务，可及性

一、前言

空巢老人晚年的幸福不仅与家庭和谐密切相关，还会对整个社会的幸福水平产生涟漪效应。自 20 世纪 70 年代起，西方学者开始关注空巢老人情感和心理需求问题（Neugarten，1976）。劳顿等（Lawton et al.，1984）研究发现，居住方式对老人幸福感有一定影响，空巢老人幸福感低于非空巢老人。尤和李（You & Lee，2006）对空巢与非空巢老人身体状况、心理健康及情绪状态进行比较，发现非空巢老人心理健康水平更高，情绪状态更好。许多研究考察孩子成年后离家对退休父母的婚姻质量、幸福感及空巢综合征发生可能性的影响，结果发现，有的父母在孩子离开后确实出现了空巢综合征（Grover，N. & Dang，P.，2013；Bouchard，2014）。

进入 21 世纪以来，随着我国老龄化问题的突出，空巢老人问题成为人口学、社会学及心理学等学科的研究热点（张持晨等，2018）。其中，空巢老人的心理状况引起众多研究者关注。有研究者将空巢老人分为绝对空巢老人和相对空巢老人。绝对空巢老人是指子女全部在外地以及无子女的老人；相对空巢老人是指与子女在同一个城市但分开居住的老人。研究发现，绝对空巢老人“孤独感”得分显著高于非空巢老人和相对空巢老人（李德明等，2003）。城

市空巢老人主观幸福感显著低于非空巢老人（李德明等，2006；周荣山等，2009；陆建兰等，2013）。城市空巢老人与非空巢老人相比，在心理健康及生活满意度等多个方面都较低（李建新等，2012；穆丹，2018）。有研究指出，空巢老人最主要的心理情感问题为孤独感（李艳伟等，2016）。从已有研究来看，总体而言，空巢老人在心理上表现出更多痛苦、不适、焦虑和抑郁，且自我评价偏低。空巢老人的确在情感上更脆弱，心理健康问题更突出，更渴望来自外界的关心与支持（卢慕雪等，2013）。

20 世纪 80 年代，专门针对老人的社区心理服务悄然兴起于西方各国。进入 21 世纪，老人社区心理服务在西方国家得到蓬勃发展（方必基等，2010）。2001 年，英国成立专门负责老人问题的老年人服务机构，目标是促进老年人心理健康。目前，英国老年人心理健康服务已发展成为全面的多学科合作队伍，包括社会工作者、专业治疗师、心理学家、精神科医师等（滕丽新等，2009）。荷兰学者霍尼南等（Honigh-De et al.，2013）通过海报及小册子宣传、健康信息和知识咨询、专业心理课程讲授、往事回忆和社交技能训练等干预措施，有效提升了老年人的社会支持水平，使老人孤独感减少，有了更多生活的信心和动力。

随着我国进入老龄社会，空巢老人的社会支持问题日益引起国内学者关注。心理支持是社会支持的重要组成部分，有益于缓解生活压力，增加正性情绪体验，抑制负性情绪体验，从而增强个体幸福感。国内与空巢老人心理支持相关的研究可分为三类：一是论述空巢老人社会支持和精神慰藉的重要性。赵芳等（2003）认为，精神慰藉是衡量空巢老人生活质量的重要内容。穆光宗（2004，2017）指出，随着家庭养老功能的弱化，社区需要关注老年人的精神赡养问题，发挥社区对空巢老人的精神慰藉功能。沈可、王桂新（2013）认为，居家养老服务业应重视满足空巢老人精神层面的需求，开设更加多元化、专业化、个性化的服务项目。二是调查空巢老人精神慰藉和心理健康服务需求。王玲凤等（2008）研究表明，在各种社会支持中，空巢老人最希望获得的是情感支持。调查发现，多数城市空巢老人对精神慰藉需求十分迫切（陈婷婷，2012）。近年来个别地方政府加大了对社区照顾项目的投入，但社区提供的服务主要是生活照料服务，在精神慰藉方面还存在很大空缺（平莲莲，2012）。老年人对心理健康服务的需求是多层次的，为老年人提供的心理健康服务有待专业化（滕丽新等，2013）。三是开展空巢老人心理干预和心理慰藉实践探索。杭荣华等（2011）采用团体心理辅导和个体心理干预形式对社区空巢老人进行心理干预，结果表明有效的心理干预能减轻空巢老人的抑郁和孤独感，增强其幸福感。雷震等（2014）、蓝醒琼等（2017）采取一种或多种方式对社区老人进行心理干预，提升了老人心理健康水平。尤其是对于主观幸福感较低的社区老人，心理干预显得更为重要（肖存利等，2014）。还有的研究者通过个案工作或小组工作对满足空巢老人精神慰藉需求进行了尝试（刘军玲，2013；许晓晖，2015）。

在研究方法上，有关空巢老人心理状况与心理支持的既有研究以量化研究为主，有少数研究采用质性研究方法，研究主题涉及空巢老人的主观幸福感（姜雅菁，2013）、空巢老人抑郁产生的原因（李春国，赵春善，2014）、空巢老人日常生活中的积极体验（陈晓琳，尹志勤，蓝雪芬等，2016）、城市空巢老人的社区融合（许林泽，韩芸，2018）等。

从已有相关研究来看，空巢老人对于心理支持既存在客观需要，也有着主观需求，而且空巢老人的心理支持或者说精神慰藉需求日益受到相关各方的重视。2017 年 3 月，国务院印发《“十三五”国家老龄事业发展和养老体系建设规划》，明确提出要健全老年人精神关爱、心理疏导、危机干预服务网络，依托专业精神卫生机构和社会工作服务机构、专业心理工作者和社会工作者开展老年心理健康服务试点，为老年人提供心理关怀和精神关爱。

城市空巢老人除了要面对子女因学习、工作或成家而离开之外，还会面临退休前后活动内容、交往对象、经济收入、社会地位等方面的变化，一些老人由于难以适应而产生失落感、无力感、无助感以及社会疏远感等消极情绪体验，从而影响到他们的心身健康和生活质量。因此，这些城市空巢老人的心理支持需求可能尤为强烈。心理支持可分为专业支持与非专业支持。其中，专业支持包括多种形式的个体心理支持和团体心理支持。那么，什么样的心理支持是更符合城市空巢老人需要的？城市空巢老人在心理支持内容、方式与人员等方面有着怎样的期望？不同的空巢老人心理支持需求有何不同？目前，城市社区空巢老人对于心理支持的可及性如何？由于以往有关空巢老人的研究多为量化研究，我们拟采用质性研究方法对城市社区空巢老人的心理支持需求与心理服务可及性进行较为具体的探索与描述，希望在现有研究基础上进行一定程度的拓展。

二、研究方法

（一）方法选择

心理学质性研究中的个案研究包括单一个案研究和多重个案研究，前者是对单一个案进行详细探索，后者可以是对一系列个案的比较。个案研究可采用许多方法，包括半结构式访谈、参与观察和日记等（威利格，2013）。本研究采用半结构式访谈收集资料，进行多重个案研究。在资料分析阶段，采用主题分析法对访谈资料进行分析（Maguire & Delahunt，2017）。

（二）研究对象

本研究所选取的个案来自地处华东地区的 Z 市。截至 2017 年 12 月，Z 市

60 岁及以上老年人口为 98.15 万，占总人口的 22.64%，处于中度老龄化社会。在本次访谈中，每个访谈小组访谈的空巢老人为 4—6 位，共计访谈了 25 位空巢老人。本文结合访谈质量以及性别、年龄、社区类型等因素选择 8 位具有代表性的空巢老人作为个案。遵循保密原则，用姓名首字母代表不同个案。8 位受访空巢老人的基本信息见表 1。

表 1　访谈对象基本信息

序号	个案	性别	年龄	受教育程度	退休前职业	婚姻状况	社区类型
1	ZSX	女	72	小学	餐饮	丧偶	老旧商品房社区
2	WFY	女	80	中专	医生	丧偶	新建商品房社区
3	ZQF	男	76	小学	工人	丧偶	新建商品房社区
4	LBL	男	71	高中	公司职员	已婚	新建商品房社区
5	ZJR	女	85	专科	教师	丧偶	新建商品房社区
6	GYH	女	70	大学	会计	已婚	新建商品房社区
7	JFC	男	65	高中	公司职员	已婚	新建商品房社区
8	ZGY	女	84	中专	实验员	丧偶	单位公有房社区

（三）研究程序

1. 准备阶段

结合研究需要拟定访谈提纲与知情同意书。访谈提纲包括“您觉得子女不在身边和子女在身边有什么不一样的感受?”“您有其他亲戚朋友在身边或附近吗?”“您平时有什么心里话一般都跟谁说?”“您是否希望社区能为老年人提供心理方面的服务?”等问题。对拟参与访谈的两位研究生和 8 位“微尘”公益社团成员进行访谈培训。课题负责人与计划调研的 5 个社区的居委会主任取得联系，落实访谈对象。

2. 资料收集

经过培训的访谈者分为 5 个小组，分别前往 5 个不同社区开展访谈工作，每个小组 2 人，1 人负责提问，1 人负责录音。访谈者由社区居委会书记或网格员带领入户，在征得访谈对象同意后进行访谈，对访谈过程录音。访谈结束后对访谈对象表示感谢。

3. 资料分析

访谈录音由每个访谈小组初步完成文字转录，再由两位研究生和课题负责人进行核对。接下来采用主题分析法对所转录的文本资料进行分析。首先仔细阅读所有文本资料，进行分类编码，然后是形成主题、检查主题，给主题命名。

表 2　文本资料编码过程

首要主题	次级主题	意义单元
空巢老人客观上存在心理支持需求	孤独	自己在家太寂寞了，连个说话的都没有啊。
	害怕	我就是怕晚上，怕心脏病。
空巢老人主观上对心理支持的需求	是否需要心理服务	心理服务啊，现在很需要这个心理服务，这个心理服务现在很重要，这老年人啊，孤独。
	需要何种心理服务	肯定希望能发放心理健康方面的这种手册，咱看看也是挺好的，看看人家的办法。
		能有讲座当然好啊。
		这个是有需要的，有这个是很好的，我认为是很好。有些孤独的老人，他需要有志愿者来陪伴。
		成立个热线也挺好的，就应该成立这个。像我们这种孤寡的，没有人在跟前的，有这个挺好的。
		就得面对面，不面对面，你咋知道人家心理咋样？

（续表）

首要主题	次级主题	意义单元
空巢老人主观上对心理支持的需求	需要何种心理服务	愿意参加这种活动，十个八个的凑一块。
		我就喜欢社区提供这样一个时间，到时候大家就聚在一块儿交流交流，兴趣爱好啦，你了解的什么啦，定期有这样的交流最好了。
		成立小组就更好了，一个小组经常在一块拉拉、说说。成立一个小组，这几个人就比较近乎了，有什么事儿都知道。
空巢老人心理支持需求的影响因素	年龄	我觉得吧，我这个年龄还没到需要他们照顾的时候，我觉得离他们远一点挺好的。
	性格	我也喜欢出去遛弯，喜欢和别人交流交流。
	受教育程度	我本来在老年大学，声乐班、烹饪班、舞蹈班、诗词班、书画班、古典美学班，我都参加。
	兴趣爱好	我喜欢唱歌、画画、写诗，兴趣爱好很多。
	健康状况	我那时候，腿好的时候，我每天早晨五点来钟就起来，出去锻炼身体……我现在出不去了，都不出去了。
	支持系统	就我自己个儿，附近没有亲戚。
		心里话啊，和知心朋友说吧，我有一个知心朋友。
		在社区里参加合唱团，有什么健康讲座、党课都去参加。

三、结果

（一）空巢老人客观上存在心理支持需求

有的空巢老人在接受访谈时表露出孤独、害怕等情绪，表明这部分空巢老人客观上存在心理支持需求。还有的老人谈及其他老人的孤独状态，反映了这些老人客观上需要心理支持。

1. 孤独

ZSX 老人属于绝对空巢老人，老家在外地，随老伴从部队转业来到 Z 市，老伴已过世，附近没有亲戚。老人做过心脏手术和乳腺癌手术，目前身体尚好。仅有一个女儿，大学毕业后出国学习，现已在国外定居，不能常回来。老人在被问及“您觉得子女不在身边和子女在身边有什么不一样感受?”时的回答是：

> 不一样，不一样！啊，想死我了！所以说我现在后悔了，不应该让她走那么远。晚上睡觉都睡不好，经常晚上睡觉半夜三四点就醒了，醒了我就看微信，她发过来的照片，我就看看。想啊，太远了！以前有老头啊，还有个伴儿。自己在家太寂寞了，连个说话的都没有啊。一天没事情，我一天不出门，一天不说话，没个人和我说话。不好啊，老来难啊……（伴随哽咽）（ZSX，女，72 岁，独居，老旧商品房社区）

WFY 老人是退休医生，有一儿一女，均在本地做公务员，2011 年老伴去世后单独居住，女儿由于工作单位离得近，每天中午来吃饭，儿子儿媳每周末过来。对于子女不在身边和子女在身边的区别，老人说：

> 总而言之吧，平常自己在家就孤独，孩子来看看就热闹，家里气氛就好。姑娘儿子都离得不远，说来就来，就不感到孤独。（WFY，女，80 岁，独居，新建商品房社区）

JFC 老人为自来水公司退休职员，两个儿子均在本地，分开居住时间不长，且在同一个小区。老人退休后参加了社区的合唱团。在访谈中老人谈道：

我们看到好多歌友啊，他们家里过节的时候有时都凑不到一块来，他们也是很苦恼的。经常不断地说咱们聚聚吧，我们经常不断地聚，一个月得聚三四次吧，谁过生日啦什么的。我觉得他如果是有子女在家的话，过生日人家就上饭店吃饭啦，不可能还得叫我们一块吃饭。其中就有两三个，四个，有四个单身的这种，总觉得自己在家孤孤单单的，光弄个小狗小猫的也没啥意思。就说咱们找个事儿，或者是演出完了，都不错，或者家里有什么高兴的事儿，在一起说说，聚聚，现在都是 AA 制，一个人花个三十五十的，一个月怎么也得两三回，在一起聚聚，挺好。但是要是真正年龄大了，像是七八十的，身体又不好，这种啊离开人确实困难，也没有和他交流的，他又出不来，这种确实很难啊。（JFC，男，65 岁，与老伴同住，新建商品房社区）

2. 害怕

ZGY 老人退休前为某高校实验员，女儿在外地工作，儿子先前在本市另一个区，相距 40 公里，一个多月前刚调过来。儿子过两年退休后将去老人孙子所在城市，而老人仍打算留在本市。老人先后做过 4 次手术，现在腿不是很好。对于孩子在身边和不在身边的感受，老人均有体会：

他过来吧，家里就有一个人儿，有啥事吧就挺放心。……我就是怕晚上，怕心脏病，但是我床头也都放着药。反正过来吧，也有好处，家里有个人儿，有个做伴的。……（ZGY，女，84 岁，曾长期独居，单位公有房社区）

(二) 空巢老人主观上对心理支持的需求

1. 是否需要心理服务?

《“十三五”国家老龄事业发展和养老体系建设规划》指出，要大力发展居家社区养老服务。这些服务既包括生活照料方面的服务，也包括精神慰藉和心理支持方面的服务。对于城市社区空巢老人来说，他们经济上大多有较好的保障，物质生活满意度通常较高，但由于子女不在身边，尤其是与子女相距遥远的老人，精神慰藉和心理支持可能成为他们更为主要的诉求。从前文的访谈结果我们已经看到，有的老人客观上是非常需要心理支持的，那么他们在主观上是否需要心理服务呢？从访谈中“您是否希望社区能为老年人提供心理方面的服务?”这一问题的回答来看，老人们的主观需求是存在差异的。8 位受访老人中，有一位是从国家发展水平出发认为目前在社区开展心理服务不够现实，有一位是因为现在身体尚好可外出活动觉得暂时不需要，其余几位老人均认为社区若能为老年人提供心理服务是好事情。以下是其中几位老人的回答。

ZQF 老人：“不需要啊，你看是一些好事吧，不好做啊。咱们国家现在这个条件，要想达到人人满意不可能啊，光经济基础就达不到，何况还有人的思想呢。我有时候和别人交流也说，国家虽然提倡搞城镇化，但并不是那么好搞啊。我平时出去在外面转，你看外面的垃圾啊、随地吐痰啊，还有养宠物，随地大小便，城镇化不是那么好搞啊。咱们国家很多人还达不到那个素质。尤其是那些出国旅游的，回来夸人家怎么好、怎么好，那个基础不是一天半天啊。”（ZQF，男，76 岁，独居，新建商品房社区）

GYH 老人："现在还不需要，我们现在还可以一起活动活动，还没有什么心理上的啥，哈哈哈，以后出不去了，闷在家里，可能需要心理疏导啥的。现在我们经常出去玩儿，在社会上还有接触，还没有那么苦闷，现在还没有这个需要啦。"（GYH，女，70 岁，与老伴同住，新建商品房社区）

LBL 老人："心理服务啊，现在很需要这个心理服务，这个心理服务现在很重要，这老年人啊，他孤独。"（LBL，男，71 岁，与老伴同住，新建商品房社区）

2. 需要何种心理服务？

为了解城市社区空巢老人对不同形式的心理服务或心理支持的倾向性如何，结合已有相关文献，访谈中分别就"发放心理健康宣传手册、举办心理健康教育讲座、志愿者入户陪伴谈心、心理咨询热线、面对面的心理咨询、团体心理辅导活动、社区定期开展老年心灵茶吧、成立老年人心理互助小组"几种心理支持形式倾听老人们的看法，从访谈结果来看，多数老人对这些形式的心理支持均表示喜欢，有的老人就一些心理支持形式谈了自己的想法。

对于"发放心理健康宣传手册"，ZGY 老人说：

肯定希望能发放心理健康方面的这种手册，咱看看也是挺好的，看看人家的办法。（ZGY，女，84 岁，曾长期独居，单位公有房社区）

谈到"举办心理健康教育讲座"，LBL 老人在表示认可的同时顺便发了点牢骚：

能有讲座当然好啊，关键是得有一个地方，有老人集体活动的地方就好。有些地方还不行。你们过来的时候我在这儿还发了会脾气，你看看应不应该发？看电视上说老年公寓，什么老年养生啊，什么老年会所啊，我寻思着，老年养生，有什么地方啊？不对呀，不是那么回事儿，我说尽搞这个形式，真正办的事儿，没有这个事儿。不知道怎么讲，这个事情咱也说不出个道道来。（LBL，男，71 岁，与老伴同住，新建商品房社区）

对于“志愿者入户陪伴谈心”，LBL 老人认为：

这个是有需要的，有这个是很好的，我认为是很好。有些孤独的老人，他需要有志愿者来陪伴陪伴。他可以拿出点费用来，老人可能不多，他儿女可以拿出点服务费来啊。一次一个小时、半个小时啊，很好啊，这个事情。（LBL，男，71 岁，与老伴同住，新建商品房社区）

ZGY 老人对“志愿者入户陪伴谈心”也表示需要：

当然希望啊，可以拉拉形势，拉拉啥的，拉拉怎么想的呀，你这些日子有啥不痛快的呀？那样挺好的，希望有，还是有了好。可能也有那些不愿意的，不愿意的就不去呗，对吧？（ZGY，女，84 岁，曾长期独居，单位公有房社区）

在谈到“心理咨询热线”时，ZGY 老人表示认可之后又谈到她强烈希望单位成立养老院，因为她担心社会养老机构服务质量不好，担心不被尊重。由此我们也可以看到老人的心理需求：

成立个热线也挺好的，就应该成立这个。像我们这种孤寡的，没有人在跟前的，有这个挺好的。像我儿子吧，两年以后退了休，他就搬天津去了。他就一个儿子，那不也得靠儿子嘛。他都60岁了，到退休，他也不会在这儿伺候我。我为什么极力地建议学校成立养老院？成立养老院，我就住养老院了。在自己学校住养老院敢说话，你养老院要是对我们不好，我们可以提意见，在外边吧，恐怕得罪人家，人家会凶我们。如果是学校的养老院，我们自己可以说，也可以跟领导说说，领导他们可以进行批评教育。要是在外面，咱上哪儿去提呀？人家爱咋摔打咱咋摔打咱。在学校，这都是些老师，都是些职工，退休的，他们还受别人摔打？所以说，学校要是成立养老院的话，80%的老人都会申请。（ZGY，女，84岁，曾长期独居，单位公有房社区）

对于“面对面的心理咨询”，ZGY老人也表示认可：

就得面对面，不面对面你咋知道人家心理咋样？对吧？（ZGY，女，84岁，曾长期独居，单位公有房社区）

对于“团体心理辅导活动”，WFY老人表示愿意参加，同时表达出喜欢由年轻人带领活动的希望：

愿意参加这种活动，十个八个的凑一块。一般的老太太在一起就是问吃了吗、喝了吗？说媳妇不孝顺啊这事那事儿，我还不愿意凑。我愿意和年轻人接触，和年轻人一起，精神头就来了。（WFY，女，80岁，独居，新建商品房社区）

基于所在社区的条件和个人情况，LBL 老人对“团体心理辅导活动”的态度是：

也可以组织这个啊，我认为是可以组织。不过还是看个人，人就是喜欢自由啊，有些事情不大方便，老人也有的不大方便。一是没那个场所，二是有的老人他不大爱出去，为什么？家里都有电视、都有电脑这些爱好什么的，有些他不参加的。（LBL，男，71 岁，与老伴同住，新建商品房社区）

对于“社区定期开展老年心灵茶吧”，WFY 老人说：

我就喜欢社区提供这样一个时间，到时候大家就聚在一块儿交流交流，兴趣爱好啦，你了解的什么啦，定期有这样的交流最好了，一周哪怕一次呢，一次一两个小时，凑到一块儿多好！（WFY，女，80 岁，独居，新建商品房社区）

谈到“成立老年人心理互助小组”，ZGY 老人非常认可：

成立小组就更好了，一个小组经常在一块拉拉、说说。成立一个小组，这几个人就比较近乎了，有什么事儿都知道。像我吧，有病对门儿就先知道，关系好的老同事也先知道。她们几个都按时间问，这两天咋样、这两天咋样？再不然她们就过来玩。（ZGY，女，84 岁，曾长期独居，单位公有房社区）

（三）空巢老人心理支持需求的影响因素

从上述访谈结果来看，无论是客观上还是主观上，空巢老人均存在程度不同的心理支持需求，这种心理支持包括来自亲人、朋友、同事、社区的非专业支持，也包括来自专业人员的支持。空巢老人对于心理支持的客观需要和主观需求差异，受到年龄、性格、受教育程度、兴趣爱好、健康状况、支持系统等多种因素影响。

1. 年龄

JFC 老人属于低龄老人，从他在访谈中的表述来看，目前尚无强烈的心理支持需求：

> 我觉得吧，我这个年龄还没到需要他们照顾的时候，我觉得离他们远一点挺好的。他们光来家我们也出不去了。再说呢，住一起吧，夏天也不方便。自己住吧，无论房子大小，自己住自由一些，他们方便，我们也方便。但是呢，经常不见他们吧，也并不好。（JFC，男，65 岁，与老伴同住，新建商品房社区）

而 ZJR 老人则属于高龄老人，存在行动不便、视力减退的情况，她在访谈中谈到：

> 以前挺喜欢出去的，现在住在 4 楼，就不经常出去了。我就在屋里自己走走。再就是看书、看报，还能干什么呀？但是视力也不太好，眼底黄斑病变，看不太清了。有时候也养养花，没事儿干，在阳台上养一些花，

它不说话，我就说给它听。（ZJR，女，85岁，独居，新建商品房社区）

显然，从ZJR老人的实际情况来看，客观上是很需要心理支持的。

2. 性格

ZQF老人在谈及日常生活安排时说：

我每天早上起来浇浇花，整整卫生，然后出去买菜，准备一天需要的东西，也挺充实的。我也喜欢出去遛弯，喜欢和别人交流交流。我每天出去都碰到一个老头，他以前是采矿的，他谈一些他们采矿的知识，我就觉得挺好。（ZQF，男，76岁，独居，新建商品房社区）

老人这种乐观、怡然自得的状态与性格特点密切相关。在与他人的主动交流中，他的心理支持需求也会得到较好的满足。

3. 受教育程度

ZSX老人的受教育程度为小学，曾从事餐饮行业。为了打发时光，同时也能挣点钱，老人在一位大妈的鼓动下给附近一家饭店打零工。在谈到日常生活时，她说：

有点活干干吧，就不想那么多。为什么我去帮人干活？我去干活，时间就过得很快了，出门忙活忙活这一天又过去了。今天是17号，我还以为是10号呢。忙活着就觉得时间过得快，就不想那么多。到晚上七点来钟、八点来钟可以回来了，我都不愿意回来。上外边玩玩吧，再跟人说说话。在家没有人和我说话，有时候把电视打开看看，看看就看够了。过完今天这一天，过完明天这一天，赶快走吧，过够了。过得不开心就想，赶快过完，赶快走吧。（ZSX，女，72 岁，独居，老旧商品房社区）

从 ZSX 老人的叙述来看，由于受教育程度较低，她的生活相对比较单调。加之女儿远在国外，她感到非常孤单、寂寞，因此属于心理支持的重点对象。

WFY 老人中专毕业，退休前是医生。她在访谈中谈到：

我本来在老年大学，声乐班、烹饪班、舞蹈班、诗词班、书画班、古典美学班，我都参加，五六个专业。老头儿有病了，我得照顾他，他心脏放支架，以后呢，又腿疼，干脆老年大学不上了。今天碰上个区里老领导他问我，老年大学还去不？我说从老头儿生病就没再去啊，得有十二个年头不去了。那时候声乐班八十多个人我当班长，校长可欣赏我了。声乐老师都说，你当这个班长我真省劲儿啊，省事儿了。（WFY，女，80 岁，独居，新建商品房社区）

由于受教育程度相对较高，WFY 老人对各种新知识具有相对较强的接受能力，生活也因此能够更加丰富多彩，老人也能从中体验到更多的价值感，获得更多的心理支持。

4. 兴趣爱好

退休后的城市空巢老人如果有一定兴趣爱好，会让他们的日常生活更加充实，有助于他们的心身健康。访谈中，问及“您有什么兴趣爱好吗?”这一问题时，有的老人说没有，有的则提到喜欢唱歌、跳舞、交朋友等。

面对访谈，WFY 老人很是兴奋：

我喜欢唱歌,画画，写诗，兴趣爱好很多。今天我姑娘还给我发吴作人他夫人画的画，我全都收藏下来了。我自己会简谱，我就去教唱歌，在社区里的一个合唱团。人生苦短，但是该怎么去活着，怎么活得有意义?我写的诗很多，还有画画，这不轴子都在这儿，我送出去的都很多。还有那个宝石画，我粘的宝石画，粘了二十多幅，我都送出去了，朋友谁来谁拿着。都说粘这个对眼睛不好，我反倒看报纸不用眼镜了，看手机我都不用眼镜了。(WFY，女，80 岁，独居，新建商品房社区)

WFY 老人叙述中的“人生苦短，但是该怎么去活着，怎么活得有意义?”是一个值得特别关注的亮点。老人不仅自己从丰富的兴趣爱好中体验到人生的乐趣，还将自己兴趣爱好的成果分享给他人，在相互的心理支持中增强彼此的生命意义感。

ZSX 老人的回答是:“喜欢做啥啊，交朋友，自己在家也是闷得慌。”(ZSX，女，72 岁，独居，老旧商品房社区)

LBL 老人:“现在这十年主要是玩电脑，打保皇，哈哈。她（指老伴）就在家看电脑啊，看平板啊。”(LBL，男，71 岁，与老伴同住，新建商品房社区)

JFC 老人:“我喜欢唱歌，我参加了好几个合唱团呢。”(JFC，男，65 岁，与老伴同住，新建商品房社区)

ZJR 老人:“我平时跳舞、散步，现在身体不好，不能跳了，没事儿就出去溜达溜达，走多了还不行。”(ZJR，女，85 岁，独居，新建商品房社区)

ZGY 老人:“唱歌跳舞啊，这些文艺体育活动我都喜欢。退休以后学校有啥文艺体育活动我都参加，生着病我都参加，到以后一看病情厉害了，就不行了，我就退出来了。后来她们成立歌唱队啥的叫我参加，我说不行，俺老汉儿（老伴）拉尿都不行了，我不参加文艺活动了。那时候她们整天找我，早先我是我们这个家属院六组的组长。老汉儿死了16年了，这16年我就在家当老太太了。”（ZGY，女，84岁，曾长期独居，单位公有房社区）

从老人们的回答来看，无论是否有个人兴趣爱好，客观上均体现了他们不同程度的心理支持需求。因为他们有的正是为了获得心理支持而喜欢交朋友；有的则是从兴趣爱好的满足当中体验人生的乐趣与价值；有的由于要照顾生病的老伴或自己年龄大了行动不便，原有的兴趣爱好逐渐难以得到满足，因而可能更需要获得来自外部的支持。

5. 健康状况

健康状况是影响空巢老人心理支持需求的重要因素。身心健康状况良好的老人通常没有强烈的心理支持需求，而身体或心理状况不佳的老人在客观上或主观上均可能需要来自多方面的非专业或专业的心理支持。

GYH老人，退休会计，一儿一女均在本地工作，时常前来看望父母。对于子女不在身边和在身边有何不同感受，老人的回答是：

现在还没感觉到，哈哈，因为可以外出活动，跳舞啦什么的。（GYH，女，70岁，与老伴同住，新建商品房社区）

LBL老人在谈及日常生活安排时说：

我们两个人是这样的，早上起来忙活完了以后就八点来钟了。八点来钟之后就是出去遛啊，就是出去走一趟。她不能走，她半身不遂，我领她走，一开始是走上一个来小时，现在走一个小时走不了了，走半个多小时，就走不动了。每天都转，上午一趟，下午一趟，风雨无阻地转。（LBL，男，71 岁，与老伴同住，新建商品房社区）

从 LBL 老人的叙述可以看到，他是老伴最重要的支持来源。而受老伴身体健康状况的限制，他们的活动范围大大缩减，不可能像其他一些老人那样享受更加多彩的生活。LBL 老人在前面提及的访谈问题中认为，面向空巢老人的心理服务很重要，可能与此不无关系。

ZGY 老人存在类似的情况：

我那时候,腿好的时候，我每天早晨五点来钟就起来，出去锻炼身体，在学校走一圈儿，再上那些器械上面，晃荡晃荡，再走走。我一直走到俺老汉儿死了。我现在锻炼不出去了，出不去了，我在家里吧，这不就是从头到脚我就这么搓，就是顺顺这个血液啊，这样子，凡是哪儿有穴位，我都要搓搓，再就是这么拍打拍打，我做完了这个活动就两个小时。……我现在出不去了，都不出去了，就这样，三顿饭，做饭，买菜。买菜拖着个车子，反正瘸着腿也得去买菜，坐公共汽车去。这会儿经常上奥朗特（附近超市）去买，奥朗特近便。反正就这个样了，就当老太太了。（ZGY，女，84 岁，曾长期独居，单位公有房社区）

6. 支持系统

社会支持是由社区、社会网络、亲密伴侣等提供的可感知的工具性支持或表达性支持（行红芳，2006）。亲戚朋友、社区或单位组织的集体活动等都是空巢老人社会支持系统的重要组成部分。

（1）亲戚朋友

亲戚朋友是空巢老人重要的社会支持来源，身边或附近没有亲戚朋友的空巢老人可能更需要心理支持。8 位受访老人中，有 4 位老人在本地没有亲戚，但不乏同事和朋友。以下是其中几位老人对“您有其他亲戚朋友在身边或附近吗?”这一问题的回答。

ZSX 老人：“就我自己个儿，附近没有亲戚。朋友认识不少，我是没有办法，多交上两个朋友和我说说话，就这个样子。我有工夫就出去找她们去玩，要不就是打个电话叫人来陪我说说话。”（ZSX，女，72 岁，独居，老旧商品房社区）

ZJR 老人：“没有亲戚在附近，周围就是我的同事，我是因为工作从胶东调过来的。”（ZJR，女，85 岁，独居，新建商品房社区）

ZGY 老人：“附近没有啥亲戚。有些老朋友挺好的，她们经常来玩。她们对我都挺好的，因为就数我年纪大。我有病啊干啥的都是找对门儿，对门儿是大夫。远亲不如近邻，近邻不如对门儿，对吧？我们都处得挺好的。”（ZGY，女，84 岁，曾长期独居，单位公有房社区）

WFY 老人：“亲戚的话，就一个姐姐，一个亲姐姐，我每天去看她，天天下午没有事儿，我就去看她。我姐姐 90 了，我到时候就蒸下蒸包、包下水饺，有什么好吃的就给她送点去。我就是下午陪我姐姐，因为她也是独身一个人。每天都去，我 80，得照顾我 90 的姐姐。”（WFY，女，80 岁，独居，新建商品房社区）

（2）倾诉对象

日常生活中是否有可以倾诉心里话的对象，对于空巢老人获得精神慰藉和心理支持至关重要。在实际生活中，空巢老人们的倾诉对象可能是老伴、子女，也可能是亲戚朋友。访谈中，在问及“您平时有什么心里话一般都跟谁说?”时，有的老人的回答让人欣慰，而有的老人的回答则让人不免内心受到触动甚至心疼。

GYH 和 JFC 老人与老伴同住，有心里话通常是跟老伴儿说。

WFY 老人的回答是：“经常跟儿媳妇说，不给姑娘说的，就都跟儿媳妇拉拉。”（WFY，女，80 岁，独居，新建商品房社区）

ZJR 老人：“和我的老姐妹说说话（此时老姐妹就在旁边），她经常照顾我，关心我，我的老姐姐很好。”（一边和在一旁的老姐妹说笑）（ZJR，女，85 岁，独居，新建商品房社区）

ZSX 老人：“心里话啊，和知心朋友说吧，我有一个知心朋友。再就是老表妹了，她在江苏。现在微信都很方便，连上网视个频啥的。我们从小在一块儿，从小她也了解我，我也了解她，她有什么难处跟我说说，我有什么难处也跟她说。”（ZSX，女，72 岁，独居，老旧商品房社区）

ZQF 老人的老伴已经过世，他的回答让人心情有些沉重：“我有时候跟我老伴交流交流，我留着她照片，拿出她照片摆上。”（ZQF，男，76 岁，独居，新建商品房社区）

（3）集体活动

集体活动是城市社区空巢老人获得心理支持的重要途径。以下是一些老人在问及平时是否参加集体活动时的回答。

ZSX 老人：“以前，以前参加。就是上公园唱歌什么的，坐在一块儿。感觉挺好，什么都忘了。热热闹闹的，就觉得什么都不想了，觉得活得挺开心的。一回到家就觉得太寂寞了！旁边没人，还是有子女在身边好啊。我现在后悔死了！”（ZSX，女，72岁，独居，老旧商品房社区）

ZQF老人：“我一般不参加什么集体活动，在家里也挺忙的，我得自己蒸馒头，吃饭我都是自己做，外面的我嫌不卫生。”（ZQF，男，76岁，独居，新建商品房社区）

WFY老人：“经常参加。在社区里参加合唱团，有什么健康讲座、党课都去参加。感觉很好，很充实，我爱学习。”（WFY，女，80岁，独居，新建商品房社区）

ZJR老人：“实际上我不大出去，就是感觉不太能融入她们，我说的她们不太懂，她们说的我不太感兴趣。主要是和以前共事的一些老师在一块玩儿。”（ZJR，女，85岁，独居，新建商品房社区）

从老人们的回答来看，由于家庭状况、生活习惯、性格特点、教育程度等因素不同，城市社区空巢老人参与集体活动的动力和频率存在较大差异。

（四）空巢老人心理服务的可及性

通过前面的访谈我们深切地体会到，受访的城市社区空巢老人对于心理服务大多既有着客观需要，也有着主观需求，有的空巢老人非常需要心理支持。那么，他们所在的社区是否为空巢老人提供不同形式的心理服务？空巢老人的心理支持需求能否得到满足？也就是说，心理支持在当前城市社区空巢老人中的可及性如何？

访谈中，在问及“您所在的社区是否有面向老年人的心理服务？”时，有的老人一脸茫然，表示不清楚，有的老人明确回答没有，有的老人在社区工作人员提示下说有律师服务，有的老人所提到的并非专业的心理服务或心理支持。比如ZGY老人谈到：

对老年人吧，咱们学校老龄委有个慰问团，每年一次，我这个样的他们都来慰问，提溜着东西来慰问我。对门儿这样的就没有，普通人没有。我是跟老汉儿沾光，是离休家属，每年来看我，早晚儿我死了就不看了。职工家属、教工家属，只看离休家属。每年都来看我，有时候来问问我有啥事啊？他们这主任都知道我是离休家属吧，有时候主任、书记都问问我，问问我有困难吗？他们过年来了，主任和书记，跟着一个办事人员，提溜着东西来。每回儿来了都表扬我，说你自己弄得这屋太干净了！”（ZGY，女，84岁，曾长期独居，单位公有房社区）

从老人的回答来看，这样的慰问显然具有心理支持的作用，但能够获得这种慰问的老人属于极少数。

另外，由于精神慰藉和心理支持方面的服务是社区服务的组成部分，在问及社区是否有面向老年人的心理服务之前，还询问了老人们希望社区提供什么样的服务。从老人们的回答可以看出，有的老人所在社区为满足老人们的兴趣爱好而提供场地、成立合唱团、组织节日活动等，虽然不属于专业的心理服务，但客观上对参与活动的老人们具有心理支持作用。

WFY老人：“能为老年人提供一个爱好的场所，这就挺好。我们社区领导很重视老年工作，给我们安排了活动室。你看，原来夏天热，冬天冷，现在给我们安了大空调，还给我们装修了房子，周围全是小灯，还给弄了大镜子、木地板，跳舞就跳舞，唱歌就唱歌，凳子、椅子、饮水都不用说。我们这个书记对老人可关心了，到时候就给我们开个座谈会，问问你们老人有什么要求、有什么建议？我们提出来就可以满足。还跟我们说，你们对这些活动要是很感兴趣，还可以去外面参加演出。我们刚去外面参加了两个演出呢。”（WFY，女，80 岁，独居，新建商品房社区）

JFC 老人：“我是愿意唱歌，爱好文艺这方面。社区里不错，像我们这个居委会的书记，还有一些工作人员，给我们这些退休了的老年人成立了合唱团，以前是没有的。成立起来之后很支持，无论是资金投入上，还是给我们找场地，买些东西，我觉得我们社区做得确实不错。一共有三个团嘛，我比较，不是守着她们说，我们社区确实不错。如果是爱好的，有这个场地。人家还有不爱好的呢，他们在家出不来的呢，他们也不断地通知这些党员啊，也是组织好多活动，在小区里走访啊，在路边上捡些垃圾啥的，好些活动呢。你看像是清明啊、七一啊，组织去旅游，出去玩儿，也是一个教育，爱国教育啦，党的路线方针政策方面的教育啦，这是党员组织的。我觉得咱社区总的来说还是不错。”（JFC，男，65 岁，与老伴同住，新建商品房社区）

GYH 老人和 JFC 老人属于同一社区，她对社区居委会和物业有混淆，不过她的叙述也反映出社区服务工作存在不足：

我觉得对老年人得多关心关心，可以走访走访人家生活困难的啦，物业上做的工作哪里不到家啦，可以了解了解，记一下，进一步改进。现在是光埋着头在办公室坐着收钱，根本不知道业主的需求，对自己工作根本没有改进。上个月，他们多收我费，我就上物业去，我说我有意识拖了一个月没交，为什么？你们也不去问问，到底是什么情况？从来不问，光坐着收钱。哪家有老年人，他根本不了解。多少走访走访，比如对社区工作有什么要求啦，别说一周一次，一个月也可以啊，十几年了没有一次！所以说这物业上得好好整顿整顿。（GYH，女，70 岁，与老伴同住，新建商

品房社区）

从访谈中我们可以看到，属于同一社区的 GYH 老人和 JFC 老人，对社区服务的满意度差别很大，表明社区的老年服务工作在受益面上还有较大提升空间。而从深入几个不同社区进行的访谈来看，面向空巢老人的常态化专业心理服务或心理支持工作在这几个社区均处于空白状态。

四、讨论与建议

本研究中的个案涉及不同层面，Z 市是城市层面的个案，接受调研的 5 个社区是社区层面的个案，受访的 8 位老人则是空巢老人个体层面的个案。相对于大范围的问卷调查，面向个案的访谈让我们更加真切地感受到空巢老人们的心理状态和心理支持需求，更加深入地了解到所调研城市社区面向空巢老人的心理服务或心理支持工作现状。

从访谈结果来看，空巢老人存在孤独、害怕等情绪问题，其中孤独感尤为突出，访谈中有老人反复提到“孤独”“寂寞”。已有研究发现，空巢老人最主要的心理情感问题为孤独感（李艳伟等，2016），绝对空巢老人的孤独感尤为强烈（李德明等，2003）。王玲凤等（2008）研究发现，空巢老人最希望获得的是情感支持。我们从访谈中也体会到，无论是相对空巢老人还是绝对空巢老人，均存在程度不同的心理支持客观需求或主观需求。

研究表明，社区空巢老人的抑郁、焦虑发生率与社会支持具有相关性（谢姣，高艳斌，2009）。心理支持是社会支持的重要组成部分，对于维护空巢老人的心理健康尤为重要。然而，从我们调研的 Z 市中心城区的 5 个社区来看，面向空巢老人的心理服务几乎为空白。2019 年，Z 市中心城区 ZD 区位列全国综合实力百强区排行榜第 43 名。由此可见，即使是经济社会发展情况相对较好的城市，要全部做到《“十三五”国家老龄事业发展和养老体系建设规划》提出的健全老年人精神关爱、心理疏导、危机干预服务网络，还有很长的路要走。为了更好地提升空巢老人的获得感、安全感与幸福感，政府相关部门需要更加重视发挥心理支持的作用。

（一）为面向空巢老人的专业化心理支持提供有力保障

目前，面对空巢老人的专业化心理支持非常欠缺，与地方政府在老龄事业方面经费投入不足、相关工作体制机制不够完善有关，也与我国社会工作、临床与咨询心理学、精神医学等相关专业的人才培养和输出不足有关。因此，为了更好地满足空巢老人的心理支持需求，需要多方共同努力。一方面，国家和地方政府需要逐渐加大对老龄事业的经费投入，不断完善相关工作体制机制。另一方面，教育部门和高校需要增加相关专业的人才培养和供给。相信在多方面力量的共同推动下，将有更多城市社区空巢老人能够获得专业化心理服务。

（二）充分发挥非专业心理支持对于空巢老人的重要作用

通过访谈我们注意到，在当前专业心理支持不足的情况下，来自子女、同事、亲戚、朋友以及单位的非专业支持对于空巢老人获得精神慰藉非常重要。除了部分属于自主寻求的非专业心理支持外，目前社区组织的一些集体活动也能够较好地满足部分空巢老人的心理支持需求。就像有研究者（Grenade & Boldy，2008）认为的那样，参加群体活动能够促进老年人的独立自主性，增加他们的社会支持和自我认同感。因此，尽管受多方面因素的限制，对于多数城市社区空巢老人来说，目前还难以获得多学科合作的专业化心理支持，但是社区在通过其他适当途径满足空巢老人精神慰藉需求方面还是大有可为的，比如丰富多彩的文化娱乐活动、定期或不定期的走访慰问等，均可以提高空巢老人的获得感与幸福感。

（三）以需求为导向为空巢老人提供个性化心理支持

从访谈中可以体会到，绝对空巢老人、独居老人相对而言有着更为强烈的心理支持需求。另外，空巢老人中的高龄老人、身体状况不好的老人，由于行动不便，与外界的实际接触减少，也更加需要心理支持。与此同时，空巢老人的心理支持需求还与性格、受教育程度、兴趣爱好、支持系统等因素有关。比如，对于访谈中提及的发放心理健康宣传手册、举办心理健康教育讲座、志愿者入户陪伴谈心、心理咨询热线、面对面的心理咨询、团体心理辅导活动、社区定期开展老年心灵茶吧、成立老年人心理互助小组等不同形式的心理支持，老人们的需求是有差异的。为此，社区工作者需要进行全面深入的调研与了解，结合空巢老人的实际需求，为空巢老人提供个性化的心理支持。虽然从目前情况来看，要达到这一目标需要相关各方付出很大的努力，但是我们相信，这种努力将有助于提升空巢老人以及所在社区乃至全社会的幸福指数。

五、研究不足与伦理反思

受限于多种因素，本研究还存在诸多不足。比如从访谈实践来看，本研究访谈是一次性访谈，参与访谈的学生经验不够丰富，个人能力与特质也存在差异，因此对有的空巢老人的访谈不够深入，所获信息较为表面。如果能针对性别、职业、传统文化等影响因素进行多次更加深入、聚焦的访谈，将有助于提出更为具体的政策性建议，但由于受新冠肺炎疫情等因素影响，未能开展更进一步的深入访谈。从资料分析来看，由于访谈不够深入，因此未能结合性别、职业、传统文化等维度进行更加深入的分析，比如同为空巢老人，男性和女性哪个更易感到孤独、害怕？原因是什么？退休前所从事的职业对空巢心理感受有无影响？有怎样的影响？看重家庭和天伦之乐的中国传统文化对空巢老人的心理感受有何影响？等等。

在研究伦理方面，研究过程中遵循自愿原则，注意保护受访空巢老人的知情权和自主决定权，在访谈之前说明访谈目的，由老人自主决定是否接受访谈，并签订知情同意书。在访谈过程中对不同年龄、性别、经济状况等受访空巢老人一视同仁，注意耐心倾听，让受访老人有充分的表达空间。以尊重和共情的态度对待受访老人表达的情绪和态度，避免对老人造成伤害。在访谈结束时对受访老人表达真诚的感谢。在报告访谈结果时遵循保密原则，对受访空巢老人的相关信息进行匿名处理。

从访谈过程来看，有的受访空巢老人对社区接下来可能提供所需心理支持有所期待。但是，由于疫情原因，课题组原本计划的对有需求的空巢老人提供志愿者入户陪伴谈心等心理支持未能如期实现，是一个遗憾。课题组打算在适当的时机选取具备条件的社区，推动空巢老人心理支持工作，在力所能及的范围内为有心理支持需求的空巢老人带去温暖和慰藉。

（**致谢**：感谢曹晓晴、解金鋆和“微尘”公益社团的同学们为本研究所做的工作！感谢协助访谈的社区工作人员和接受访谈的老人们！）

参考文献

陈婷婷（2012）. 城市空巢老人社会支持体系研究——基于山东省城市空巢老人的调查. 硕士学位论文，山东理工大学，淄博.

陈晓琳，尹志勤，蓝雪芬，李思娇，蒋苗苗（2016）. 空巢老人日常生活中积极体验的质性研究. 护理研究，30（11），1346－1348.

方必基，叶一舵（2010）. 我国老年人社区心理健康服务的现状与思考. 福建医科大学学报（社会科学版），11（3），15－18.

杭荣华，刘新民，凤林谱，邢洁（2011）. 心理干预对社区空巢老人的抑郁症状、孤独感及幸福感的影响. 中国老年学杂志，31（14），2723－2725.

姜雅菁（2013）. 空巢老人主观幸福感的探索性研究. 硕士学位论文，华东师范大学，上海.

卡拉·威利格（2013）. 心理学质性研究导论（第2版）（郭本禹，王申连，赵玉晶译）. 北京：人民邮电出版社.（英文版2008年）.

蓝醒琼，胡君（2017）. 社区空巢老人心理健康状况调查与系统化管理干预的效果. 中国临床护理，9（1），6－9.

雷震，江虹，尹世平，丁娟，潘芳（2014）. 积极心理干预对社区老年人心理健康与幸福感水平的影响. 山东大学学报（医学版），52（2），93－96.

李春国，赵春善（2014）. 空巢老人抑郁产生原因的质性研究. 中国民康医学，26（6），73－75.

李德明，陈天勇，李贵芸（2003）. 空巢老人心理健康状况研究. 中国老年学杂志，23（7），405－407.

李德明，陈天勇，吴振云，肖俊方，费爱华，汪月峰，周林古，张放（2006）. 城市空巢与非空巢老人生活和心理状况的比较. 中国老年学杂志，26（3），294－296.

李建新，李嘉羽（2012）. 城市空巢老人生活质量研究. 人口学刊，（3），31－41.

李艳伟，周乐山（2016）. 空巢老人孤独状况及干预对策研究进展. 中国老年学杂志，36（11），2809－2811.

刘军玲（2013）. 城市空巢老年人精神慰藉的小组工作介入研究——以 H 社区为例. 硕士学位论文，华中科技大学，武汉.

陆建兰，潘清泉（2013）. 城市空巢老人主观幸福感及相关影响因素. 中国老年学杂志，33（12），2918－2919.

卢慕雪，郭成（2013）. 空巢老人心理健康的现状及研究述评. 心理科学进展，21（2），263－271.

穆光宗（2004）. 老龄人口的精神赡养问题. 中国人民大学学报，（4），130－135.

穆光宗（2017）. 应对老年群体脆弱化的思路和对策. 北京工业大学学报（社会科学版），17（5），11－18.

平莲莲（2012）. 城市社区空巢老人社会支持研究. 硕士学位论文，华中师范大学，武汉.

沈可，王桂新（2013）. 空巢老年家庭影响与对策研究. 人民论坛，（23），18－21.

滕丽新，黄希庭，陈本友（2009）. 英国老年人心理健康服务体系的现状及启示. 西南大学学报（社会科学版），35（3），18－23.

滕丽新，王国威，王健瑜，赵娟，卫丽，黄希庭（2013）. 重庆老年人心理健康服务的需求. 中国老年学杂志，33（12），2855－2857.

王玲凤，施跃健（2008）. 城市空巢老人的社会支持及其与心理健康状况的关系. 中国心理卫生杂志，22（2），118－122.

肖存利，李硕，谢朝辉等（2014）. 心理干预对社区老年人主观幸福感的影响. 中国老年学杂志，34（7），1923－1924.

谢姣，高艳斌（2009）. 城市空巢老人焦虑抑郁发生率与社会支持的相关性. 中国老年学杂志，29（21），2785－2786.

行红芳（2006）. 老年人的社会支持系统与需求满足. 中州学刊，（3），120－123.

许林泽，韩芸（2018）. 北京市城市空巢老人的社区融合. 中国老年学杂志，38（23），5843－5846.

许晓晖（2015）. 个案工作方法介入长春市 FT 社区城市空巢老人精神生活的探究. 长春师范大学学报，34（8），191－194.

张持晨，赵慧宁，郑晓，靳珍珍，潘晓洁（2018）．中国空巢老人领域研究现状及热点．中国老年学杂志，38（2），421－424．

赵芳，许芸（2003）．城市空巢老人生活状况和社会支持体系分析．南京师大学报（社会科学版），（3），61－67．

周荣山，潘忠德，谢斌，蔡军（2009）．上海市黄浦区空巢与非空巢老人心理健康及主观幸福感比较．上海精神医学，21（6），336－339．

Bouchard, G.（2014）. How do parents react when their children leave home? An integrative review. *Journal of Adult Development*, 21（2）, 69－79.

Honigh-De Vlaming, R., Haveman-Nies, A., Ziylan, C. & Renes, R. J.（2013）. Acceptability of the components of a loneliness intervention among elderly dutch people: a qualitative study. *American Journal of Health Education*, 44（3）, 136－145.

Grenade, L. & Boldy, D.（2008）. Social isolation and loneliness among older people: issues and future challenges in community and residential settings. *Australian Health Review*, 32（3）, 468－478.

Grover, N. & Dang, P.（2013）. Empty nest syndrome vs empty nest trigger: psychotherapy formulation based on systemic approach-a descriptive case study. *Psychological Studies*, 58（3）, 285－288.

Lawton, M. P., Moss, M. & Kleban, M. H.（1984）. Marital status, living arrangements, and the well-being of older people. *Research on Aging*, 6（3）, 323－345.

Maguire, M. & DeLahunt, B.（2017）. Doing a thematic analysis: A practical, step-by-step guide for learning and teaching scholars. *The All Ireland Journal of Teaching and Learning in Higher Education*, 9（3）, 3351－3364.

Neugarten, B. L.（1976）. Adaptation and the life cycle. *Counseling Psychologist*, 6（1）, 16－20.

You, K. S. & Lee, H. O.（2006）. The physical, mental, and emotional health of older people who are living alone or with relatives. *Archives of Psychiatric Nursing*, 20（4）, 193－201.

A Case Study on Psychological Support Needs and Accessibility of Psychological Services for the Empty Nesters in Urban Communities

Zhang Ailian Zang Yanwen Gong Yunjing
(Institute of Education and Psychology, Shandong University of Technology, Zibo, 255000)

Abstract

Taking 8 empty nesters in 5 communities of Z City in East China as cases, this paper used semi-structured interviews to understand the psychological support needs and the accessibility of psychological services of empty nesters. The results showed that different empty nesters have different objective or subjective needs for psychological support. Most of the interviewees like the different forms of psychological support mentioned in the interview. At present, there is almost no professional psychological service for empty nesters in these five communities. In order to meet the psychological support needs of the empty nest elderly better, the central and local governments need to increase the funding for the elderly undertakings, improve the relevant working system and mechanism, and increase the training and supply of relevant professionals. In the case of insufficient professional psychological support, non-professional support from children, colleagues, relatives, friends, units and communities is very important for empty nesters to obtain spiritual comfort. At the same time, we should pay attention to the demand orientation, and provide personalized psychological support for the empty nesters.

Keywords

Urban community, empty nest elderly, psychological support needs, psychological services, accessibility

《心理传记与质性心理学》征稿启事

《心理传记与质性心理学》（*Psychobiography and Qualitative Psychology*）（原名《生命叙事与心理传记学》）集刊由中国心理学会心理学质性研究专业委员会和岭南师范学院心理传记学与生命叙事研究所共同主办，每年出版两辑（6月和12月出版），由中央编译出版社出版。本刊实行匿名审稿制，设有如下栏目：心理传记学；叙事心理学（含生命叙事、自我叙事、生命史等）；以及其他各种质性方法在心理学研究中的应用（如扎根理论、解释现象学分析、话语分析、对谈分析、叙事访谈、生命故事访谈、焦点团体、民族志、参与式观察等）。

投稿格式要求：

一、稿件提交：来稿需提交 Word 文档电子版（发送至电子邮箱：smxsxlzj@sina. com）

二、文章字数要求：考虑到本集刊的特点及创新性问题，对稿件字数不做严格要求，但每篇文章最多不超过3万字。

三、文题、作者及单位：中文文题一般以20个汉字以内为宜。作者姓名列在文题下，单位列在作者姓名之下。单位项依次列出单位名称，单位所在城市和邮政编码，三者之间用逗号分隔。如有基金资助的文章，在文题后面打上“＊”，在页下注中列出“＊”及所对应的基金名称、项目批准号；同时，也一并在首页页下注中列出第一作者或通讯作者的电子邮箱。

四、摘要和关键词：须附中、英文摘要。中文摘要不超过300字，为了便于国际交流，英文摘要可长些，但不超过500字或一页。中英文关键词3—5个，每个词之间用逗号分隔。摘要二字之间隔一个汉字。

五、正文：各级标题序号依次用一、（一）、1和（1），作为一级标题、二级标题、三级标题和四级标题。文中表格采用三线表。根据出现的顺序列出表（图）1、表（图）2及其相应的名称等。表（图）序及表名列于整个表（图）上（下）方正中间，如有表（图）注，列在表（图）的下方。

正文中引用的研究文献可以作为句子的一个成分，放在引用内容的前面，例如，张三和李四（2011）认为……；也可放在引用内容的后面，例如，……心理传记学与人格学的关系（张三，李四，2011）。最多列出三个作者，中间用逗号分隔；如是英文作者，两个作者的，其间用“&”号分隔，三个作者的，在第二作者与第三作者之间用“&”。超过三个作者的，后加“等”字或“et al.”。如直接引用他人的一段话，可另起一段，缩进两字，不加引号，小5号楷体。正文中注释采用页下注（脚注），用符号①、②……在文中标出，每页依序重新编号。引用内容如果为图书文献，要在相应的文中列出引用的内容所在页码，例如，（张三，1998：68）。

六、参考文献：执行APA格式的“作者－出版年制”。中文文献在前，英文文献在后，按照作者姓氏字母顺序排列。几种主要文献的书写格式举例如下：

1. 中文文献

（1）引用期刊

作者（出版年）. 文章题目. 刊名. 刊卷（期），页码.

张建人，周晋彪，凌辉（2010）. 鲁迅人格的心理传记学研究. 中国临床心理学杂志，18（3），339－342.

（2）引用专著

作者（出版年）．书名．出版社所在城市：出版社．

胡波（1997）．岭南文化与孙中山．广州：中山大学出版社．

（3）引用析出文献

作者（出版年）．析出文章名．编者．书名．出版社所在城市：出版社．

何翠萍（1992）．比较象征学大师——特纳．见黄英贵主编．见证与诠释：当代人类学家．台北：中正书局．

（4）引用译著

作者译名或原名（采用译名或原名以译著封面标识为准）（译著出版年）．书名（某某译）．出版社所在城市：出版社．(原著版本语言及出版年)．

沃尔特．C．兰格（2011）．希特勒的心态——战时秘密报告（程洪雁译）．北京：中央编译出版社．(英文版 1972 年)．

（5）引用会议论文

作者（出版年月）．论文题目．会议名称，会议地点

郑剑虹（2011，9 月）．心理传记学研究的质量结合模式与资料筛选．第七届华人心理学家学术研讨会论文，台北．

（6）引用学位论文

作者（出版年月）．论文题目．学位，授予学位单位，城市．

朱晨海（2003）．近现代中国文化名人人格研究．博士学位论文，华东师范大学心理系，上海．

2. 英文文献

（1）引用期刊（刊名斜体字）

Authur, A. A. (year). Title of Article. *Title of Periodical*. issue, page number.

McAdams, D. P. (2001). The Psychology of Life Stories. *Review of General Psychology*, 5 (1), 100 – 122.

（2）引用专著（书名斜体字）

Authur，A. A.（year）. *Title of Work.* Location：Publisher.

McAdams，D. P. & Ochberg，R. L.（1988）. *Psychobiography and Life Narratives*. Durham and London：Duke University Press.

（3）引用析出文献（书名斜体字）

Authur，A. A.（year）. Title of Chapter. In Editor A. & Editor B.（Eds.），*Title of Book*（page number）. Location：Publisher.

Crosby，F. & Crosby，T. L.（1981）. Psychobiography and Psychohistory. In S. L. Long（Ed.），*The Handbook of Political Behavior*. New York：Plenum，pp. 195 –254.

（4）引用会议论文（论文题目斜体字）

Authur，A. A.（year）. *Title of Paper*. Paper Sourse，Location.

Karpiak，I. E.（2008，October）. *At Midlife：Crossing a Threshold of Change，Challenge，and Creativity*. Paper Presented at National Chengchi University on 2008 International Conference on Creativity Education，Taipei.

（5）引用学位论文（论文题目斜体字）

Authur，A. A.（year）. *Title of paper*. Degree，University，City，Country.

Almeida，D. M.（1990）. *Fathers' Participation in Family Work：Consequences for Fathers' Stress and Father-child Relations*. Master Dissertation，University of Victoria，Victoria，British Columbia，Canada.

未提及的文献类型，请查阅《美国心理协会写作手册》（英文第 5 版，中译本，重庆大学出版社 2008 年版）。

其中中文部分的逗号、括号等标点符号用全角，连接号“—”为一字线。英文部分标点符号为半角，连接号“ - ”为半字线。不可混用。

已有中文译本的英文文献，如果作者参考的是原著，则按英文文献处理；

如果参考的是译著，则按照中文文献中的译著处理。

七、访谈稿：访谈录音稿转录为逐字稿后，要断句，加标点符号。

八、数字：公历世纪、年代、年、月、日、时刻和计量均用阿拉伯数字。

九、字体要求：文题（小2宋体加粗）；作者（小4宋体加粗）；作者单位（小5宋体）；摘要与关键词（小5宋体，1.5倍行距。摘要二字之间分隔一个汉字，关键词之间用逗号分隔，摘要和关键词这几个字字体加粗）；正文（5号宋体，1.5倍行距编辑；英文和数字均采用Times New Roman字体；图表为小5号宋体。一级标题4号宋体加粗，二级标题5号宋体加粗，三级标题5号黑体，四级标题5号宋体）；参考文献四字顶格，5号宋体加粗；引用的各类参考文献字体为小5号宋体。脚注字体为6号宋体。英文刊名，书名，会议论文、学位论文和网络论文题目用斜体。文中的统计学符号采用斜体。